校企合作计算机类技能实战系列丛书
互联网+创新型“十四五”精品教材

AI人工智能基础教程

（微课版）

主　编◎杨东慧　胡　磊　丁　璇
副主编◎袁红团　杨艳秋　黄　已
　　　　卢　伟　罗　杰

哈尔滨工程大学出版社
Harbin Engineering University Press

内 容 简 介

本书是AI人工智能基础与通识教程，旨在帮助读者从零基础入门人工智能，逐步掌握AI核心技术，并通过实战案例实现AI应用。本书主要包括AI技术篇和AI应用篇。AI技术篇：详细介绍了人工智能基础知识、AIGC基础知识、Python编程基础、数据挖掘与算法优化和智能体Agent技术。AI应用篇：从实际场景出发，全面展示了AI技术在文本、图像、音频、视频创作与处理中的强大能力，还详细介绍了AI如何赋能办公场景，从智能文档生成到绩效评估优化，开启高效办公新时代。

本书结构清晰，拥有一套完整、详细和实战性强的人工智能方案，既可作为应用型本科、职业院校人工智能相关专业的教材，也可作为人工智能的创业者、企业人工智能管理者和相关人工智能技术从业者的参考用书。

图书在版编目（CIP）数据

AI人工智能基础教程 ： 微课版 / 杨东慧，胡磊，丁璇主编. -- 哈尔滨 ： 哈尔滨工程大学出版社，2025. 8.
ISBN 978-7-5661-4846-9

Ⅰ. TP18

中国国家版本馆CIP数据核字第2025CH6247号

AI人工智能基础教程（微课版）
AI RENGONG ZHINENG JICHU JIAOCHENG（WEIKE BAN）

策划编辑 张林峰
责任编辑 张林峰

出版发行 哈尔滨工程大学出版社
社　　址 哈尔滨市南岗区南通大街145号
邮政编码 150001
电　　话 0451-82519989
经　　销 新华书店
印　　刷 三河市中晟雅豪印务有限公司
开　　本 787 mm×1 092 mm 1/16
印　　张 13.5
字　　数 346千字
版　　次 2025年8月第1版
印　　次 2025年8月第1次印刷
书　　号 ISBN 978-7-5661-4846-9
定　　价 59.80元
http://www.hrbeupress.com
E-mail:heupress@hrbeu.edu.cn

前　言

党的二十大报告指出，“坚持尊重劳动、尊重知识、尊重人才、尊重创造，实施更加积极、更加开放、更加有效的人才政策”“着力形成人才国际竞争的比较优势。加快建设国家战略人才力量”“深化人才发展体制机制改革……把各方面优秀人才集聚到党和人民事业中来”。

➢ 写作驱动

在这个瞬息万变的时代，人工智能已经不再是一个遥远的科技概念，而是悄然融入了人们的日常生活。从智能语音助手到推荐算法，从自动驾驶到医疗诊断，AI 正以惊人的速度改变着人们的工作、学习和生活方式。但在实际操作中，许多用户都面临着各种各样的难题和挑战。通过深入研究发现，用户主要面临以下 4 个方面的问题。

（1）技术门槛高，难以入门。“机器学习”“深度学习”“Python 编程”等内容，对完全没有技术背景的普通用户来说显得过于专业和复杂。尤其是技术篇中涉及的算法、模型优化等概念，可能会让初学者难以快速上手。

（2）缺乏实际操作指导，学完不知如何应用。市面上的许多 AI 教程过于理论化，读者学完后不知道如何将知识应用到实际生活和工作中。

（3）工具众多，选择困难。市面上 AI 工具琳琅满目，普通用户往往不知道选择哪个工具，或者如何根据需求选择合适的工具。

（4）学习内容过于全面，难以找到适合自己的部分。许多 AI 教程内容覆盖广泛，但普通用户可能只对某一领域感兴趣，比如只想学习 AI 在办公效率提升中的应用，却被迫学习大量技术基础，导致学习效率低下。

➢ 本书特色

本书主要围绕以上问题，提供了一系列创新性的解决方案，具体如下。

（1）通俗易懂，轻松入门。本书采用通俗易懂的语言，将复杂的 AI 技术概念转化为生活化的比喻和实例。例如，将“机器学习”比作“教会电脑自己学习”，将“深度学习”比作“让电脑像人脑一样思考”。即使没有技术背景，读者也能轻松理解并逐步建立信心。

（2）实用性强，学以致用。本书注重实践操作，每章都配有“课后习题”环节，提供具体的操作步骤和案例。无论是用 AI 生成营销文案、优化图片设计，还是提升视频制作质量，读者都能通过书中的指导快速上手，将所学知识应用到实际生活和工作中。

（3）工具对比清晰，选择不再困难。本书详细介绍了多种主流工具，如 ChatGPT、文心一言、即梦 AI 等，读者可以快速找到最适合自己的工具，避免选择困难。

（4）模块化设计，学习路径灵活。本书分为“技术篇”和“应用篇”，读者可以根据自己的需求选择学习路径。初学者可以从技术篇开始，逐步建立基础；而希望快速提升办公效率或创作能力的读者，可以直接跳到应用篇，学习如何用 AI 生成文本、图片、音频、视频等。这种模块化设计让学习更加高效，满足不同读者的需求。

➢ 作者团队

本书由杨东慧（哈尔滨信息工程学院）、胡磊（齐齐哈尔高等师范专科学校）、丁璇（聊城市电化教育馆）担任主编，由袁红团（德阳科贸职业学院）、杨艳秋（东北大学秦皇岛分校）、黄已（成都市卫生健康信息中心）、卢伟（广东农工商职业技术学院）、罗杰（湖南软件职业技术大学）担任副主编。本书的相关资料和售后服务可扫封底微信二维码或登录 www.bjzzwh.com 下载获得。

➢ 特别提示

（1）本书涉及的各大软件和工具的版本分别是：DeepSeek App 的版本为 V1.1.1（57）、Kimi App 的版本为 V2.0.5、文心一言 App 的版本为 V4.13.0.10、通义 App 的版本为 V3.34.0、讯飞星火 App 的版本为 V4.0.38、智谱清言 App 的版本为 V2.9.3、天工 AI App 的版本为 V2.3.2、即梦 AI App 的版本为 V1.4.6、可灵 AI App 的版本为 V2.1.20.106、海螺 AI App 的版本为 V15.1、豆包 App 的版本为 V8.1.0、海绵音乐 App 的版本为 V1.6.0、剪映 AI App 的版本为 V15.0.0、剪映电脑版的版本为 V5.7.0。

（2）本书是根据软件和工具的当前最新版本所截取的实际操作图片，但本书从编辑到出版需要一段时间，这些工具的版本、功能和界面可能会有变动，请阅读时根据书中的思路，举一反三，进行学习。

（3）需要注意的是，即使是相同的提示词，AI 工具每次生成的回复和效果也会存在差别，因此在扫码观看教程时，读者应把更多的精力放在提示词的编写和实际操作的步骤上。

（4）本书以手机版为主、网页版为辅，但其操作步骤基本相同，读者可以跟着书中步骤进行操作。

由于编者水平有限，书中难免存在疏漏和不当之处，敬请广大读者批评指正。

编　者

目　录

【AI 技术篇】

第 1 章　人工智能基础知识

第 2 章　AIGC 基础知识

第 3 章　Python 编程基础

第 4 章　数据挖掘与算法优化

第 5 章　智能体 Agent 技术

【AI 应用篇】

第 6 章　AI 文本创作与处理

第 7 章　AI 图片创作与处理

第 8 章　AI 音频创作与处理

第 9 章　AI 视频创作与处理

第 10 章　AI 赋能高效办公

【AI 技术篇】

第 1 章 人工智能基础知识

1

在科技浪潮奔涌向前的今天，人工智能（artificial intelligence，AI）正以前所未有的态势重塑世界。本章将主要讲述 AI 的定义与分类、驱动因素、发展脉络、核心技术原理，并讲述 AI 在智能制造、智能交通、智能医疗等众多领域的应用潜力，领略 AI 为人类社会带来的变革力量。

本章重点

- 了解 AI 的基础知识
- 掌握 AI 的关键技术
- 熟知 AI 的应用领域

素质目标

- 激发读者对人工智能领域的探索热情，培养其主动学习和持续关注前沿技术的习惯
- 锻炼读者将人工智能问题进行拆解和分析的能力，提升逻辑思维的缜密性

1.1 AI 概 述

当用户意识到“人工智能”这个词的时候，它已经融入生活的方方面面了。例如，手机里的语音助手、客厅里的扫地机器人，以及可能随身携带的在线翻译机，这些都给人们的生活带来了一些改变。本节将主要介绍人工智能的基础知识。

1.1.1 AI 定义与分类

人工智能是指人工创造的，能够利用计算机模拟人类生活及行为的一类学科的统称。它使得计算机能够自主分析数据，并具有自主决策能力，能够对人类真实生活中的具体场景做出预测和判断。根据其应用场景，人工智能又可分为专业人工智能和通用人工智能两大类，如图 1-1 所示。

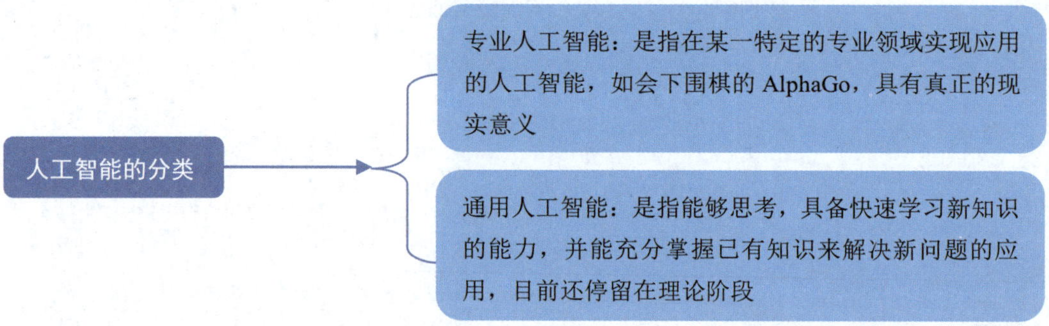

图 1-1 人工智能的分类

通常所说的人工智能大多是专业人工智能。众多科幻作品中出现的能够拯救人类的智能机器人大多是通用人工智能，这一形象仅仅只是出现在电视和电影中。如何将 AI 由专业引向通用的跨越式发展，是众多科学研究者下一阶段的研究重点。

1.1.2 AI 发展的驱动因素

目前，中国已经步入了全互联时代，即“人、机、物”三方面的全面互联。这一时代给人工智能带来了重大的机遇。在这一基础上，新一代的人工智能技术全面发展，实现了真正意义上的智能制造。

当然，人工智能的发展离不开国家政策的大力支持和研发投入。为了推动人工智能的发展，让其从根本上有利于人类，国家出台了许多政策保护人工智能科研成果，各大企业也纷纷响应，加大研发力度。

> ▶ 专家指点
>
> 针对国际前沿领先人工智能技术，我国组织实施了新一批人工智能重点项目，新建设了一批人工智能重点开放创新平台，鼓励各大企业和各路人才开源开放，形成人工智能新兴产业生态链。

除此之外，数据、算力和算法这三大因素的驱动，使得人工智能在商业领域真正发挥了价值，5G、云计算和物联网技术也推动了人工智能逐步前行。人工智能的驱动因素如图 1-2 所示。

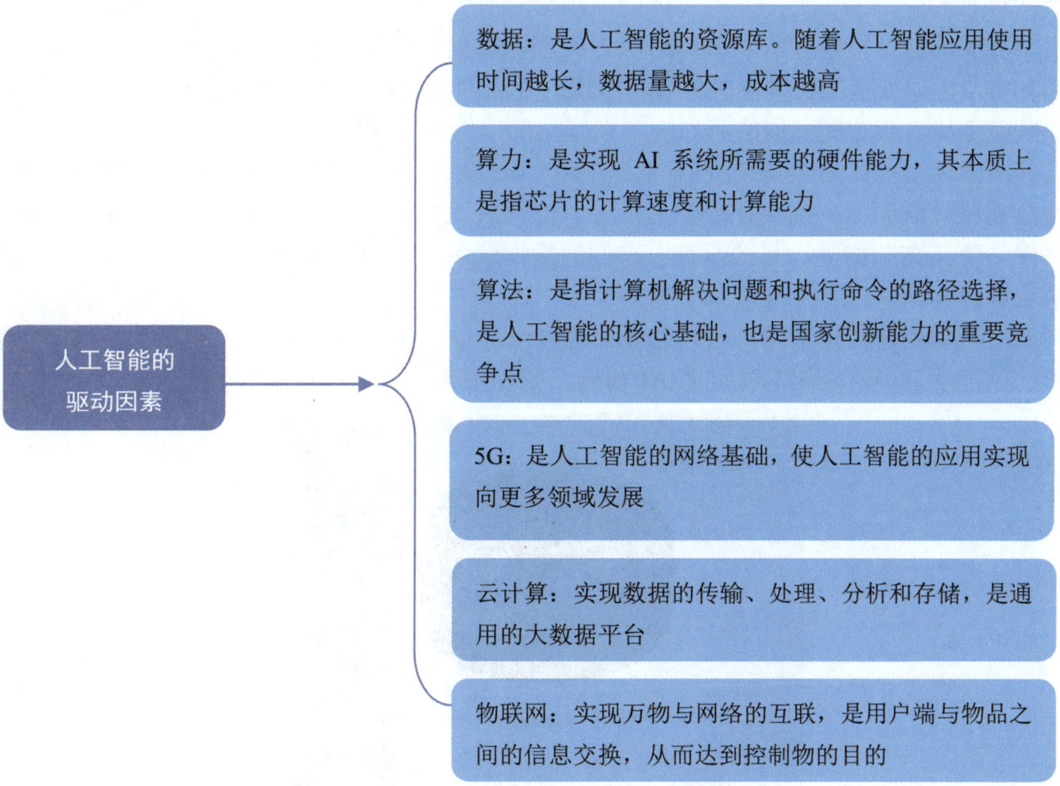

图 1-2　人工智能的驱动因素

1.1.3　AI 的发展历程

目前，人工智能已广泛应用在生活的各个方面，包括商业、医疗、媒体、金融、法律、交通、教育、农业、旅游和房地产等各个行业，它的分布不再受限于国家或者地区。人工智能主要分布在沿海高新技术发达的区域，这些区域占据了国内人工智能企业的 90%以上。

凭借着良好的地理位置和科技发展技术，以及越来越大的应用市场，我国人工智能企业的发展势头良好。

人工智能的发展共经历了 4 波高潮，每一波高潮都以不同的方式颠覆了行业生产，让其更深地融入人们的生活。

1．黄金时代

这一波高潮兴起于 2012 年左右，各大软件 App 层出不穷，其中要数今日头条的发展最为迅速。创立于 2012 年的今日头条，有时候被称为“中国的 Buzzfeed”，因为它不仅跟随热门话题，还善于创造热门话题和内容，不管是幽默段子还是积极向上的正能量，每一条都会引来“病毒式传播”。

今日头条主要依靠计算机人工智能算法工作，该算法甚至会修改标题，以获得超高点击率。点击率越多，定制的内容越符合用户的喜好，这是一个良性循环的过程。这个循环使得今日头条的用户平均每天都会在软件上逗留 74 分钟左右。

2．商业应用

第一波高潮的主体是互联网公司给用户的浏览数据贴标签，这种方式创造的价值仅仅局限于少部分有自主研发能力的高科技产业，传统的互联网小公司还没有从人工智能的发展中获益。普遍的获益是从人工智能发展的第二波高潮开始的，即大范围的商用智能化。

大范围商用智能化是给传统互联网公司数十年来累积的专业数据贴标签，如银行理赔、保险公司鉴别保险欺诈和医院保存患者记录等。商用人工智能就是从大量的数据库标签中挖掘其中的规律，使其高度相关，并试图找出它们的隐性联系，不断训练算法，使其超过经验丰富的人类从业者。

例如，阿尔法蛋儿童早教机器人已被大规模商用化，如图 1-3 所示。它海量的数据库不仅能够帮助孩子学习英语，还具备许多 AI 功能，如指尖查词和远程教学等。

图 1-3　阿尔法蛋儿童早教机器人

不断增加的海量数据使得算法不断优化，也使得人工智能的商用不断普及。将目标用户延伸至那些被传统企业忽视的人群，如低收入工作者和外来务工的年轻人。第二波人工智能对现实产业布局有着直接影响。

3．实体世界

第二波人工智能算法的对象仍然是基于由人类行为产生的数据库，但第三波人工智能高潮彻底改变了这一点，赋予了机器人最宝贵的眼睛与耳朵。感知人工智能的出现改变了这一切，机器不再是简单地存储信息和执行命令，它们开始模拟人脑的运作方式，信息也变成了有意义的集群。

第三波人工智能模糊了机器与人类的界限，用大量的传感器和智能材料，把人们的现实世界数据化。

1）第一个拥有国籍的人工智能机器人

2017 年 10 月，智能机器人“索菲亚”被正式授予公民身份，成为历史上第一个拥有国籍的机器人，如图 1-4 所示。

图 1-4 智能机器人“索菲亚”

“索菲亚”拥有仿生橡胶皮肤，可以模拟 60 多种表情。其可利用图像识别、计算机视觉技术和海量的算法模型，配有面部识别系统，能够理解人类的面部微表情，实现与人类的互动。

“索菲亚”最擅长的就是表达情绪，利用语音识别功能，它能够和人进行对话与交流。“索菲亚”获得公民身份的事件说明了人工智能越来越人性化，也预示着未来人工智能机器人与人类共存将成为可能。

▶ 专家指点

通过对计算机算法及大数据的不断研究，人工智能机器人将会变得越来越先进，实现更多的功能，以帮助人们过上更好的生活。

2）2018 年：人工智能爆发元年

2018 年，人类在人工智能领域取得了一系列的进展和成果。

（1）百度：无人车亮相央视春晚

2018 年 2 月 15 日，百度阿波罗无人车在央视春节联欢晚会的荧幕上高度亮相。它引领着上百辆车组成车队，在大桥上完成了“8 字交叉跑”这种高难度的动作，给观众带来了一场极具感官刺激的黑科技表演。

（2）阿里巴巴：发布杭州“城市大脑 2.0”

杭州“城市大脑 2.0”是一个智慧城市系统，可以连接分散在城市各个角落的网络数据。其通过对大量数据的整理和分析来对城市资源进行管理和调配。“城市大脑 2.0”使得杭州市的交通拥堵情况得到了明显改善。

（3）腾讯：发布 AI 辅诊开放平台

腾讯 AI 辅诊开放平台可以为医生提供疾病预测、辅助决策和数据分析等服务，帮助医生提高准确率和效率。通过 AI 医学影像，腾讯把 AI 人工智能在医疗领域所取得的成果慢慢惠及大众，例如在肺癌、乳腺癌等疾病的早期筛查。

通过 AI 技术，患者还可以用医院的公众号简要描述病情，然后 AI 导诊模型就会智能推荐医生，实现线上挂诊一步到位。

3）2019 世界人工智能大会

2019 年 8 月，在上海世博中心（主会场）成功举行了世界人工智能大会，大会的主题是“智联世界，无限可能”，聚集全球智能领域的高端人才和社会精英，促进人工智能领域的技术交流与合作。

例如，能带领用户参观展览的云端智能商业机器人，如图 1-5 所示。它运用人脸识别、语音技术、物体识别和人工智能大数据技术，能够智能识别语言文字，高效实现人机交互。即便是在复杂的环境中，其也能够与人对话，并具备闲聊、订机票、查资料和天气及交通等多方面功能。

图 1-5　云端智能商业机器人

此次大会汇聚了 300 多家世界重量级企业参展，有 16 家龙头公司成为企业合作伙伴。在大会期间展示的科技产品范围包括智能手机、智能办公、物联网和智能穿戴等多个领域，可以说是 2019 年人工智能领域的重要事件之一。

4．自主优化

机器能够看到并感知世界，就可以安全并有效率地进行工作了。第四波高潮自主机器是前三波高潮的集大成者，将复杂的数据与机器感知力结合起来，机器人能够代替人类自主操作，自行进行数据优化与更新。跟其他三波人工智能高潮一样，第四波的改变不是瞬时的。

在部分发达国家，基本机器已经替代了人力，但这些机器只是简单地移动，或者执行高度重复的工作，无法进行决策或者突发状况处理。它们不能听也不能看，只能由人来控制。但是，当机器被赋予更多的视觉、触觉和处理数据的能力时，人工智能可以处理的工作范围就会大幅度增加。

1.2　AI 的关键技术

在当今数字化浪潮中，人工智能已成为推动社会变革与产业革新的核心驱动力。本节将介绍 AI 领域的关键技术，揭示其背后的逻辑与潜力。

1.2.1　机器学习

什么是机器学习？相信大家上学的时候，都听过老师说的一句话：“只要自己想学，没什么学不好的。”这句话强调了人的自主学习意识，即只有自己想要去做，才有可能达成某个目的。

机器学习也是如此。对于电脑来说，机器学习就相当于赋予了它的主观能动性。在机器学习技术普及之前，电脑只是单纯依靠程序员输入的数据进行学习，至于能够学习到什么程度，完全依赖于程序员教到什么程度。例如，电脑在下围棋时，只有程序员把棋谱变成数据输入电脑之后，电脑才能学会下棋。

人类可以从遇到的事情中积累经验从而获得大量的知识，但是计算机没办法做到阅人无数。可以假设一下，若是计算机能马上学会新知识，并能独当一面，那么计算机就能以类似人类的思维解决很多复杂多变的问题，甚至能考虑更多的可能性，做出更准确的判断。

机器学习就是利用算法指导机器利用输入的数据得出模型，并使用此模型对新的事件得出判断的过程。

人类文明已诞生数千年，文化数据不胜枚举，单单依靠人工输入是不可能全部交给电脑的，所以机器学习技术对人工智能的发展非常重要，它的意义在于机器从原来的“要我学”变成现在的“我要学”。

1.2.2　深度学习

从大的方面来说，人工智能技术又分为监督学习和无监督学习两种。监督学习就像是高考前做的模拟测试题一样，通过不断订正标准答案以此来获得更高的分数。数据就像是监督计算机的老师，所以称之为“监督学习”。

无监督学习常被用于处理大量无标签数据，善于数据挖掘。深度学习是无监督学习的一种，是基于人工神经网络，模仿人的行为来处理数据，如图像、声音和文本等。在外部接收信息时，会对信息进行解读，这个过程看似简单，实际是一个抽象的过程。

例如，可以在不给任何额外提示的情况下，输入“猫”这个关键字，就能把所有关于猫的图片从海量的数据中区分出来，如图 1-6 所示。

图 1-6　深度学习示例

今日头条也是深度学习的典型案例。例如，今日头条按照内容结构的不同分成热门、直播、图片、科技、娱乐、游戏、财经和体育等不同的标签，这就是深度学习中的一种。

莎士比亚有句名言：“一千个读者眼中就会有一千个哈姆雷特。”每个人所接受的教育不一样，立场不一样，对事情的理解也是不一样的。所以，深度学习是通过整合低级信息特征，从而形成更加抽象的高层数据来表示事物的属性特征。

从另一方面来说，机器学习使计算机拥有了自动学习的能力，而深度学习是使计算机具备了能够像人类那样抽象思考的能力。

1.2.3 自然语言处理技术

自然语言处理技术属于计算机科学与人工智能研究的一个重要方面，研究的主要目的就是要实现人机对话。换言之，就是使机器能够“懂”语言，比如英语、西班牙语、汉语等。

若机器能够“听懂”各种人类语言，就意味着它与人类之间可以“对话”。例如，两个不同国家的人，由于语言差异无法实现直接的沟通，此时有这样一个机器懂得双方的语言，就可以充当两者的翻译，实现同传。

自然语言相当于人类与机器自然沟通的桥梁，通过在两种语言之间的相互转换，能够实现高效率的人机交流。自然语言处理包含了语言学、计算机科学和数学，这些是用自然语言实现人与机器沟通的各种方法和理论。

人类的表达包括语音表达和文本表达，主要是看如何更好地实现理解目标，其中又包括语法分析和文本阅读；自然语言处理侧重于怎样生成自然语言，主要包括翻译系统、信息的简化和系统问答对话等。这两者相辅相成，共同筑建语言系统。

自然语言处理也是一个层次化分析与理解的过程，总体来说，可以分为 5 个层次，如图 1-7 所示。

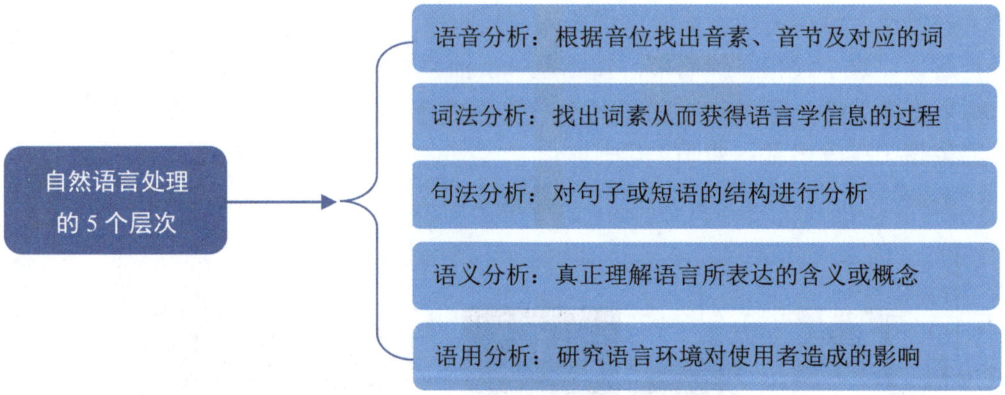

图 1-7　自然语言处理的 5 个层次

在人工智能领域，一些学术研究者认为，图灵试验可以用来作为判断机器是否理解了某种自然语言的标准，具体内容如下。

第一，机器能正确回答输入语言的有关问题。

第二，机器有能力正确生成输入语言的摘要。

第三，机器能用同义词或同义句式来复述其输入的语言。

第四，机器具有不同语种的翻译能力。

总的来说，就是机器具有回答问题、生成摘要、复述语言和翻译语言的能力。这些内容性质不同但又相互交叉，对于更好地了解自然语言处理技术有着重要的意义。

尽管自然语言处理技术是人类智慧与计算机结合的产物，但是在其应用的过程中依然存在难题，这主要表现在词义的模糊性及多义性。

尽管能够通过设定具体的语言情境达到消除一词多义的目的，但是消除歧义不是一件简单易行的事情。它需要大量专业的语言学知识作为基础，然后不断地推理、学习。其次，进行词义的搜集、整理又是一件繁重的工作任务，词的意思又会随着社会的发展不断增添或者减少；新词层出不穷，又使得搜集工作更加艰巨。除此之外，还有网络用语、流行用语等。

自然语言处理技术是融合计算机科学、人工智能、语言学三者为一体的综合性技术。虽然，现阶段它还面临着很多问题，但随着人类对人工神经技术的深入钻研，这些问题也都会迎刃而解，并且会更加深入地影响人们生活的各个方面。

1.3　AI 应用的领域

本节将主要介绍人工智能在多个领域的广泛应用，包括智能制造、交通、医疗、金融和零售等多个关键领域，展示其如何深刻改变传统行业并推动社会进步。

1.3.1　智能制造与物联网的融合

智能制造基于新一代信息技术与先进制造技术深度融合，贯穿于设计、生产、管理、服务等制造活动的各个环节，具有自感知、自决策、自执行、自适应、自学习等特征，旨在提高制造业的质量、效率和柔性，降低资源消耗和环境污染，增强企业的竞争力。

物联网（internet of things，IoT）是一种通过互联网将各种设备、传感器、物品等连接起来，实现智能化识别、定位、跟踪、监控和管理的技术。它的核心是通过感知、传输和处理数据，让物理世界和数字世界深度融合，从而实现智能化的管理和控制。

智能制造与物联网的跨界融合正在拓宽 AI 应用的边界，为制造业带来革命性的变化。以下是关于这一融合的详细分析。

1．物联网与智能制造的结合

物联网技术通过传感器、RFID 等设备，实现生产现场的设备、传感器和控制系统的互联互通，实时采集生产数据并传输至云端。这为智能制造提供了数据基础，使得生产过程透明化，便于实时监控和智能决策。

基于物联网采集的数据，结合 AI 算法，可以对生产流程进行优化。例如，通过分析历史数据和实时数据，预测设备可能出现的问题，提前进行维护，减少停机时间，提高生产效率。

物联网与机器学习的融合使得生产过程更加自动化。机器学习模型可以实时接收来自工厂车间的数据，进行实时决策，提升生产过程的自动化水平。

2．AI 在智能制造中的应用

AI 通过集成机器学习算法和神经网络，从海量数据中识别模式并进行预测。例如，预测设备故障、优化生产计划等，为生产提供决策支持。

利用计算机视觉和深度学习技术，AI 可以对产品表面的缺陷进行快速、准确的检测，提高质量控制水平。通过分析能源消耗数据，AI 还可以帮助企业优化能源使用，降低能耗，实现绿色制造。

例如，三一重工 18 号工厂通过物联网技术实现设备的互联互通，结合 AI 进行生产流程优化和设备预测性维护，提高了生产效率和设备利用率。

1.3.2 智能交通与自动驾驶

人工智能技术的快速发展正在深刻改变人们的生活方式，尤其是在智能交通与自动驾驶领域，其应用已经从理论走向实践，成为推动交通系统变革的重要力量。这些技术不仅提升了交通效率，还为解决城市拥堵、交通事故和能源消耗等问题提供了新的思路。以下将从多个方面介绍人工智能在智能交通与自动驾驶中的具体应用。

1. 交通管理方面

人工智能在交通管理中的应用主要体现在智能交通信号灯、交通流量监测与预测及交通事件检测与响应。通过实时监测路口运行效率，智能交通信号灯能够动态调整配时，缓解交通拥堵。同时，基于历史数据和当前流量，人工智能可以预测未来的交通状况，为交通管理部门提供决策支持。此外，AI 还能快速检测交通事故或道路施工等异常事件，并及时通知相关部门进行处理，从而减少对交通的影响。

2. 出行服务方面

在出行服务领域，人工智能的应用提升了用户体验。智能导航系统能够根据实时路况动态调整推荐路线，避免延误，同时整合多种交通工具（如汽车、公交、自行车共享）提供最优出行方案。此外，智能停车场通过车牌识别和传感器技术，帮助驾驶员快速找到停车位并完成计费，进一步提高停车效率。

3. 车辆控制方面

自动驾驶技术是人工智能在交通领域的核心应用之一。通过激光雷达、摄像头等传感器收集环境信息，AI 系统能够实时做出驾驶决策，包括加速、减速和转向，确保车辆安全行驶。结合高精度地图和实时交通数据，自动驾驶车辆可以避开拥堵路段，提供更顺畅的驾驶体验。此外，辅助驾驶功能（如车道偏离预警、自动紧急制动）也在帮助驾驶员提高安全性。

4. 数据分析与决策支持方面

人工智能在交通数据分析和决策支持中的作用不可忽视。通过对海量交通数据的挖掘，AI 可以发现潜在趋势，为政策制定者提供参考。例如，分析交通流量的高峰期和低谷期，帮助优化城市规划和交通设施建设。此外，智能交通管理系统还能与其他城市基础设施（如公共交通）结合，形成高效的城市交通网络。

5. 其他应用方面

无人驾驶航空器的应用正在探索中，未来可能为城市居民提供多样化的出行选择。同时，自动驾驶技术在物流和运输领域的应用也在快速发展，无人驾驶卡车和无人机有望提高运输效率、降低成本，并减少人为因素导致的事故风险。

通过这些应用，人工智能正在逐步改变传统交通系统的运行方式，为构建更智能、更高效、更安全的交通生态提供了技术支持。未来，随着技术的进一步成熟，智能交通与自动驾驶有望成为城市发展的新引擎。

1.3.3 智能医疗与健康管理

人工智能作为当今科技领域最具颠覆性的技术之一，正在以惊人的速度改变人们的生活和工作方式。人工智能的应用已经从理论走向实践，涵盖了从疾病诊断到健康管理的多个方面。图 1-8 所示为人工智能在智能医疗与健康管理中的具体应用领域。

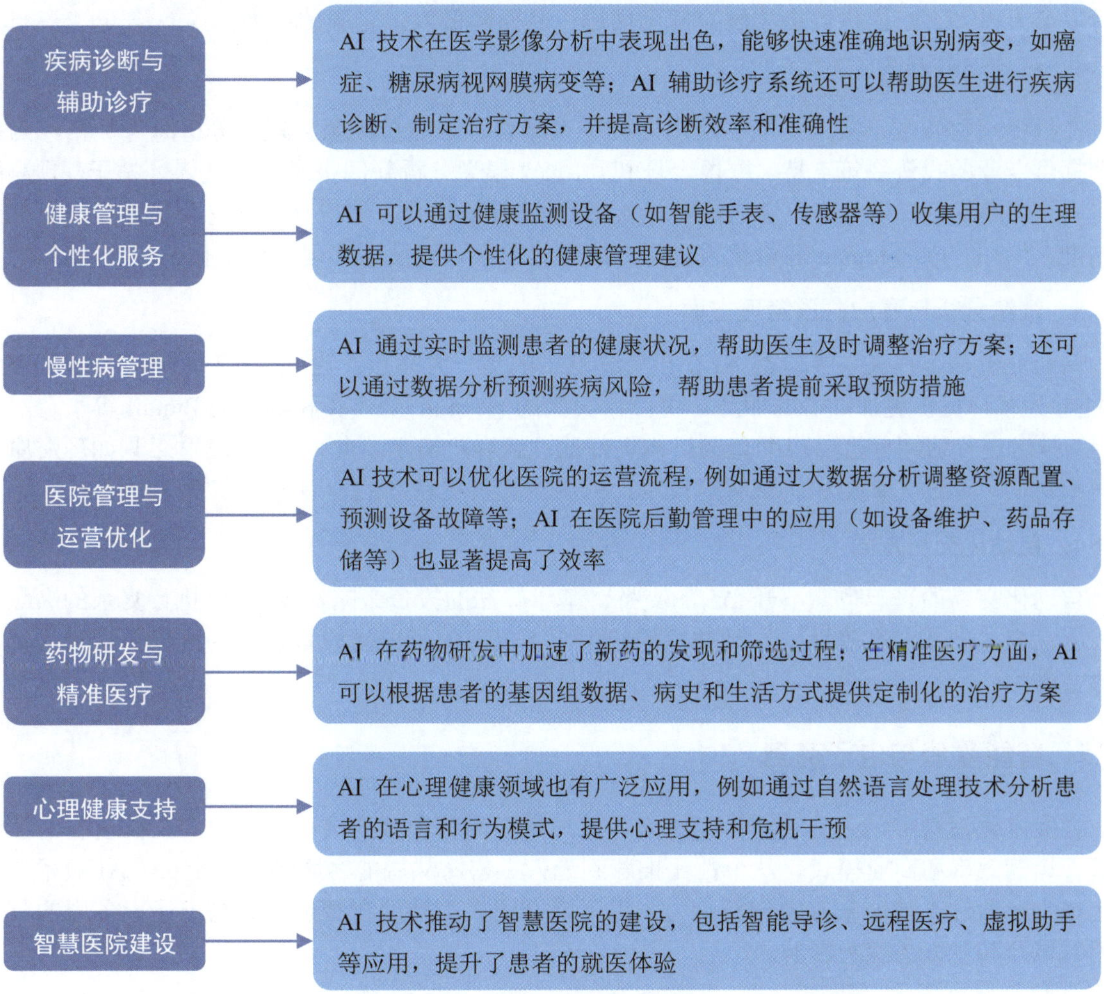

图 1-8 人工智能在智能医疗与健康管理中的具体应用领域

1.3.4 智能金融服务与投资理财

人工智能正在深刻改变传统金融行业的运作方式，从客户服务到风险控制，从投资决策到资产管理，AI 技术的应用正在推动金融行业向智能化、个性化、高效化的方向发展。以下介绍人工智能在智能金融服务与投资理财领域的应用。

1．智能金融服务方面

在智能金融服务方面，人工智能的应用已经渗透到多个关键环节。首先是智能投资与个性化理财服务。通过深度学习和大数据分析，AI 能够为用户提供更精准的资产配置方案。例如，恒生电子推出的智能投研平台 WarrenQ-Chat，可以结合用户需求提供金融行情和数据支持。这种技术不仅降低了人工成本，还显著提升了用户体验。

其次是智能风控与反欺诈。AI 技术通过实时监控交易行为和分析客户信用历史，能够快速识别潜在的欺诈风险。生成式 AI 的引入进一步提升了风险评估的精准度，帮助金融机构更好地管理风险。此外，智能客服的应用也极大地提升了服务质量。基于自然语言处理能力，智能客服可以全天候为客户提供咨询，解决常见问题，从而降低人工客服的压力。

2．投资理财领域

在投资理财领域，人工智能的应用同样令人瞩目。智能投顾服务通过分析海量数据，为投资者提供专业的投资决策支持。摩根士丹利利用 AI 模型分析新闻报道和社交媒体帖子，预测股价走势，从而优化投资策略。量化投资与 AI 算法交易的结合，使得高频交易和量化投资更加高效精准。例如，Quantopian 等量化投资平台通过机器学习算法，实现了自动化的投资决策。

3．情绪分析与客户关系管理方面

情绪分析与客户关系管理是 AI 在投资理财中的另一大亮点。通过分析用户的情绪和行为，AI 能够为客户提供更加贴心的服务。例如，美国的 Beyond Verbal 和英国的 Pintail 等平台，利用 AI 技术进行情绪分析，帮助金融机构更好地理解客户需求。此外，AI 理财工具如理财魔方和蚂蚁财富，通过大数据和人工智能技术，为用户提供更精准的理财方案和投资建议。

4．自动化交易方面

自动化交易的兴起也离不开 AI 的支持。基于算法的投资策略，AI 可以执行复杂的高频交易，提高交易效率和准确性。这种技术的应用，不仅降低了交易成本，还为投资者带来了更高的收益潜力。

1.3.5 智能零售与电子商务

在数字化浪潮中，人工智能已经成为零售与电子商务领域的核心驱动力，正在重塑消费者体验、运营效率和商业模式。从个性化推荐到无人零售，从智能客服到动态定价，AI 技术的应用正在为行业注入前所未有的创新活力。以下将介绍人工智能在智能零售与电子商务中的具体应用领域及其带来的深远影响。

1．客户服务的智能化

通过自然语言处理技术，AI 客服可以全天候在线，实时解答用户问题，提供个性化建议，极大提升了用户体验。与此同时，虚拟助手的引入进一步优化了购物流程，通过生成式 AI 技术，虚拟助手能够引导用户完成从浏览到购买的全过程，并在复杂问题上提供精准支持。

2．精准营销与个性化推荐

在精准营销与个性化推荐方面，AI 算法通过分析用户行为和偏好，为每位消费者量身定制商品推荐，提高了转化率和用户满意度。此外，动态定价技术的应用使得企业能够根据市场需求、竞争态势和用户行为实时调整价格，从而优化收入结构，增强市场竞争力。

3．供应链与库存管理

供应链与库存管理是 AI 技术的另一大应用领域。通过机器学习模型，企业可以精准预测需求变化，优化库存水平，减少积压和浪费。同时，AI 驱动的供应链优化技术能够智能调整运输路线，提升物流效率，确保商品快速送达消费者手中。

4．智能零售场景

在智能零售场景中，AI 技术正在推动无人零售的普及。借助计算机视觉和物联网技术，无人商店实现了自动化结账和商品管理，为消费者提供了便捷的购物体验。此外，智能推荐系统结合线上线下数据，进一步提升了购物的个性化程度，而自助结账技术则大幅缩短了消费者的等待时间。

5．内容生成与用户体验优化

内容生成与用户体验的优化也是 AI 的重要应用方向。生成式 AI 技术能够快速生成高质量的营销内容、产品描述和个性化邮件，大幅提升内容创作效率。同时，增强现实与虚拟现实技术的结合，让消费者可以在线“试穿”商品，进一步提升了购物的沉浸感。

6．安全与风险管理方面

在安全与风险管理方面，AI 系统通过实时分析交易模式，能够快速识别异常行为，有效防范欺诈风险，保障用户和商家的安全。此外，AI 在电商直播中的应用也日益普及，通过智能生成货盘和话术方案，大幅降低了新人主播的入门门槛，同时提升了直播带货的效率。

7．数据分析与决策支持方面

AI 在数据分析与决策支持方面的价值不可忽视。通过实时数据分析和洞察，企业能够优化定价、库存和营销策略，从而在激烈的市场竞争中保持领先优势。

本 章 小 结

本章主要介绍了人工智能的基础知识。首先介绍了 AI 概述，从定义与分类入手，介绍了 AI 发展的驱动因素，并梳理了其从萌芽到成熟的关键阶段；其次介绍了人工智能的关键技术，包括机器学习、深度学习和自然语言处理技术，揭示了这些技术如何成为推动 AI 发展的关键引擎；最后介绍了 AI 在多个领域的实际应用，从智能制造与物联网的融合，到智能交通、医疗、金融和零售等行业的创新实践，展示了 AI 技术如何深刻改变传统行业并推动各领域迈向智能化转型。通过本章的学习，读者能够对 AI 的相关知识有了基本的了解。

课 后 习 题

鉴于本章知识的重要性，为了更好地掌握所学知识，将通过课后习题帮助读者进行简单的知识回顾和补充。

习题 1：请结合 1.1.2 节“AI 发展的驱动因素”，简述人工智能技术快速发展的三大核心驱动力，并举例说明其在实际应用中的体现。

答案如下。

人工智能技术的快速发展主要由以下三大核心驱动力推动。

（1）数据资源的爆炸式增长：互联网和物联网的普及产生了海量数据（如社交媒体、传感器数据），为机器学习模型提供了训练素材。例如，智能医疗领域通过电子病历数据训练疾病预测模型。

（2）计算能力的指数级提升：图形处理器（graphics processing unit，GPU）、专用硬件加速器（tensor processing unit，TPU）等硬件的进步显著降低了深度学习算法的训练成本。例如，自动驾驶汽车依赖高性能芯片实时处理传感器数据。

（3）算法创新与理论突破：从监督学习到强化学习的演进，使 AI 能够适应复杂环境。例如，AlphaGo 通过强化学习击败人类棋手，展示了算法创新的潜力。

习题 2：请从 1.3 节“AI 应用的领域”中任选一个场景（如智能交通、智能医疗等），分析其核心技术架构，并讨论 AI 技术可能面临的伦理挑战。

答案如下。

在智能交通与自动驾驶领域，人工智能技术的应用主要依赖于一套复杂的核心技术架构。

感知层通过摄像头、激光雷达等传感器实时感知车辆周围的环境，捕捉道路、行人、其他车辆等关键信息。

决策层则基于深度学习算法（如卷积神经网络用于障碍物识别）和强化学习算法（用于路径规划和驾驶策略优化），对感知到的数据进行分析并做出实时决策。

执行层根据决策层的指令，通过车辆的转向、加速和制动系统完成具体的驾驶操作。与此同时，该领域也面临诸多伦理挑战。

例如，车辆传感器可能收集大量用户位置和行为数据，这引发了隐私保护的担忧；算法偏见可能导致对某些群体（如行人或非机动车）的识别错误，从而增加安全风险。此外，自动驾驶事故的责任归属问题（如算法故障或人类干预失误）需要明确的法律框架来解决，以确保公平性和透明度。这些伦理问题不仅影响技术的普及，也对社会信任和法律体系提出了新的要求。

第 2 章 AIGC 基础知识

2

本章将主要介绍 AIGC 的技术内核，讲述其背后原理与未来趋势，同时聚焦语言与视觉两大领域，以及代表性模型的应用与突破。无论是对话、创作还是生产力的重塑，AIGC 都在以指数级的速度扩展人类的创造力边界。

本章重点

- 了解 AIGC 面纱下的未来图景
- 熟悉语言大模型：智能对话新纪元
- 熟悉视觉重塑：绘画与视频大模型的力量

素质目标

- 鼓励读者在人工智能项目实践中发挥创意，提出独特的解决方案，培养创新思维
- 引导读者在团队项目中明确分工，积极沟通，提升团队协作和组织协调能力

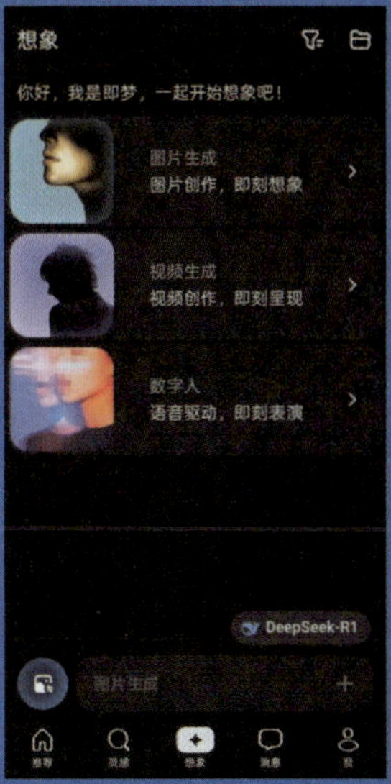

2.1 AIGC 概 述

随着科技的飞速发展，AIGC（artificial intelligence generated content）作为一种新兴的技术力量，正逐渐改变着人们的生活方式和思维方式。本章将从 AIGC 的定义、技术原理及未来发展趋势三个方面，全面介绍 AIGC 的框架，帮助用户更好地掌握这一领域的关键知识，让用户对 AIGC 有一个清晰、全面的认识。

2.1.1 AIGC 的定义

AIGC 指的是利用人工智能技术来生成内容的一种方式。这通常涉及机器学习模型，尤其是深度学习模型，它们能够创建、编辑或模仿各种形式的内容，包括文本、图像、音频、视频及 3D 模型等。AIGC 定义的关键点如图 2-1 所示。

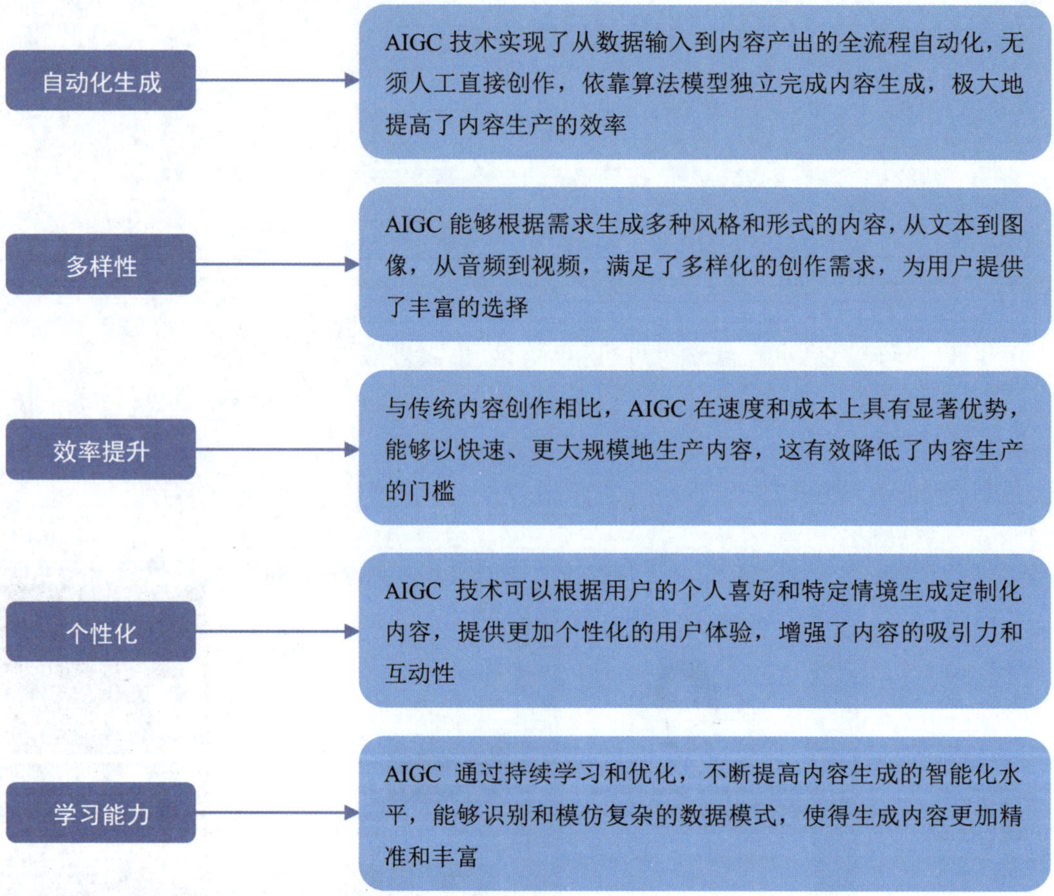

图 2-1 AIGC 定义的关键点

随着人工智能技术的不断进步和数据资源的日益丰富，AIGC 技术将得到不断完善。未来，AIGC 可能会更加侧重于创作质量的提升和个性化定制化的实现，与其他人工智能技术相结合实现更强大和更智能的内容服务，深入应用于更多领域以满足用户的多样化需求。

2.1.2　AIGC 的技术原理

AIGC 的技术原理主要依赖于人工智能领域的深度学习、自然语言处理、计算机视觉、音频处理、强化学习及可控性技术等多种先进技术。AIGC 的技术原理如图 2-2 所示。

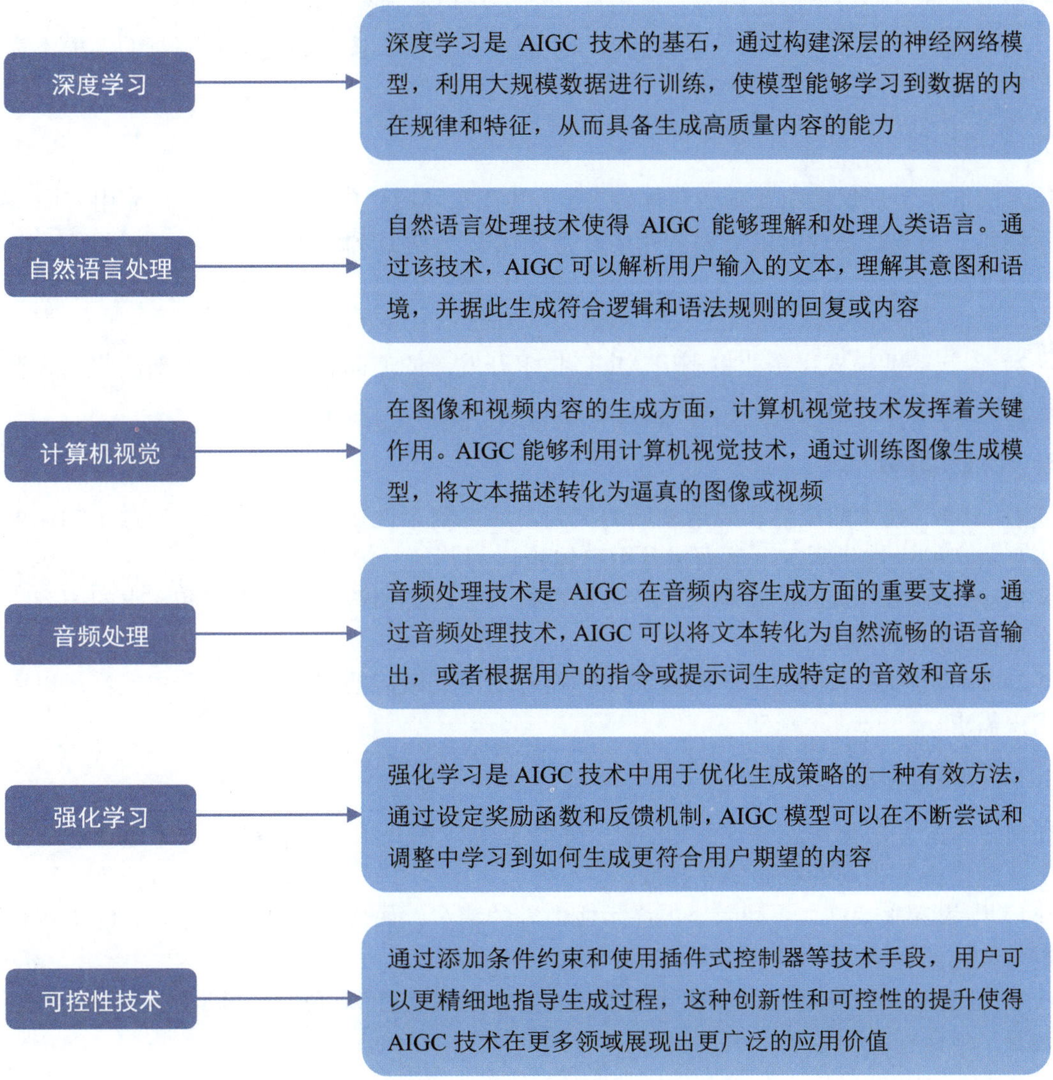

图 2-2　AIGC 的技术原理

2.1.3　AIGC 的未来发展趋势

AIGC 作为人工智能领域的重要分支，其未来充满了无限可能。随着技术的不断进步和应用场景的拓展，AIGC 将在多个领域发挥重要作用，为高质量发展提供动力。下面将对 AIGC 未来发展趋势进行详细讲解。

1．技术提升

随着人工智能领域的不断突破，未来这些技术的不断突破和大数据的积累，AIGC 的生成能力和效率将得到进一步提升。

（1）算法优化：未来的 AIGC 技术将受益于更先进的算法，如增强的生成对抗网络和改进的深度学习模型，使得生成的内容在逻辑性、创造性和准确性方面有显著提升。

（2）多模态交互：AIGC 将能够处理和生成结合文本、图像、音频和视频的多模态内容，实现更加丰富和沉浸式的用户体验。

2．应用拓展

技术的进步不仅仅停留在理论层面，更在于其在实际应用中的广泛渗透。在应用方面，AIGC 将不断创新，为各行各业提供更加智能化、个性化的内容生成解决方案。

（1）行业融合：AIGC 将深入到更多行业，如医疗健康、法律咨询、房地产等，通过自动化内容生成提高行业效率。

（2）创新商业模式：企业将利用 AIGC 技术开发新的产品和服务，创造新的收入来源，例如个性化教育平台、定制化新闻服务。

3．个性化服务

随着 AIGC 技术的成熟和应用领域的扩大，注意到个性化服务的兴起，通过定制化内容，能够满足用户的个性化需求，从而提升用户体验。

（1）用户画像：AIGC 将利用用户数据分析，生成更加符合个人喜好和需求的内容，提供高度个性化的服务体验。

（2）即时反馈：AIGC 系统将能够实时响应用户反馈，动态调整内容生成策略，以更好地满足用户需求。

4．社会伦理挑战

任何技术的发展都伴随着一系列的社会伦理问题。在介绍了 AIGC 的技术进步和应用拓展之后，就应正视其带来的社会伦理挑战。

（1）版权和知识产权：随着 AIGC 生成内容的增多，如何界定和保护原创者的版权将成为一个重要议题。

（2）信息真实性和责任：确保 AIGC 生成内容的真实性和可靠性，以及在使用过程中明确责任归属，将是社会面临的一大挑战。

5．就业结构变革

技术的革新不仅改变了人们的生活方式，也对就业市场产生了深远影响。

（1）职业转变：AIGC 可能会取代一些传统的创作型职业，同时也会催生新的工作岗位，如 AI 内容审核员、AI 创意指导等。

（2）技能需求：劳动力市场将更加重视与 AIGC 相关的技能，如数据分析、机器学习等，推动教育和培训体系的适应和变革。

综上所述，AIGC 的未来充满无限可能，它将在推动社会进步的同时，也带来一系列挑战。也需要关注并解决 AIGC 发展过程中面临的挑战和问题，推动其健康、可持续发展。

2.2 语言大模型

语言大模型通过海量数据训练和复杂的神经网络架构，赋予了机器前所未有的语言理解和生成能力，使其能够以接近人类的方式进行多轮对话。本节将主要介绍语言大模型在智能对话领域的代表性成果，包括 OpenAI 的 ChatGPT、DeepSeek、月之暗面的 Kimi、百度的文心一言、阿里云的通义、科大讯飞的讯飞星火、智谱 AI 的智谱清言及天工 AI 等。

2.2.1 ChatGPT

ChatGPT 是一款基于 AI 技术的聊天机器人，可以模仿人类的语言行为，实现人机之间的自然语言交互。ChatGPT 不仅可以自动问答，还可以通过自动化和优化流程来提高文案写作效率，其操作页面设计简洁直观，旨在让用户能够轻松上手并高效地与 AI 模型进行交互。图 2-3 所示为 ChatGPT 的页面组成。

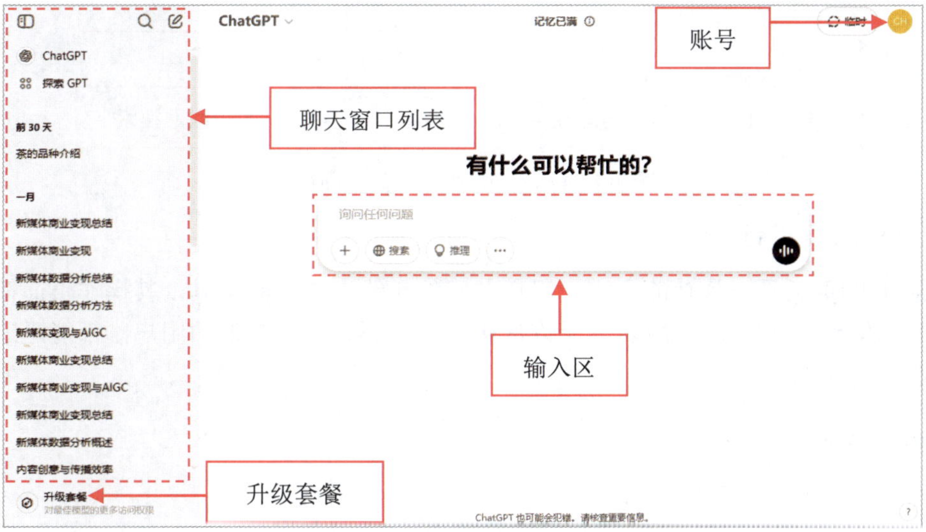

图 2-3 ChatGPT 的页面组成

2.2.2 DeepSeek

DeepSeek 是由杭州深度求索人工智能基础技术研究有限公司开发的一款人工智能工具，集成了自然语言处理、机器学习等先进技术。通过精准的数据分析和智能推理，DeepSeek 能够为用户提供更为个性化和高效的服务。下面将详细介绍 DeepSeek 手机版界面和网页版页面的组成。

1. DeepSeek 手机版

DeepSeek 手机版，全称为“DeepSeek－AI 智能对话助手”，其界面设计简洁明了，用户友好性高。无论是 iOS（苹果）还是安卓系统，用户都可以在应用商店轻松下载并安装。图 2-4 所示为 DeepSeek 手机版的界面组成。

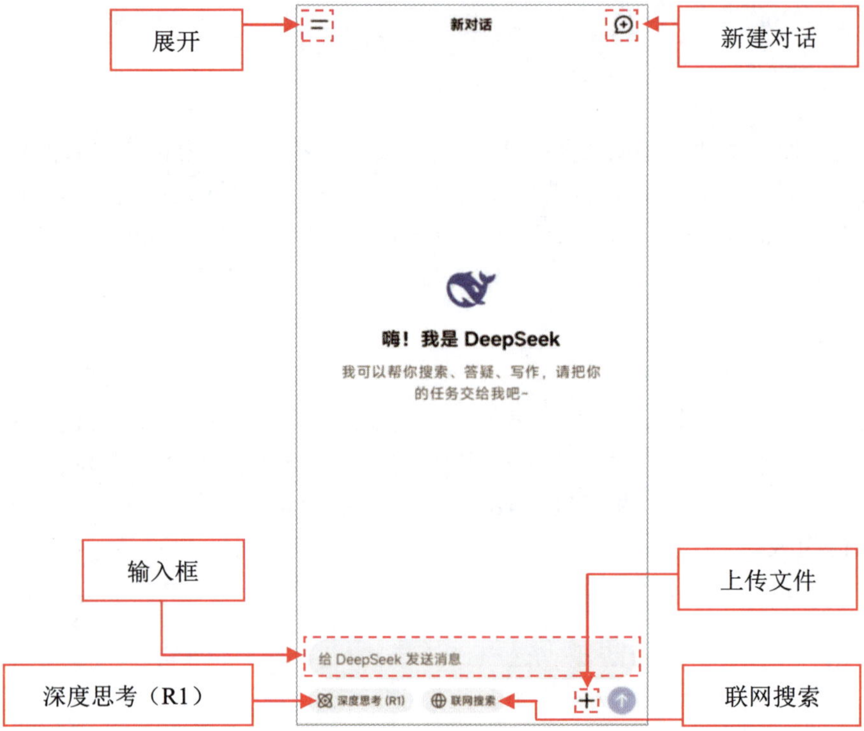

图 2-4　DeepSeek 手机版的界面组成

2．DeepSeek 网页版

DeepSeek 网页版是一款功能丰富、用户友好的在线人工智能工具，其操作页面简洁明了，以直观的方式呈现，如图 2-5 所示。无论是初次使用还是经验丰富的用户，都能迅速上手并找到所需功能。

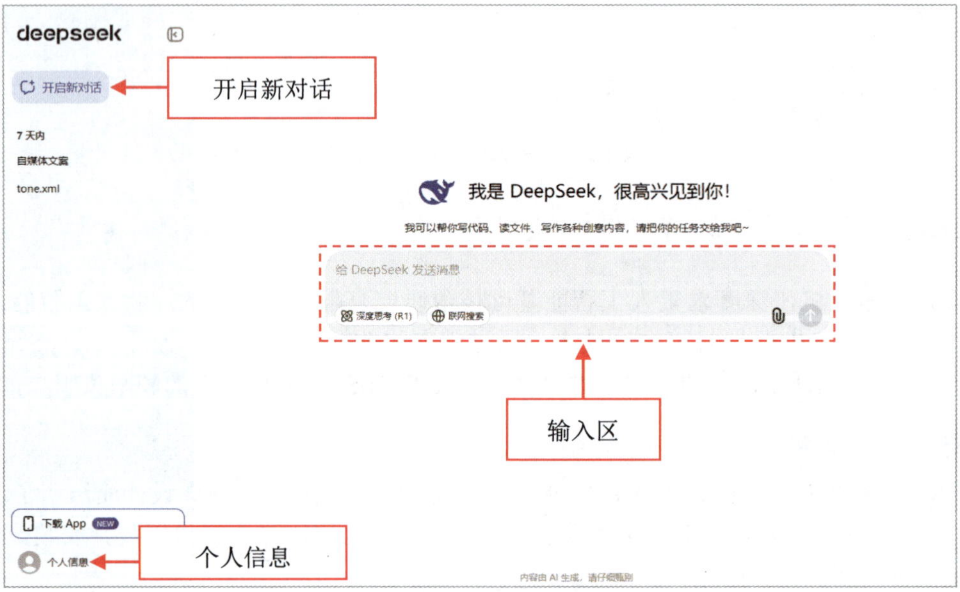

图 2-5　DeepSeek 网页版的界面组成

2.2.3　Kimi

Kimi 是由月之暗面科技有限公司开发的人工智能助手，旨在通过提供多语言对话、文件处理、搜索能力及长文本处理等高级功能，帮助用户解决问题和完成任务。下面将详细介绍 Kimi 手机版界面和网页版页面的组成。

1．Kimi 手机版

Kimi 手机版的全名为“Kimi 智能助手-超长记忆 AI 助手”，既拥有 Kimi 网页版同样强大的功能，又具备了手机版特有的便捷性。图 2-6 所示为 Kimi 手机版的界面组成。

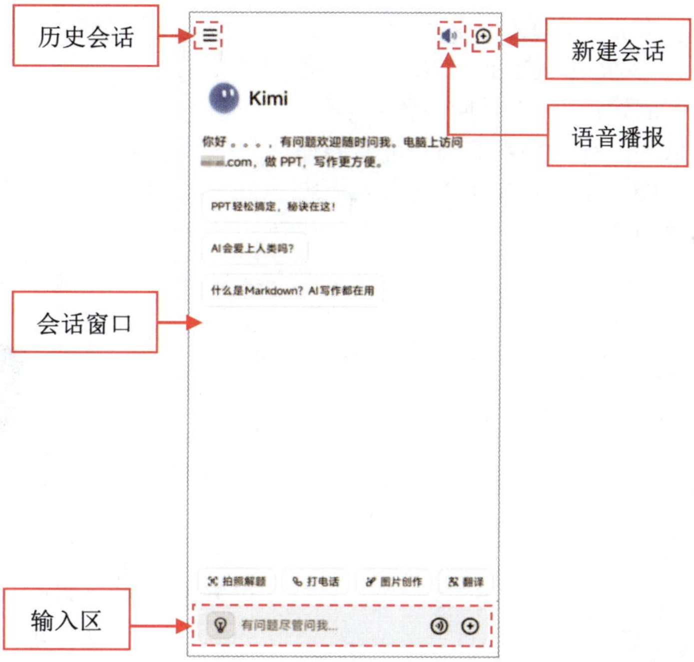

图 2-6　Kimi 手机版的界页组成

2．Kimi 网页版

Kimi 网页版页面清晰直观、一览无余，用户可以轻松找到自己所需的功能。其网页版的页面组成如图 2-7 所示。

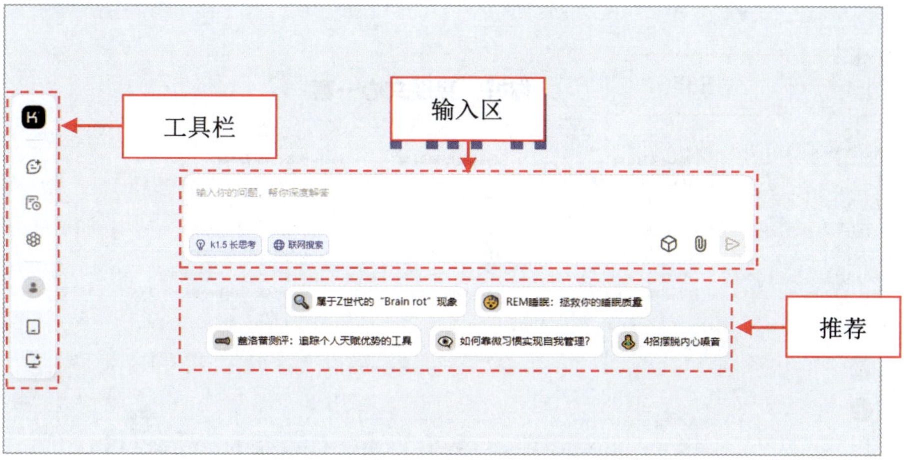

图 2-7　Kimi 网页版的页面组成

2.2.4 文心一言

文心一言是百度公司研发的知识增强大语言模型，能够与人对话互动、回答问题、协助创作，高效便捷地帮助人们获取信息、知识和灵感。下面将详细介绍文心一言手机版界面和网页版页面的组成部分。

1．文心一言手机版

文心一言手机版的全名为“文小言-多模型，更强大 App”，具备丰富的知识库，能够回答各种学科、领域的问题，提供准确、可靠的信息。图 2-8 所示为文心一言手机版的界面组成。

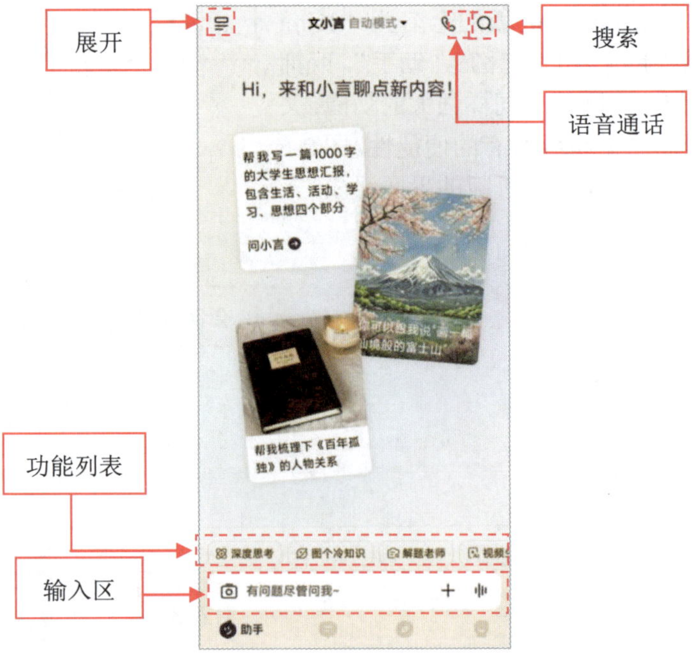

图 2-8　文心一言手机版的界面组成

2．文心一言网页版

文心一言网页版以其简洁直观的页面设计，为用户提供了一种轻松愉悦的在线体验。用户可以轻松访问和使用各种功能，无须面对复杂的操作流程。其网页版的页面组成如图 2-9 所示。

图 2-9　文心一言网页版的页面组成

2.2.5　通义

通义是由阿里云开发的人工智能助手，其设计目的是成为一个能够理解和处理自然语言、提供信息帮助和解决问题的系统。它能够解答广泛领域的问题，从日常生活的小贴士到科学和技术的知识点，从文化历史到实用建议等，几乎涵盖了各种话题。下面将详细介绍通义手机版界面和网页版页面的组成。

1．通义手机版

通义 App 的全名为“通义-阿里自研深度思考 App”，基于先进的自然语言处理技术，能够理解和回应用户的各种查询和需求，为用户提供了一个全天候的智能伴侣。无论是在工作中寻求帮助，还是在生活中寻找乐趣，都是一个得力的助手。其手机版的界面组成如图 2-10 所示。

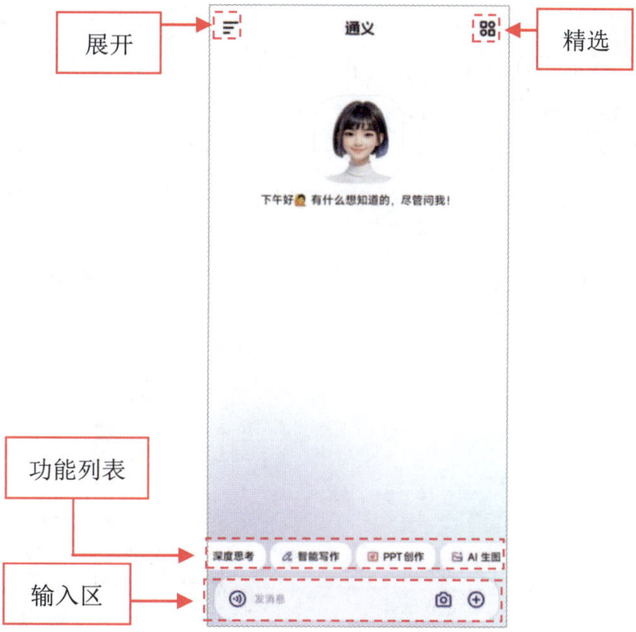

图 2-10　通义手机版的界面组成

2．通义网页版

通义作为一款先进的 AI 助手，致力于通过友好且有效的沟通为用户提供价值，同时明确指出对于专业咨询的问题。其网页版的页面组成如图 2-11 所示。

图 2-11　通义网页版的页面组成

2.2.6 讯飞星火

讯飞星火是科大讯飞公司推出的一款 AI 大语言模型，旨在通过先进的 AI 技术提升自然语言处理的能力，帮助用户快速完成各种任务。该工具自发布以来，凭借其强大的功能和广泛的应用场景，受到了广泛关注。下面将详细介绍讯飞星火手机版界面和网页版页面的组成。

1．讯飞星火手机版

用户安装并登录讯飞星火 App 后，会进入“星火对话”界面，如图 2-12 所示。在该界面中，用户可以直接输入并发送提示词，让 AI 完成各种任务。

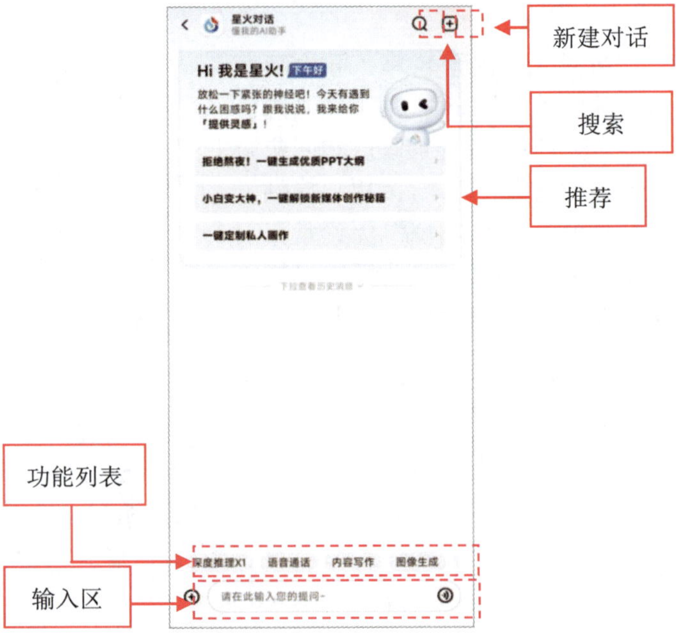

图 2-12 “星火对话”界面

2．讯飞星火网页版

讯飞星火网页版的操作页面是一个集成了多种 AI 功能的平台，为用户提供了便捷、高效的创作和辅助工具，用户可以通过简单的操作即可实现智能写作、图片生成、素材查找、文章预览等功能。其网页版的页面组成如图 2-13 所示。

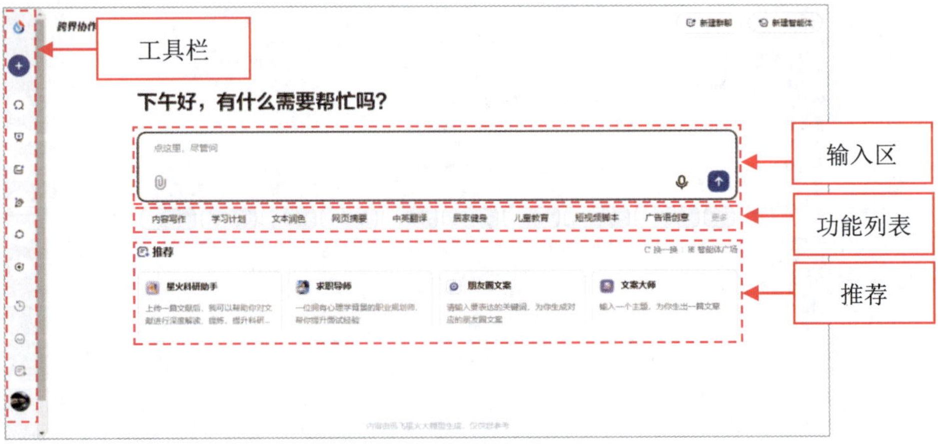

图 2-13 讯飞星火网页版的页面组成

2.2.7　智谱清言

智谱清言是北京智谱华章科技有限公司推出的生成式 AI 助手，在工作、学习和日常生活中为用户提供了广泛的支持和帮助。智谱清言具备通用问答、多轮对话、创意写作、虚拟对话等丰富能力。下面将详细介绍智谱清言手机版界面和网页版页面的组成。

1．智谱清言手机版

智谱清言手机版是一款基于中英双语大模型 ChatGLM 开发的智能对话应用，它旨在通过先进的自然语言处理技术，满足用户多样化的创作需求。图 2-14 所示为智谱清言手机版的界面组成。

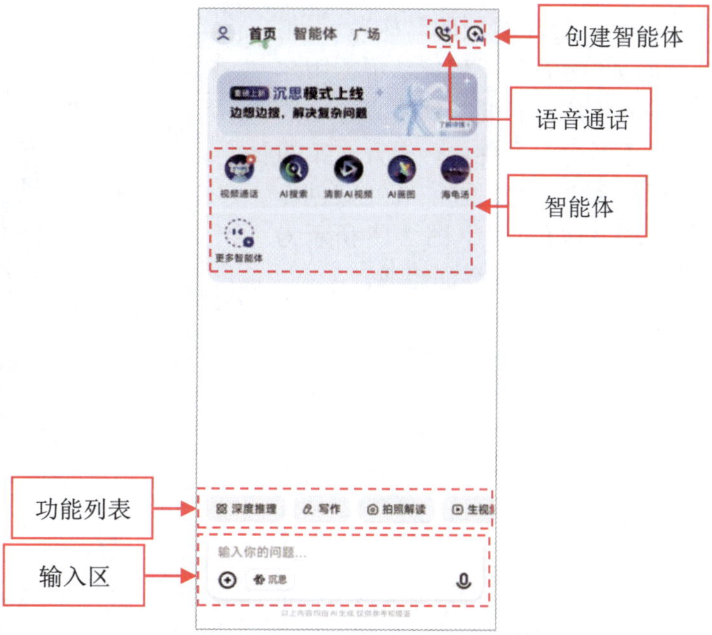

图 2-14　智谱清言手机版的界面组成

2．智谱清言网页版

智谱清言的页面设计简洁、直观，便于用户快速上手，其中展示了智谱清言的一些常用功能、推荐内容和个性化设置选项。其网页版的页面组成如图 2-15 所示。

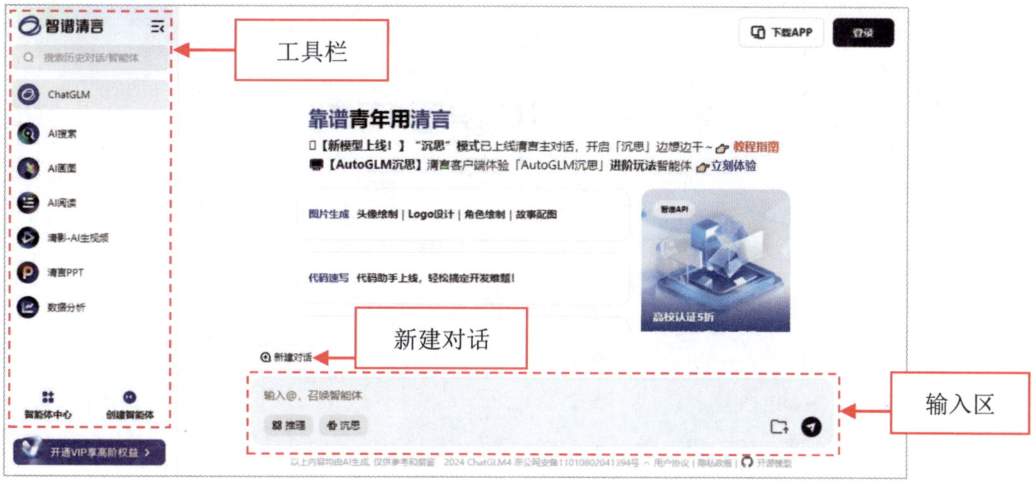

图 2-15　智谱清言网页版的页面组成

2.2.8　天工 AI

天工 AI 是由 A 股上市公司昆仑万维研发的一款对话式 AI 助手，不仅在国内 AI 搜索领域占据领先地位，还融入了先进的生成式 AI 技术，为用户提供了高效、智能、全面的搜索体验。下面将详细介绍天工 AI 手机版界面和网页版页面的组成。

1．天工 AI 手机版

天工 AI 手机版的名称为“天工-全面 AI 助手”，不仅能够根据用户的输入生成符合要求的文案，还能通过不断学习和优化，提升文案的多样性和专业性，推动 AI 文案创作技术的发展和应用。图 2-16 所示为天工 AI 手机版的界面组成。

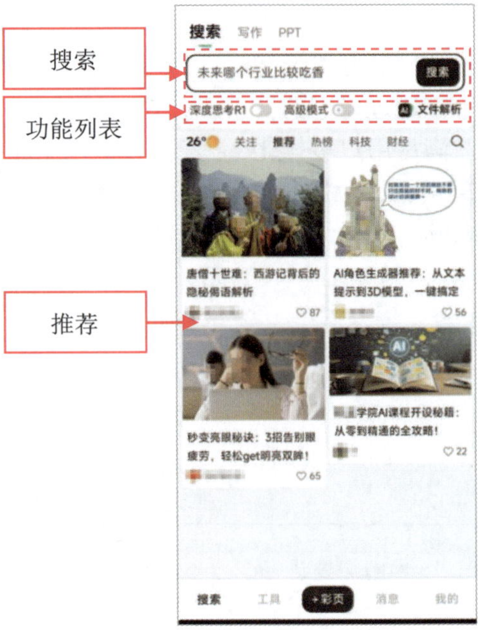

图 2-16　天工 AI 手机版的界面组成

2．天工 AI 网页版

天工 AI 网页版页面布局清晰，结构合理，注重用户体验和交互设计，使用户能够快速上手并找到所需功能。其网页版的页面组成如图 2-17 所示。

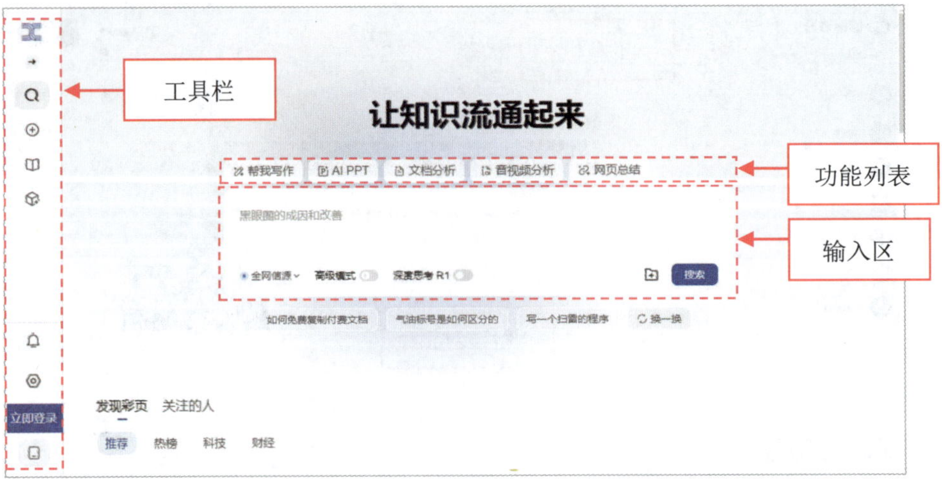

图 2-17　天工 AI 网页版的页面组成

2.3　代表性模型的创新应用

在人工智能技术的浪潮中，视觉生成领域正经历一场深刻的变革。从静态艺术到动态影像，绘画与视频生成大模型正在重塑人类的视觉表达方式。本节将主要介绍视觉生成领域的前沿技术，讲述即梦 AI、可灵 AI、海螺 AI、豆包及海绵音乐等代表性模型的创新应用。

2.3.1　即梦 AI

即梦 AI 是字节跳动推出的一站式生成式人工智能创作平台，支持通过自然语言、图片和视频输入生成高质量的图像及视频。借助即梦 AI，用户可以快速创作出所需的 AI 图片、音频和视频，让艺术创作变得更加自由。下面将详细介绍即梦 AI 手机版界面和网页版页面的组成。

1．即梦 AI 手机版

即梦 AI 手机版的界面简洁直观，操作流畅便捷。用户可以随时随地轻松编辑，让创意与灵感不受限于设备，随时随地焕发图像新活力。下面以“想象”界面为例，对即梦 AI 手机版中的界面组成进行介绍，如图 2-18 所示。

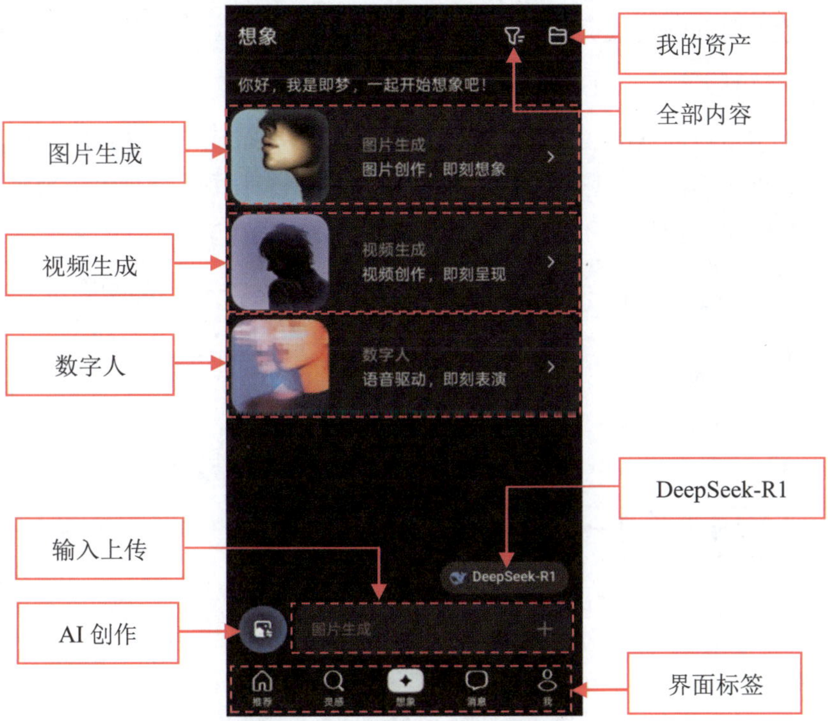

图 2-18　即梦 AI“想象”界面组成

2．即梦 AI 网页版

在搜索引擎（如 360、百度）中搜索并单击即梦 AI 的官网链接之后，进入首页页面，该页面中包括“AI 作图”“AI 视频”及“数字人”等板块，还有社区作品欣赏区域，如图 2-19 所示。

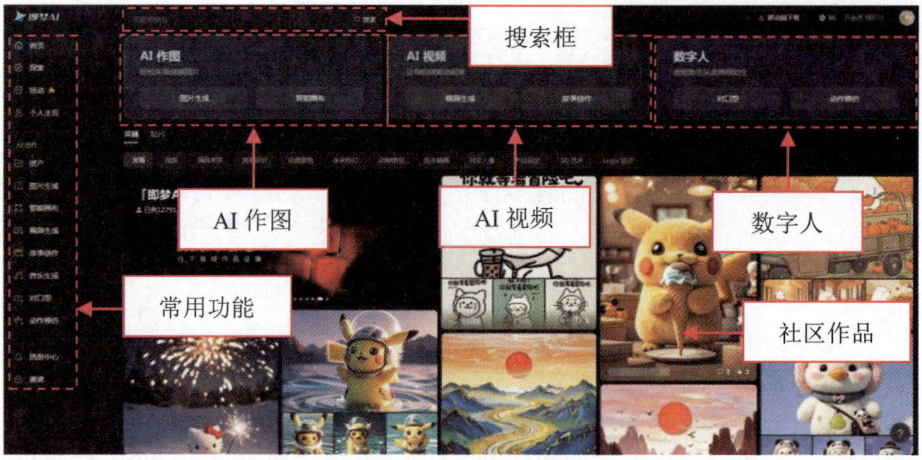

图 2-19　即梦 AI 网页版的页面组成

2.3.2　可灵 AI

可灵 AI 是快手自研的视频生成大模型，能够高效生成高质量的视频，解锁智能创作的新境界。借助可灵 AI，用户可以点燃自己的 AI 想象力，快速制作出高质量的视频。下面将详细介绍可灵 AI 手机版界面和网页版页面的组成。

1．可灵 AI 手机版

可灵 AI 推出了自己的 App，用户下载该 App 之后，即可用可灵 AI 手机版生成短视频。图 2-20 所示为可灵 AI 手机版的 AI 视频界面，该界面的“图生视频”选项卡中展示了可灵 AI 手机版视频生成的许多核心功能。

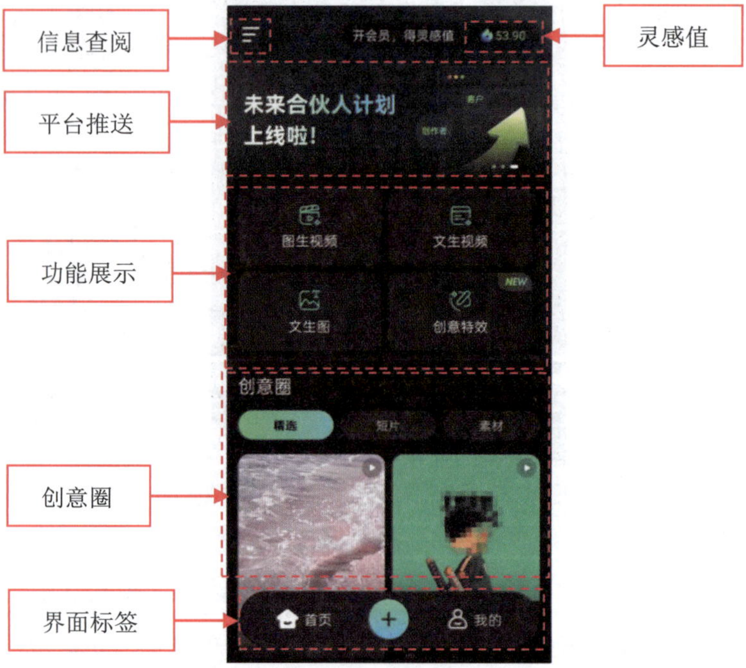

图 2-20　可灵 AI 手机版的 AI 视频界面

2．可灵 AI 网页版

可灵 AI 网页版（即可灵 AI 平台）是一个便捷、高效且功能丰富的视频生成平台，用户无须下载和安装任何客户端，即可直接使用该平台的各项功能，这无疑极大地提高了创作效率。无论是生成图片还是视频，可灵 AI 都能够提供高质量的内容输出，满足用户的多样化需求。图 2-21 所示为可灵 AI 网页版的页面组成。

图 2-21　可灵 AI 网页版的页面组成

2.3.3　海螺 AI

海螺 AI 是一款由 MiniMax 公司开发的创新 AI 产品，集成了问答、音乐创作和短视频生成等功能。下面将详细介绍海螺 AI 手机版界面和网页版页面的组成。

1．海螺 AI 手机版

用户打开海螺 AI App 后，即可进入海螺 AI 的“首页”界面。其手机版的界面组成如图 2-22 所示。

图 2-22　海螺 AI 手机版的界面组成

2．海螺 AI 网页版

用户进入海螺 AI“问答”页面后，需要切换至“视频”页面，并单击“视频生成”按钮，才能进入海螺 AI 的视频生成页面，其网页版的界面组成如图 2-23 所示。

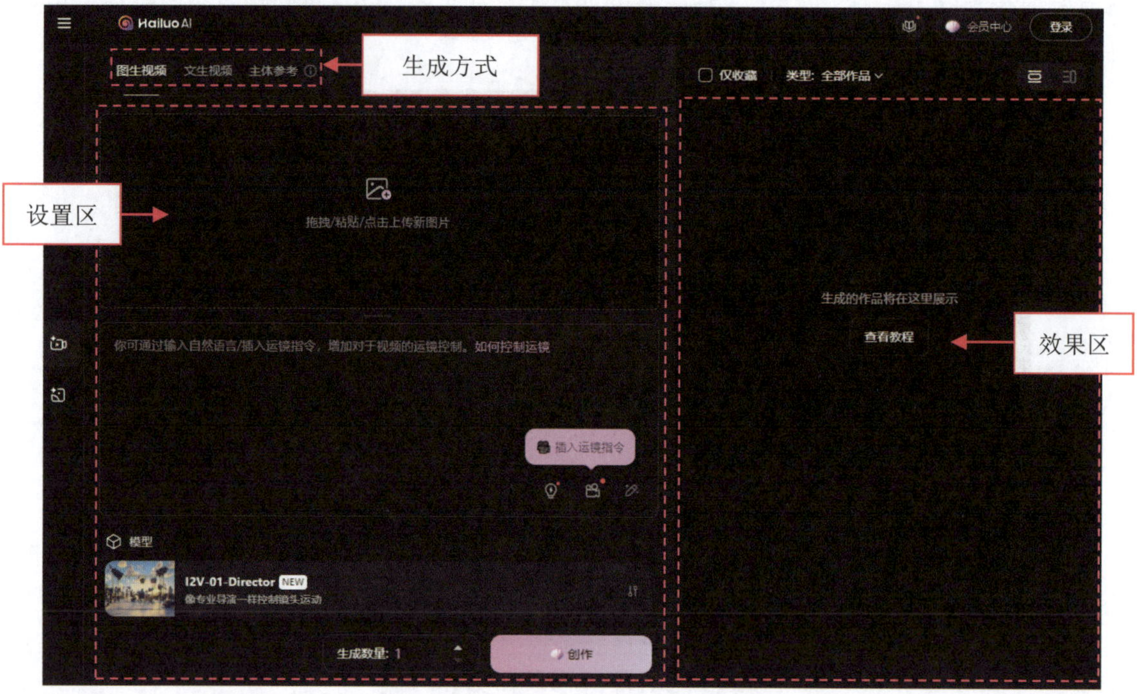

图 2-23　海螺 AI 网页版的页面组成

> ▶ 专家指点
>
> 在 AI 短视频生成方面，海螺 AI 通过深度学习、计算机视觉和自然语言处理等技术，能够根据用户需求生成完整的短视频，极大地降低了视频制作的门槛，提升了创作效率。

2.3.4　豆包

豆包是由字节跳动公司开发的人工智能助手，不仅可以进行自然语言对话和文本生成，还上线了“音乐生成”功能。该功能允许用户输入主题或自创歌词，并设定音乐风格、情绪和音色，然后一键生成约 1 分钟的原创歌曲。

豆包“音乐生成”功能的优势在于其智能化和个性化，能够根据用户输入的主题或歌词精准匹配音乐风格，确保生成的音乐作品与用户的期望高度契合，从而降低音乐创作的门槛。下面将详细介绍豆包手机版界面和网页版页面的组成。

1．豆包手机版

用户下载并安装豆包 App 后，可以使用抖音账号或手机号完成登录，进入“豆包”对话界面，在底部显示的功能中点击“音乐生成”按钮，如图 2-24 所示。执行操作后，会弹出“音乐生成”面板，如图 2-25 所示，用户可以在其中完成 AI 音乐创作的相关设置。

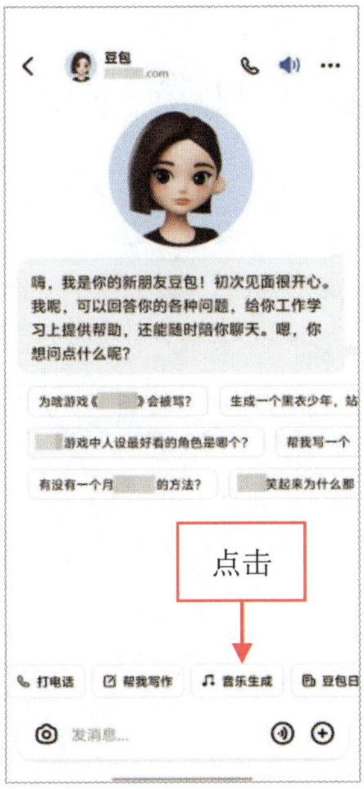

图 2-24　点击“音乐生成”按钮

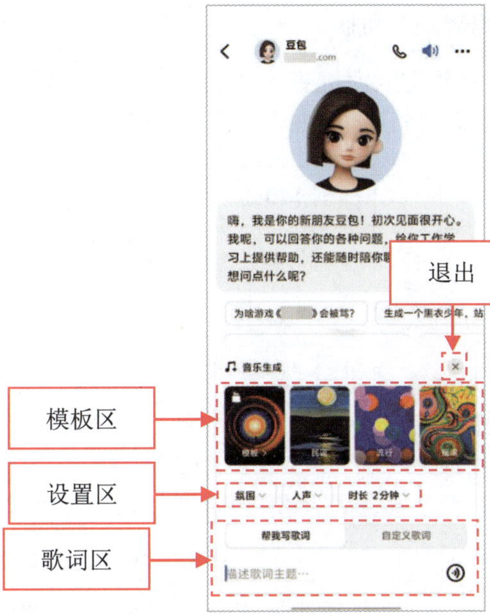

图 2-25　弹出“音乐生成”面板

2．豆包网页版

用户登录并进入豆包首页后，需要单击“更多” | “音乐生成”按钮，才能进入“音乐生成”页面进行 AI 音乐的创作，如图 2-26 所示。

图 2-26　豆包网页版的“音乐生成”页面

2.3.5　海绵音乐

海绵音乐是由字节跳动公司推出的 AI 音乐创作平台，支持灵感创作和自定义创作两种模式，用户可以通过输入关键词或一句话灵感快速生成音乐作品，也可以自定义音乐的旋律、节奏、和声及歌词等。下面将详细介绍海绵音乐手机版界面和网页版页面的组成。

1．海绵音乐手机版

用户登录并进入海绵音乐 App 后，在“音乐”界面的底部点击[+AI]按钮，即可进入音乐创作界面，创作属于自己的歌曲，如图 2-27 所示。

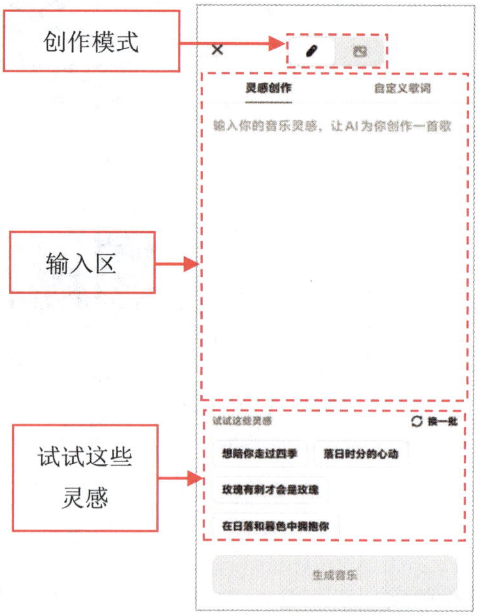

图 2-27　音乐生成界面的组成

2．海绵音乐网页版

用户登录并进入海绵音乐网页版后，只需在左侧的功能列表中单击“创作”按钮，即可进入“创作”页面，进入 AI 音乐的创作，如图 2-28 所示。

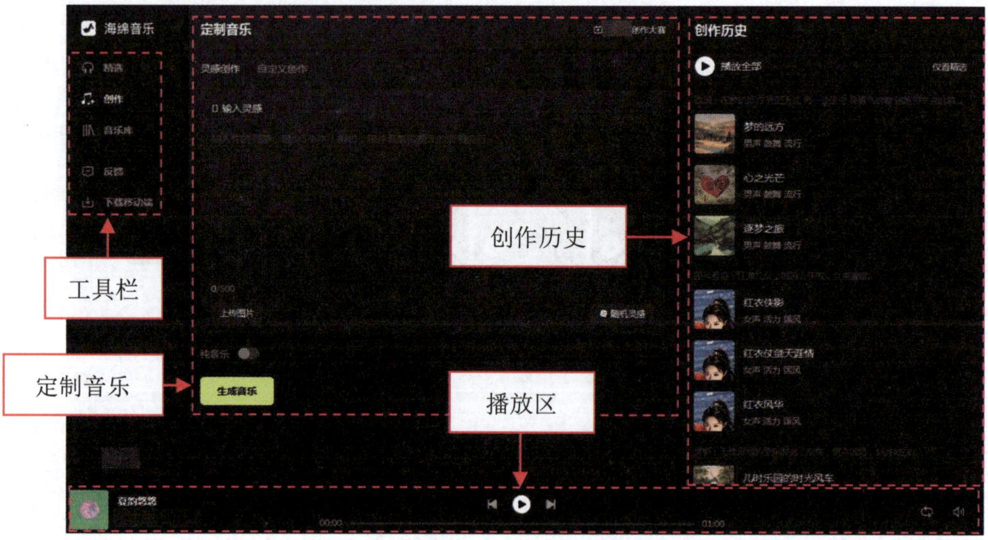

图 2-28　“创作”页面

本章小结

本章主要介绍了 AIGC 基础知识。首先介绍了 AIGC 概述，主要包括 AIGC 的定义、技术原理和 AIGC 的未来发展趋势；其次介绍了语言大模型，重点介绍了包括 ChatGPT、DeepSeek、Kimi、文心一言、通义、讯飞星火、智谱清言和天工 AI 在内的代表性模型；最后介绍了代表性模型的重新应用，主要包括即梦 AI、可灵 AI、海螺 AI、豆包和海绵音乐等模型在绘画与视频生成中的突破性应用。通过本章的学习，读者能够了解 AIGC 技术在语言与视觉领域的深远影响，以及其对未来无限可能的推动作用。

课后习题

鉴于本章知识的重要性，为了更好地掌握所学知识，将通过课后习题帮助读者进行简单的知识回顾和补充。

习题 1：请结合本章内容，简述语言大模型（如 ChatGPT、文心一言等）在智能对话领域的应用。

答案如下。

语言大模型在智能对话领域的应用主要体现在以下几个方面。

（1）多轮对话能力：语言大模型能够理解上下文，支持多轮对话，使对话更加自然流畅。

（2）广泛的知识覆盖：通过海量数据训练，语言大模型能够回答各种领域的问题，提供丰富的信息。

（3）个性化服务：根据用户输入和历史记录，语言大模型可以提供个性化建议和解决方案。

（4）跨语言支持：支持多种语言的对话，打破了语言障碍。

习题 2：请列举视觉生成模型（如即梦 AI、可灵 AI 等）在实际应用中的 3 个主要领域，并简要说明每个领域中的具体应用场景。

答案如下。

视觉生成模型在实际应用中主要涵盖以下 3 个领域。

（1）广告设计：视觉生成模型能够快速生成高质量的广告图像和视频，帮助设计师节省时间和成本，同时提供创意灵感。

（2）影视制作：通过生成逼真的动态影像，视觉生成模型可以辅助电影特效制作，提升制作效率和视觉效果。例如，生成虚拟场景或角色。

（3）艺术创作：艺术家可以利用视觉生成模型探索新的艺术风格，生成独特的绘画作品或动态艺术，推动艺术创作的边界。

这些应用场景展示了视觉生成模型在提升效率、降低成本及激发创意方面的巨大潜力。

第 3 章
Python 编程基础

3

本章主要以 Python 为例，介绍 AI 训练师必须掌握的编程技能。Python 作为一种简单易学、功能强大的编程语言，在人工智能领域有着广泛的应用，可以帮助用户进行高效的模型训练和数据处理工作。通过本章的学习，将帮助读者快速掌握 Python 编程语言的基本用法，为未来的人工智能训练打下坚实基础。

本章重点

- 了解 Python 安装与配置方法
- 掌握 Python 语法精髓
- 实战演练，精通 Python 编程

素质目标

- 引导读者客观分析人工智能技术的优势与局限，培养批判性思维
- 促使读者关注人工智能领域的跨学科融合，培养其综合运用多学科知识的意识和能力

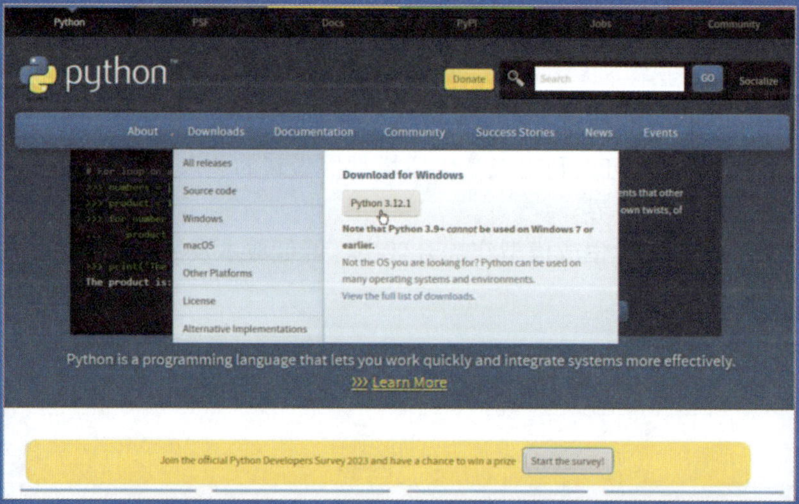

3.1 Python 安装与配置

Python 是一种简单易学、功能强大的编程语言，被广泛应用于人工智能、数据科学、机器学习等领域。为了开始人工智能编程语言的旅程，首先需要确保 Python 的正确安装和部署。本节将详细介绍 Python 程序的特点、安装与配置。

3.1.1 Python 程序特点

Python 是一种高级的、解释型的脚本语言，其设计注重可读性，并具有独特的语法结构。与其他语言相比，Python 使用英文关键字和标点符号，使其易于理解和编写。

Python 被广泛用于应用程序开发，从简单的文本处理到复杂的全球广域网或万维网（world wide web）应用程序和游戏。Python 的易用性加上丰富的库和框架生态系统，使其成为初学者的理想选择。Python 的主要特点如下。

（1）简洁高效：Python 语言简洁、语法清晰，易于学习掌握，它强大的标准库和丰富的第三方库，使得开发人员能够快速高效地开发各种应用。

（2）易读性强：Python 的代码风格强调可读性，这有助于降低维护成本。同时 Python 的缩进规则也使得其代码结构更加清晰，且易于理解。

（3）社区支持：Python 拥有庞大的开发者社区，这意味着遇到问题时可以快速找到解决方案，同时社区的开源项目和资源为开发人员提供了丰富的参考和借鉴。

（4）跨平台兼容：Python 可以在多种操作系统中运行，包括 Windows、Linux 和 Mac OS 等，这为跨平台开发提供了便利。

（5）交互式编程：Python 支持交互式编程，允许开发者在命令行中直接输入代码执行，方便测试和调试。

（6）扩展性良好：对于需要高性能的关键代码部分，可以轻松地使用 C/C++等语言编写并嵌入到 Python 程序中，使程序具有脚本化能力，以提高程序的开发效率和运行效率。

（7）丰富的库：Python 的标准库包含了许多用于各种任务的实用模块和函数。此外，还有大量第三方库可供使用，如科学计算、数据分析、机器学习等。

（8）数据库交互：Python 提供了与主流商业数据库的接口，方便对数据库进行查询、操作和管理。

（9）图形用户界面（graphical user interface，GUI）编程：Python 有多种 GUI 编程框架可供选择，可以轻松创建跨平台的桌面应用程序。

3.1.2 下载与安装 Python 程序

下载与安装 Python 程序

为了开始 Python 编程之旅，首先需要在计算机中下载和安装 Python。下面以 Windows 系统为例，介绍下载和安装 Python 的操作方法。

Step 01 进入 Python 官网，将鼠标指针移至导航栏中的 Downloads（下载）按钮上，在弹出的菜单中单击 Python 3.12.1 按钮，如图 3-1 所示，即可开始下载 Python 程序。

Step 02 Python 程序下载完成后，使用鼠标左键双击安装包，如图 3-2 所示。

图 3-1　单击 Python 3.12.1 按钮

> **▶ 专家指点**
>
> 为了在不同的平台上使用 Python，需要先下载适用于自己所使用平台的二进制代码，然后按照相应的安装步骤进行安装。如果用户的平台没有可用的二进制代码，可以选择使用 C 编译器手动编译 Python 的源代码。通过这种方式，用户可以获得更高级的功能选择，并为 Python 的安装提供了更大的灵活性。

Step 03 执行操作后，弹出信息提示框，提示用户是否运行该文件，单击“运行”按钮即可，如图 3-3 所示。

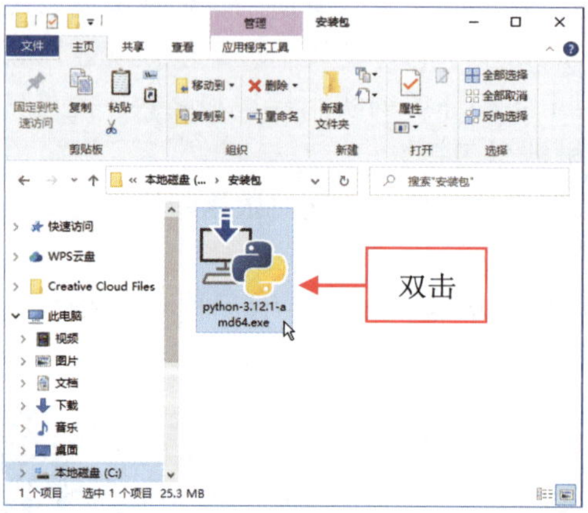

图 3-2　双击安装包

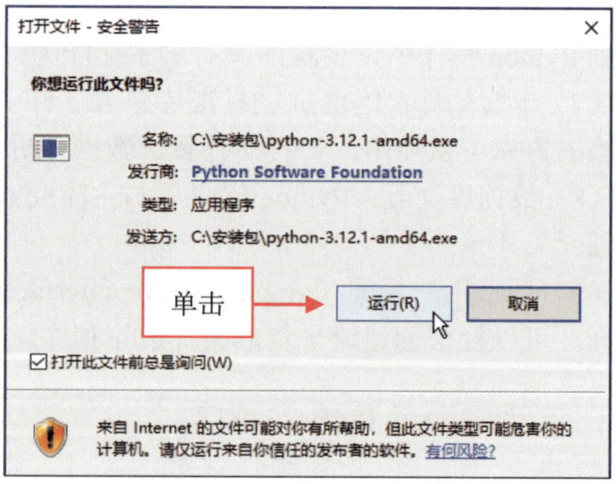

图 3-3　单击“运行”按钮

Step 04 执行操作后，弹出 Python 3.12.1 (64-bit) Setup（安装程序）对话框，选择 Install Now（立即安装）选项以默认设置安装 Python，或者选择 Customize installation（自定义安装）选项以启用或禁用某些特性。这里选择 Install Now 安装方式即可，如图 3-4 所示。

Step 05　执行操作后，显示 Setup Progress（安装进度）信息，如图 3-5 所示。

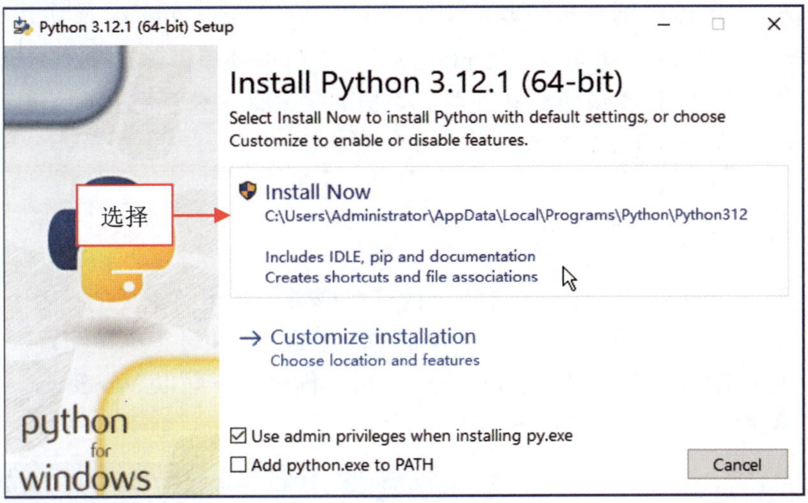

图 3-4　选择 Install Now 安装方式

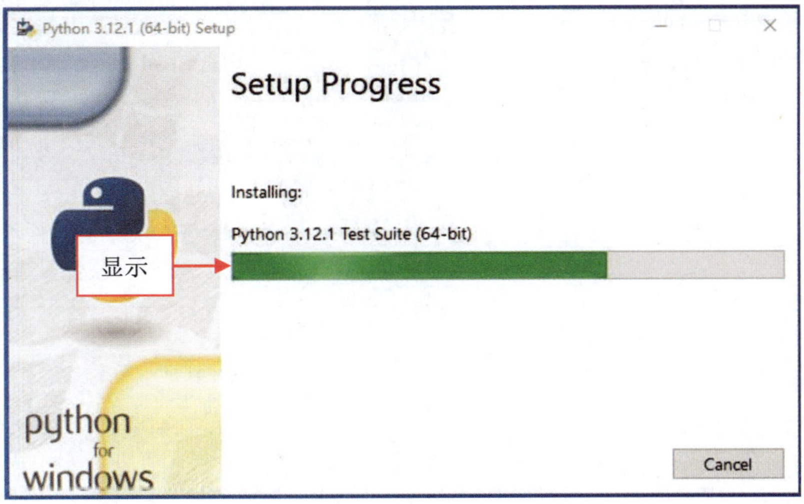

图 3-5　显示 Setup Progress 信息

Step 06　稍待片刻，显示 Setup was successful（安装成功）信息，单击 Close（关闭）按钮即可，如图 3-6 所示。

图 3-6　单击 Close 按钮

▶ 专家指点

需要注意的是，Python 的移植性并不仅限于操作系统平台。Python 也可以在不同的硬件架构上运行，包括 x86（即 Intel 8086，是由 Intel 公司开发的微处理器体系结构）、ARM（Advanced RISC Machine，一种 32 位精简指令集处理器架构）等。这意味着用户可以在不同的设备上使用 Python，只要它们支持相应的操作系统和硬件架构。

3.1.3 环境变量配置与高效使用

环境变量配置与高效使用

为了更好地利用 Python，将其配置在正确的环境变量中是至关重要的。环境变量是操作系统中用于定义运行程序所需参数的一组设置。通过正确地配置环境变量，用户可以在操作系统中轻松地运行 Python 程序。下面以 Windows 系统为例，介绍配置 Python 环境变量的操作方法。

Step 01 在系统桌面上的“此电脑”图标上单击鼠标右键，在弹出的快捷菜单中选择“属性”选项，如图 3-7 所示。

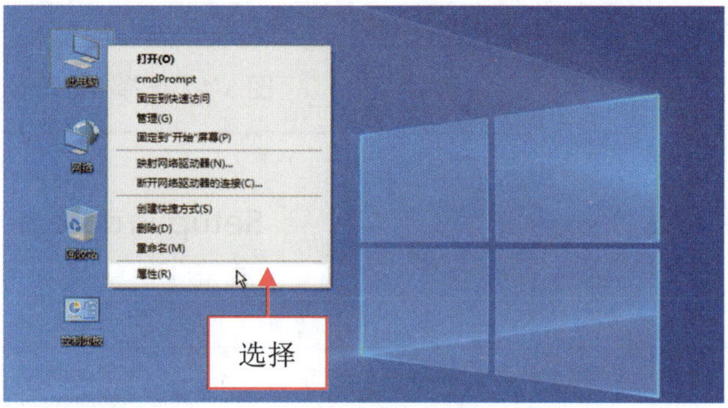

图 3-7 选择“属性”选项

Step 02 执行操作后，打开“系统”窗口，在左侧导航栏中单击“高级系统设置”链接，如图 3-8 所示。

图 3-8 单击“高级系统设置”链接

Step 03 执行操作后，弹出“系统属性”对话框，并自动切换至“高级”选项卡，单击“环境变量”按钮，如图 3-9 所示。

Step 04 执行操作后，弹出“环境变量”对话框，在“系统变量”下拉列表框中使用鼠标左键双击 Path 选项，如图 3-10 所示。。

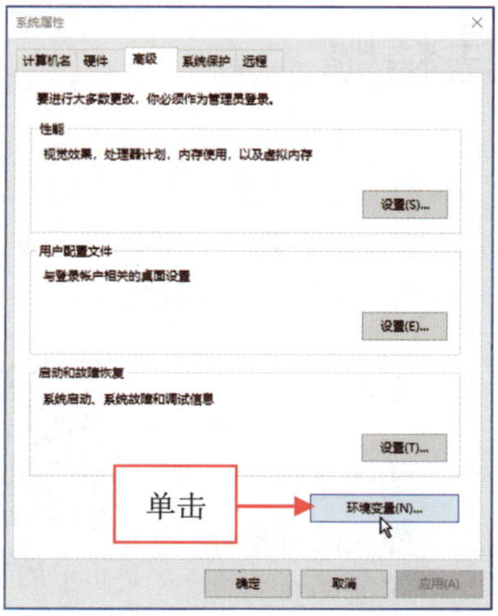

图 3-9　单击“环境变量”按钮

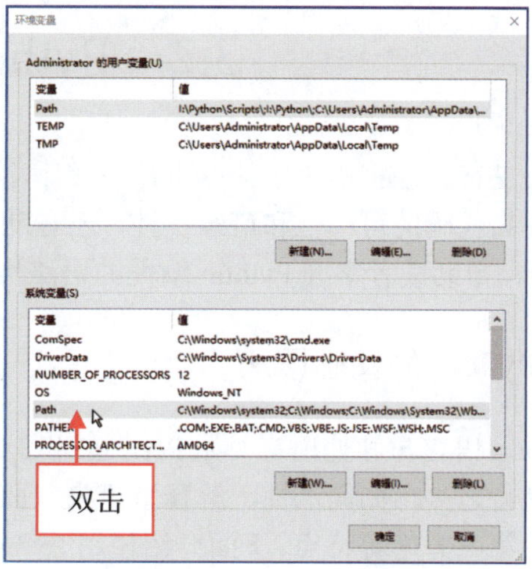

图 3-10　双击 Path 选项

Step 05　执行操作后，弹出“编辑环境变量”对话框，单击“新建”按钮，如图 3-11 所示，新建一个系统变量。

Step 06　执行操作后，将 Python 的安装目录复制到系统变量值文本框中，如图 3-12 所示，单击“确定”按钮，即可完成环境变量的配置。

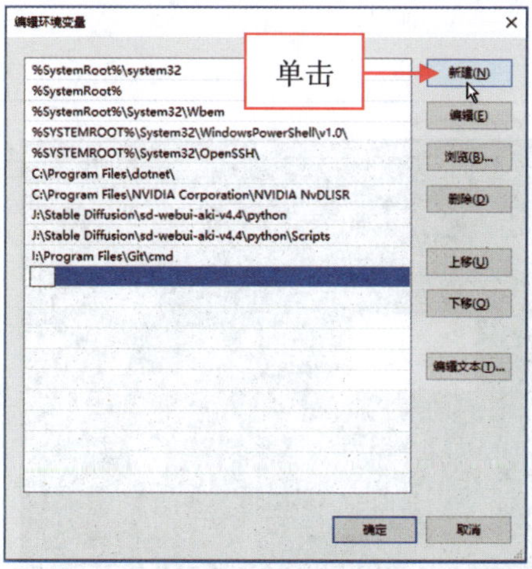

图 3-11　单击“新建”按钮

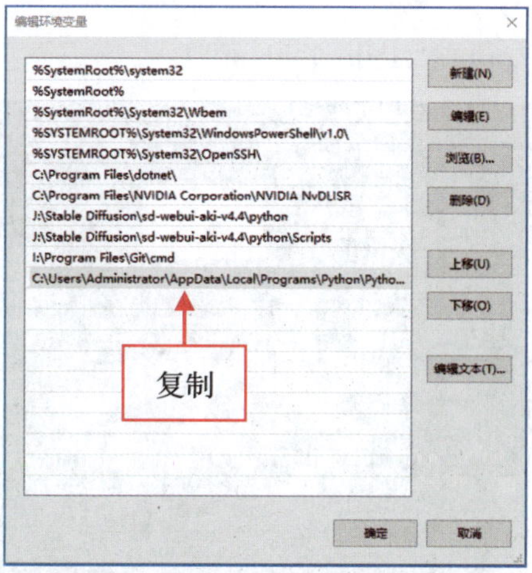

图 3-12　复制 Python 的安装目录

▶ 专家指点

在计算机中，程序和可执行文件可能位于多个目录中，而这些目录可能并未被操作系统纳入可执行文件的搜索范围。为了解决这个问题，环境变量应运而生，如 Path 是由操作系统维护的一个命名的字符串集合。环境变量中包含了可用的命令行解释器和其他程序的相关信息，使得操作系统能够在多个目录中查找和执行程序。

值得注意的是，在 Unix 系统中，环境变量的名称是区分大小写的，而 Windows 系统则不区分大小写。因此，在 Windows 系统中，通常将环境变量的名称写作 Path，而在 Unix 系统中则写作 PATH。通过正确地设置这些环境变量，可以更加便捷地运行 Python 程序，提高 AI 系统的开发效率。

3.2 Python 语法精髓

在人工智能编程语言中，Python 编程语法的规范性和准确性至关重要。正确的语法格式不仅能够提高代码的可读性和可维护性，还有助于提高 AI 模型的训练效率和准确性。本节将介绍 6 个技巧，帮助读者掌握 Python 编程的语法格式，提升 AI 人工智能语言编程技能。

3.2.1 Python 的基础语法

Python 的基础语法

Python 语言与其他语言（如 Perl、C 和 Java 等）有许多相似之处，但也有其独特之处，如简洁性、解释型语言、面向对象编程、强大的标准库和丰富的第三方库等特点。下面介绍使用 Python 输出英文字符的两种方法（交互式编程＋脚本式编程）。

Step 01 交互式编程不需要创建脚本文件，而是通过 Python 解释器的交互模式来编写代码，在 Windows 系统中安装 Python 时，会自动安装交互式编程客户端，只需在开始菜单中选择 Python 3.12 (64-bit)选项即可，如图 3-13 所示。

Step 02 执行操作后，打开 Python 3.12 (64-bit)窗口，在 Python 提示符中输入以下文本信息，如图 3-14 所示。

```
print ("Hello, Python!")
```

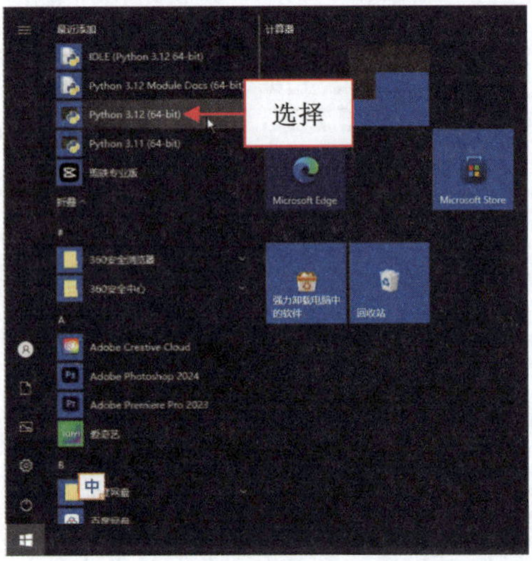

图 3-13　选择 Python 3.12 (64-bit)选项

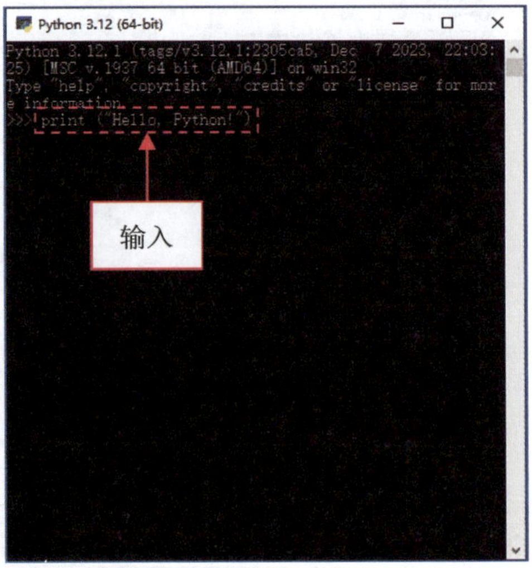

图 3-14　输入相应文本信息

Step 03 按【Enter】键确认查看运行结果，即可输出相应的英文字符，如图 3-15 所示。

Step 04 通过脚本参数调用解释器开始执行脚本，直到脚本执行完毕，当脚本执行完成后，解释器不再有效，下面写一个简单的 Python 脚本程序，将以下源代码拷贝至记事本文件中，如图 3-16 所示。

```
print ("Hello, Python!")
```

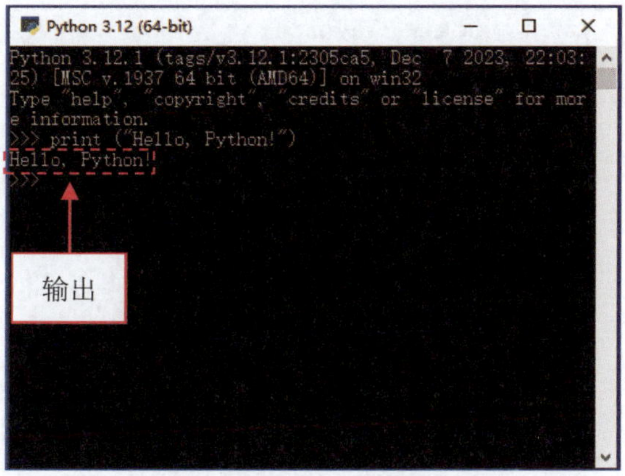

图 3-15　输出相应的英文内容

图 3-16　将源代码拷贝至记事本文件中

Step 05　将该记事本文件保存为扩展名为.py 的脚本文件，如图 3-17 所示。

Step 06　在开始菜单中选择 IDLE(Python 3.12 64-bit)选项，打开 IDLE Shell 3.12.1 程序，单击 File（文件）| Open（打开）命令，如图 3-18 所示。

```
print ("Hello, Python!")
```

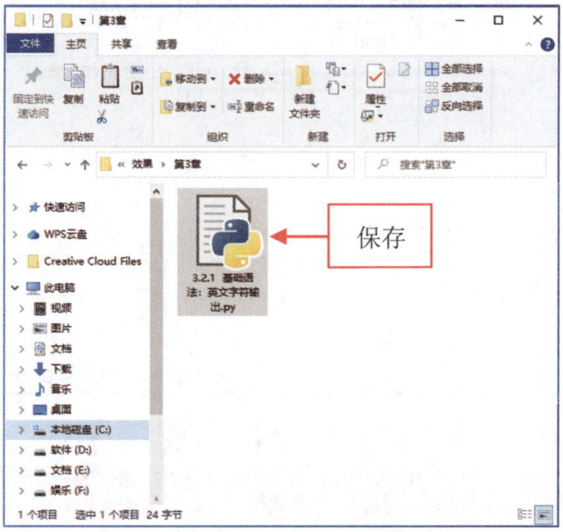

图 3-17　保存为脚本文件

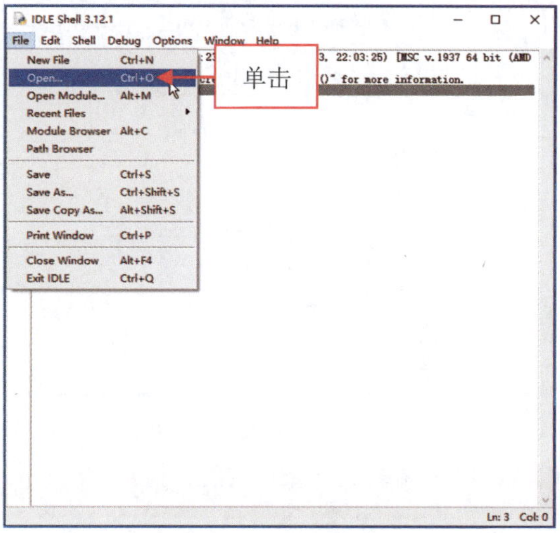

图 3-18　单击 Open 命令

Step 07　执行操作后，弹出“打开”对话框，选择刚才保存的脚本文件，如图 3-19 所示。

Step 08　单击“打开”按钮，即可打开脚本文件，并在命令行中添加如下注释信息，如图 3-20 所示。#符号用于添加注释，解释代码的作用或功能。在这个例子中，注释说明了 print 函数的作用是向控制台输出指定的字符串。

```
# 打印字符串 "Hello, Python!" 到控制台
print ("Hello, Python!")
```

Step 09　单击 Run（运行）| Run Module（运行模块）命令，它的作用是执行当前选中的代码模块，如图 3-21 所示。

Step 10　执行操作后，即可在集成开发环境中显示脚本文件的运行结果，如图 3-22 所示。

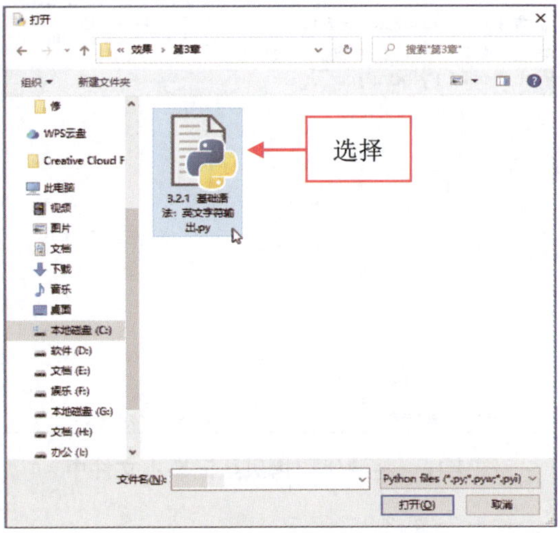

图 3-19　选择刚才保存的脚本文件

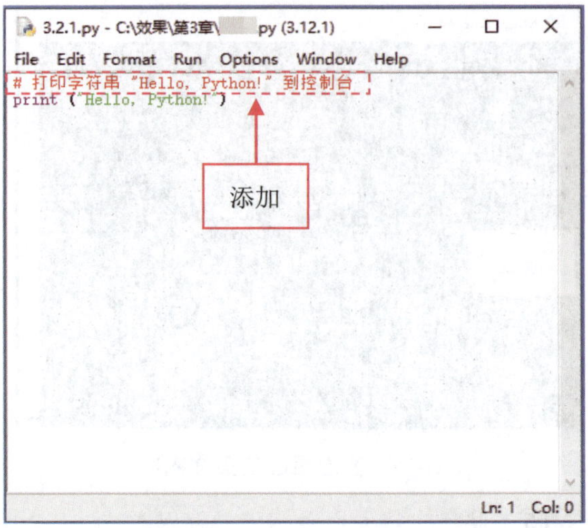

图 3-20　添加相应的注释信息

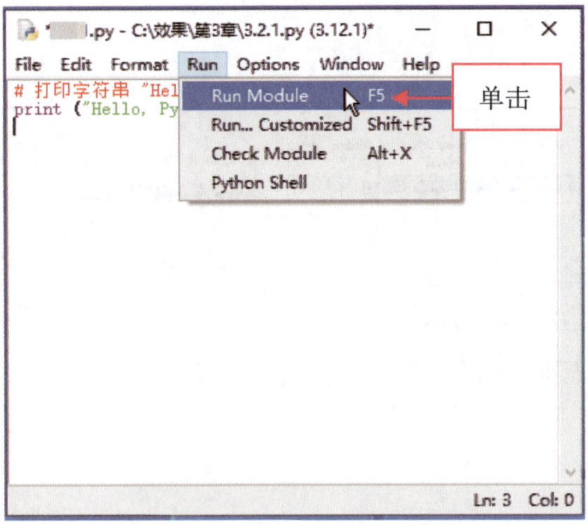

图 3-21　单击 Run Module 命令

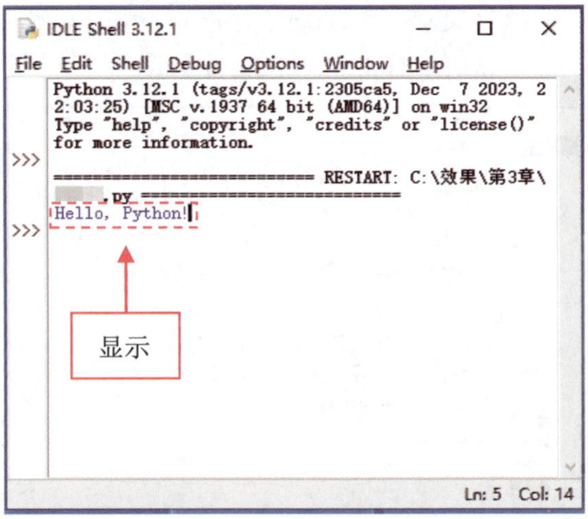

图 3-22　显示脚本文件的运行结果

> **▶ 专家指点**
>
> IDLE 是一个 Python 的集成开发环境，其中包含了一个 Shell 窗口。该窗口也被称为 IDLE Shell，是一个交互式环境，允许用户输入 Python 代码，并立即看到相应的执行结果。
>
> IDLE Shell 提供了很多功能，如文本编辑器、调试器，以及一些方便的特性，如语法高亮显示和自动缩进。这些功能和特性可以帮助用户更有效地编写、测试和调试 Python 代码。

3.2.2　Python 中的中文编码

Python 中的中文编码

在低版本的 Python 中，默认的编码格式是美国信息交换标准代码（American standard code for information interchange，ASCII）。这意味着，如果用户未修改编码格式，直接尝试打印汉字可能会出现错误，这是因为 ASCII 编码只能表示英文字符，而无法正确地处理中文字符。

为了解决这个问题，用户可以在 Python 文件的开头添加特定的编码声明，告诉 Python 解释器使用特定的字符编码来读取文件。在处理中文时，推荐使用 UTF-8 编码，因为它能够支持多种中文语言字符。有以下两种方式可以添加编码声明。

```
# -*- coding: UTF-8 -*-
# coding=utf-8
```

只要在文件开头添加了其中任意一种编码声明，Python 解释器就会知道使用 UTF-8 编码来读取文件，从而正确地处理中文字符，这样在读取和打印（注意，Python 中的打印是指通过屏幕显示字符）中文时就不会再出现错误了，具体操作方法如下。

Step 01 打开 Python 3.12 (64-bit)窗口，在 Python 提示符中输入以下文本信息，它的作用是在屏幕上打印出“你好，世界”这句话，如图 3-23 所示。

```
#!/usr/bin/python
# -*- coding: UTF-8 -*-

print( "你好，世界" )
```

Step 02 执行操作后，即可自动运行程序，并输出相应的中文字符，如图 3-24 所示。

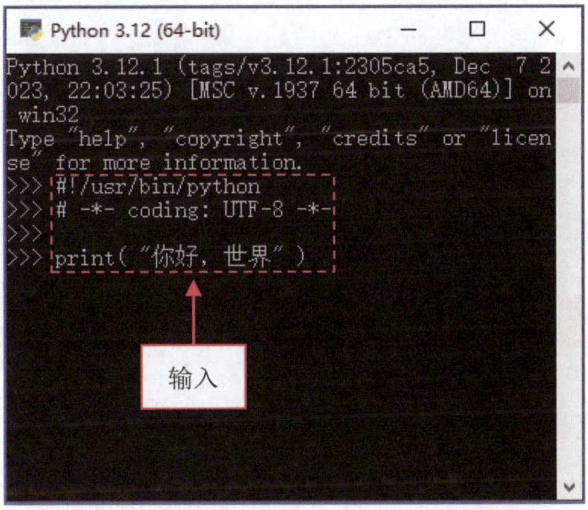

图 3-23 选择 Python 3.12 (64-bit)选项

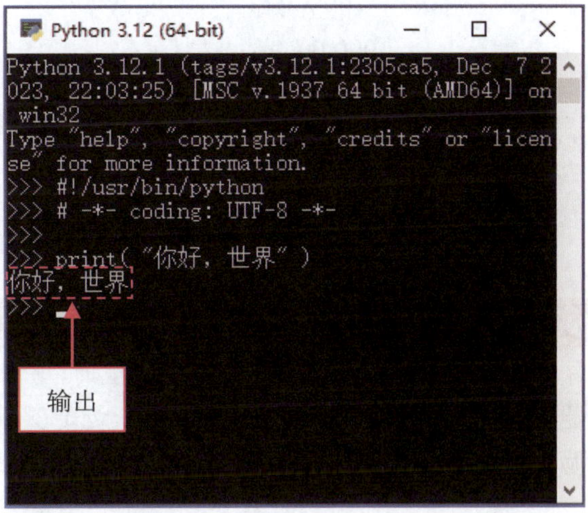

图 3-24 输入相应的文本信息

▶ 专家指点

注意，Python 3.X 版本中的源码文件默认编码格式为 UTF-8，因此可以直接解析中文字符，而无须特别指定编码。

如果用户在使用文本编辑器（如 Notepad++、Sublime Text、VSCode 等）编辑 Python 文件时，需要确保文件的编码格式设置为 UTF-8。如果不进行设置，可能会出现编码错误信息，导致 Python 无法正确读取文件中的中文字符。

为了确保文件编码的正确性，用户可以在文本编辑器中手动设置文件编码为 UTF-8，或者使用特定的编码声明来指定编码格式。

3.2.3　变量赋值

变量赋值

在 Python 中，数据类型是用来描述数据结构的。Python 中常见的数据类型有整数、浮点数、字符串、列表、元组、字典等，每种数据类型都有其特定的属性和行为。例如，整数和浮点数属于数值型数据类型，用于进行数值计算；字符串属于文本型数据类型，用于表示文本信息。

变量是用来存储数据的标识符。在 Python 中，变量的类型是可以动态改变的，不需要事先声明变量的类型。也就是说，用户可以使用同一个变量来存储不同类型的数据。下面介绍设置 Python 变量赋值的操作方法。

Step 01 打开 Python 3.12 (64-bit)窗口，在 Python 提示符中输入以下文本信息，这段代码主要展示了如何定义不同类型的变量（如整数、浮点数和字符串），以及如何使用 print 函数来输出这些变量的值。

```
#!/usr/bin/python
# - * - coding: UTF-8 - * -

counter = 100 #  赋值整型变量
miles = 1000.0 #  浮点型
name = "John" #  字符串

print(counter)
print(miles)
print(name)
```

▶ 专家指点

在 Python 中，当用户为变量赋值时，Python 会自动推断变量的类型。其中，=（等号）是用来给变量赋值的操作符，等号左边是变量名，等号右边是存储在变量中的值。另外，在 Python 中，用户可以同时为多个变量同时赋值。

例如，a = b = c = 1，表示创建了一个值为 1 的整型对象，并将变量 a、b 和 c 分配到了相同的内存地址中。这意味着，这 3 个变量实际上是引用了同一个整型对象，对其中任何一个变量的修改都会影响到其他变量。

Step 02 执行操作后，即可自动运行程序，可以看到 100、1 000.0 和 John 分别赋值给 counter、miles、name 变量，如图 3-25 所示。

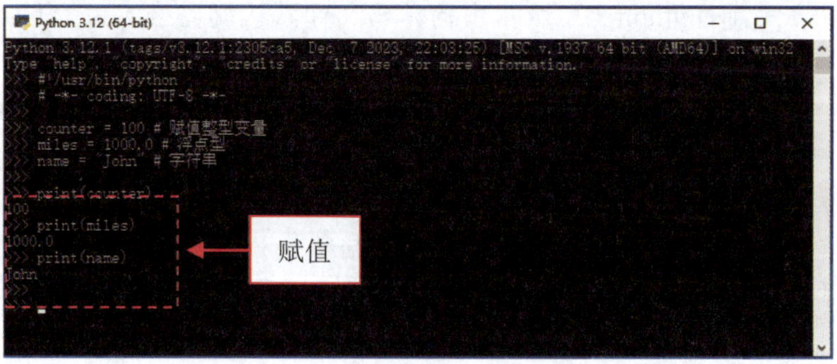

图 3-25　变量赋值

▶ 专家指点

变量是存储在内存中的数据，这表明在创建变量时，内存会为它分配一定的空间。根据变量的数据类型，Python 解释器会决定如何分配特定的内存空间，并确定哪些数据可以存储在其中。因此，变量可以有不同的数据类型，包括整数、小数和字符等。通过指定不同的数据类型，变量可以存储不同类型的数据，从而更好地满足程序的需求。

3.2.4　运算符的应用

Python 中的运算符是一组特殊的符号，用于执行算术或逻辑计算。运算符用于将各种类型的数据进行运算，让静态的数据“动”起来。Python 中的运算符可以分为几大类。

（1）算术运算符：用于执行基本的数学运算，如加法、减法、乘法和除法等。假设变量 a 为 10，变量 b 为 20，具体的算术运算符用法如表 3-1 所示。

表 3-1　算术运算符用法

运算符	描述	实例
+	加：两个对象相加	a + b 输出结果 30
–	减：得到负数或是一个数减去另一个数	a – b 输出结果-10
*	乘：两个数相乘或是返回一个被重复若干次的字符串	a * b 输出结果 200
/	除：x 除以 y	b / a 输出结果 2
%	取模：返回除法的余数	b % a 输出结果 0
**	幂：返回 x 的 y 次幂	a**b 为 10 的 20 次方 输出结果 100000000000000000000
//	取整除：返回商的整数部分（向下取整）	9//2 输出结果 4 – 9//2 输出结果– 5

（2）赋值运算符：用于接收运算符或方法调用返回的结果，具体的赋值运算符用法如表 3-2 所示。

表 3-2　赋值运算符用法

运算符	描述	实例
=	简单的赋值运算符	c = a + b（将 a + b 的运算结果赋值为 c）
+=	加法赋值运算符	c += a（等效于 c = c + a）
– =	减法赋值运算符	c – = a（等效于 c = c – a）

（续表）

运算符	描述	实例
*=	乘法赋值运算符	c *= a（等效于 c = c * a）
/=	除法赋值运算符	c /= a（等效于 c = c / a）
%=	取模赋值运算符	c %= a（等效于 c = c % a）
**=	幂赋值运算符	c **= a（等效于 c = c ** a）
//=	取整除赋值运算符	c //= a（等效于 c = c // a）

（3）比较运算符：用于做大小或等值比较运算。同样假设变量 a 为 10，变量 b 为 20，具体的比较运算符用法如表 3-3 所示。注意，所有的比较运算符返回 1 表示真，返回 0 表示假，这分别与特殊的变量 True 和 False 等价。

表 3-3　比较运算符用法

运算符	描述	实例
==	等于（比较对象是否相等）	(a == b)返回 False
!=	不等于（比较两个对象是否不相等）	(a != b)返回 True
<>	不等于(比较两个对象是否不相等，Python 3.X 版本中已废弃)	(a <> b)返回 True(这个运算符的作用类似于!=)
>	大于（返回 x 是否大于 y）	(a > b)返回 False
<	小于（返回 x 是否小于 y）	(a < b)返回 True
>=	大于等于（返回 x 是否大于等于 y）	(a >= b)返回 False
<=	小于等于（返回 x 是否小于等于 y）	(a <= b)返回 True

（4）逻辑运算符：用于做与、或、非运算。同样假设变量 a 为 10，变量 b 为 20，具体的逻辑运算符用法如表 3-4 所示。

表 3-4　逻辑运算符用法

运算符	逻辑表达式	描述	实例
and	x and y	布尔“与”(如果 x 为 False，x and y 返回 False；否则返回 y 的计算值)	(a and b)返回 20
or	x or y	布尔“或”(如果 x 的值非 0，返回 x 的计算值；否则返回 y 的计算值)	(a or b)返回 10
not	not x	布尔“非”(如果 x 为 True，返回 False；如果 x 为 False，返回 True)	not (a and b)返回 False

（5）位运算符：用于二进制运算。假设变量 a 为 50，变量 b 为 15，它们的二进制表示如下，具体的位运算符用法如表 3-5 所示。

```
a = 0011 0010
b = 0000 1111
```

表 3-5　位运算符用法

运算符	描述	实例
&	按位与（对每个位进行与操作，只有当两个操作数的相应位都为 1 时，结果位才为 1）	a & b 结果为 2 二进制解释：0000 0010
|	按位或（对每个位进行或操作，当任一操作数的相应位为 1 时，结果位为 1）	a | b 结果为 63 二进制解释：0011 1111
^	按位异或（对每个位进行异或操作，当两个操作数的相应位不同时，结果位为 1）	a ^ b 结果为 61 二进制解释：0011 1101
~	按位取反（对每个位进行取反操作，0 变为 1，1 变为 0）	~ a 结果为 - 50 二进制解释：b11 0011 注意：Python 中负数采用二进制补码表示，所以实际数值为 - 50
<<	左移（将所有位向左移动指定的位数，右侧用零填充）	a << 2 结果为 200 二进制解释：1100 1000
>>	右移（将所有位向右移动指定的位数，左侧用最高位或符号位填充）	a >> 2 结果为 12 二进制解释：0000 1100 注意：因为 a 是正数，所以左侧用零填充；如果 a 是负数，则左侧用符号位填充

每种运算符都有其特定的符号，如+用于加法，- 用于减法，*用于乘法，/用于除法等。另外，Python 也支持一元运算符，如 - 用于取反，+用于取正等。在算术表达式中，算式的数值称为操作数，如在表达式 2+3 中，2 和 3 就是操作数，+是运算符。下面以简单的算术运算符为例，介绍在 Python 中进行数字运算的操作方法。

运算符的应用

Step 01 打开 Python 3.12 (64-bit)窗口，在 Python 提示符中输入以下文本信息，这段代码定义了 3 个变量 a、b 和 c，通过数学运算（加、减、乘、除和取模等）计算出 c 值，并打印出结果。

```
#!/usr/bin/python
# - * -  coding: UTF - 8 - * -

a = 21
b = 10
c = 0

c = a + b
print("1 - c  的值为：", c)

c = a - b
```

```
print("2 - c 的值为：", c)
c = a * b
print("3 - c 的值为：", c)

c = a / b
print("4 - c 的值为：", c)

c = a % b
print("5 - c 的值为：", c)

# 修改变量 a 、b 、c
a = 6
b = 7
c = a**b
print("6 - c 的值为：", c)

a = 8
b = 9
c = a//b
print("7 - c 的值为：", c)
```

▶ 专家指点

在 Python 中，除法运算符（/）会返回一个浮点数结果，从而使结果显示为一个整数。如果用户想得到一个整数结果，则需要使用（//）运算符。在取模（%）操作中，结果是除法后的余数。

Step 02 执行操作后，代码会自动运行，查看所有算术运算符的计算结果，如图 3-26 所示。

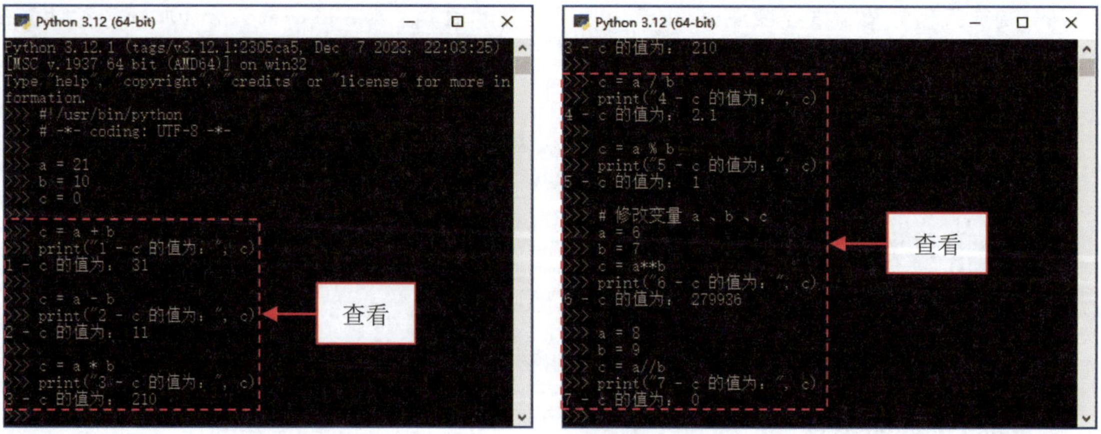

图 3-26　查看所有算术运算符的计算结果

3.2.5　条件语句

条件语句

Python 中的条件语句是一种控制结构，用于根据特定条件执行不同的代码块。条件语句通常以 if 关键字开始，后面跟着一个条件表达式。如果给定的条件为 True，那么就执行 if 后面的代码块；如果条件为 False，那么就跳过 if 代码块，执行后面的代码。

除了 if 语句外，Python 还提供了其他条件语句，如 if-else 语句和 if-elif-else 语句。if-else 语句允许在条件为 False 时，执行 else 代码块；而 if-elif-else 语句则允许在多个条件之间进行选择，以执行相应的代码块。

此外，Python 还支持嵌套的 if 语句，即在一个 if 或 else 代码块中再写一个或多个 if 语句，以实现更复杂的条件判断逻辑。使用条件语句可以使程序变得更加灵活和可维护，因为可以根据不同的条件执行不同的操作。

下面介绍使用 Python 条件语句对比数的大小的操作方法。

Step 01　打开 Python 3.12 (64-bit)窗口，在 Python 提示符中输入以下文本信息，其中用到了 if 语句，这是最基本的形式，将 10 赋值给变量 x，然后检查 x 是否大于 5，如果大于 5，就打印出“x 大于 5”。

```
x = 10
if x > 5:
    print("x 大于 5")
```

Step 02　按【Enter】键确认查看运行结果，因为 10 确实大于 5，所以执行结果是打印出“x 大于 5”，如图 3-27 所示。

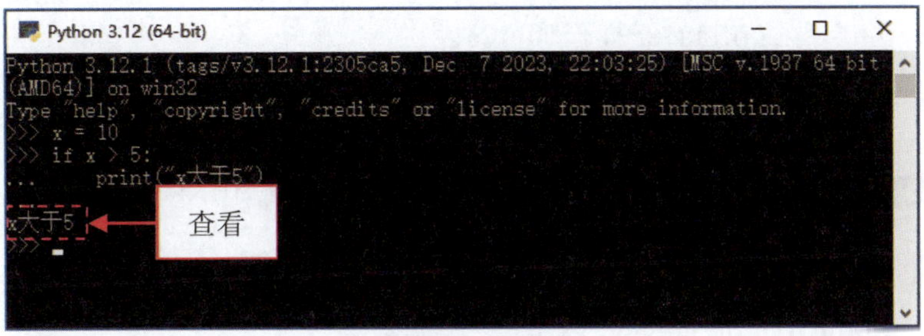

图 3-27　查看运行结果

Step 03　在 Python 提示符中输入以下文本信息，将 10 赋值给变量 x，然后检查 x 是否大于 15，如果是，就打印出“x 大于 15”；否则打印出“x 小于或等于 15”。

```
x = 10
if x > 15:
    print("x 大于 15")
else:
    print("x 小于或等于 15")
```

Step 04　按【Enter】键确认查看运行结果，因为 10 并不大于 15，所以执行结果是打印出“x 小于或等于 15”，如图 3-28 所示。

图 3-28　查看运行结果

> ▶ 专家指点
>
> if-elif-else 语句允许用户有多个条件，根据条件的真假顺序来执行对应的代码块。如果某个条件为 True，那么就执行该条件下的代码块，并跳过后续的条件判断；如果没有条件为 True，那么就执行 else 后的代码块。

Step 05 在 Python 提示符中输入以下文本信息，将 10 赋值给变量 x，然后检查 x 的值与 20 和 10 之间的关系：如果 x 大于 20，打印 “x 大于 20” ；如果 x 大于 10，打印 “x 大于 10” ；否则，打印 “x 小于或等于 10” 。

```
x = 10
if x > 20:
    print("x 大于 20")
elif x > 10:
    print("x 大于 10")
else:
    print("x 小于或等于 10")
```

Step 06 按【Enter】键确认查看运行结果，因为 10 并不大于 20，所以执行结果是打印出 “x 小于或等于 10” ，如图 3-29 所示。

图 3-29　查看运行结果

> ▶ 专家指点
>
> 使用嵌套的 if 语句时，用户可以在一个 if 或 else 代码块中，再写一个或多个 if 语句，从而创建更复杂的条件判断逻辑。

Step 07　在 Python 提示符中输入以下文本信息，将 10 赋值给变量 x，将 20 赋值给变量 y，然后检查 x 和 y 的值与 5 和 10 之间的关系：如果 x 大于 5，打印“x 大于 5”；如果 y 大于 10，打印“y 大于 10”。

```
x = 10
y = 20
if x > 5:
    print("x 大于 5")
    if y > 10:
        print("y 大于 10")
```

Step 08　按【Enter】键确认查看运行结果，由于 x 大于 5 和 y 大于 10 的条件都成立，所以执行结果是同时打印出了“x 大于 5”和“y 大于 10”，如图 3-30 所示。

图 3-30　查看运行结果

▶ 专家指点

在嵌套的 if 语句中，如果有一个条件为真，则其他所有条件都会被检查。使用 else 语句可以避免这种情况，当 if 的条件不满足时，else 语句会被执行。

注意，嵌套的 if 语句可能会变得非常复杂，难以阅读和理解，因此需尽量保持代码的清晰和简洁。用户可以尝试使用更多的函数和子程序来简化逻辑，避免出现不必要的嵌套。如果用户发现有超过 3 层的嵌套 if 语句时，可能需要考虑重新编写代码。

3.2.6　循环语句

Python 中的循环语句用于重复执行一段代码，直到满足特定的条件为止。Python 提供了两种主要的循环结构：for 循环和 while 循环，以及它们的嵌套循环结构，如表 3-6 所示。

表 3-6　Python 的循环结构

循环结构	描述
while 循环	重复执行一段代码，直到给定的条件不再为真。在每次循环的开始，都会检查条件
for 循环	用于遍历一个序列（如列表、元组、字符串）或其他可迭代对象。在每次迭代中，循环变量会被设置为序列中的下一个元素，然后执行循环体
嵌套循环	Python 语言允许在一个循环体里面嵌入另一个循环体。如在 while 循环中可以嵌入 for 循环；反之，也可以在 for 循环中嵌入 while 循环

在循环语句中，还可以使用以下内置函数和关键字来辅助控制循环的执行流程。

（1）break：在循环中遇到 break 语句时，会立即终止当前循环，即使循环条件仍然为真。

（2）continue：在循环中遇到 continue 语句时，会跳过当前循环的剩余部分，并立即开始下一次迭代。

（3）range( )：这是一个内置函数，用于生成一个整数序列，通常与 for 循环一起使用来遍历一定范围内的数字。

（4）enumerate( )：这是一个内置函数，用于在遍历一个序列的同时获取元素索引和元素值。

（5）zip( )：这是一个内置函数，用于将多个可迭代的对象（如列表）并行遍历，并返回一个元组的迭代器。

（6）列表推导式（list comprehensions）：这是一种简洁的语法，用于快速生成列表，它通常包含一个 for 循环，并且可以包含条件表达式和额外的操作。

（7）生成器表达式（generator expressions）：类似于列表推导式，但是生成器表达式是惰性计算的，它们不会立即生成所有值，而是在每次请求时生成下一个值。

循环语句

下面介绍使用 Python 循环语句打印一系列数字的操作方法。

Step 01 打开 Python 3.12 (64-bit)窗口，在 Python 提示符中输入以下文本信息，其中用到了 for 循环结构，作用是打印数字 1 到 5。

```
# 使用 for 循环打印数字 1 到 5
for i in range(1, 6):
    print(i)
```

▶ 专家指点

for i in range(1, 6)这行代码是一个 for 循环的开始。range(1, 6)用于生成一个整数序列，从 1 开始到 5 结束。注意，range 的上限是不包含的，所以这里只会到 5，而不会到 6。在每次循环迭代中，变量 i 会被设置为这个序列中的下一个数字。

print(i)这行代码会在每次循环迭代中执行，结果是打印变量 i 的值。

Step 02 按【Enter】键确认，查看运行结果，通过循环语句从 1 到 5 依次打印每个数字，如图 3-31 所示。

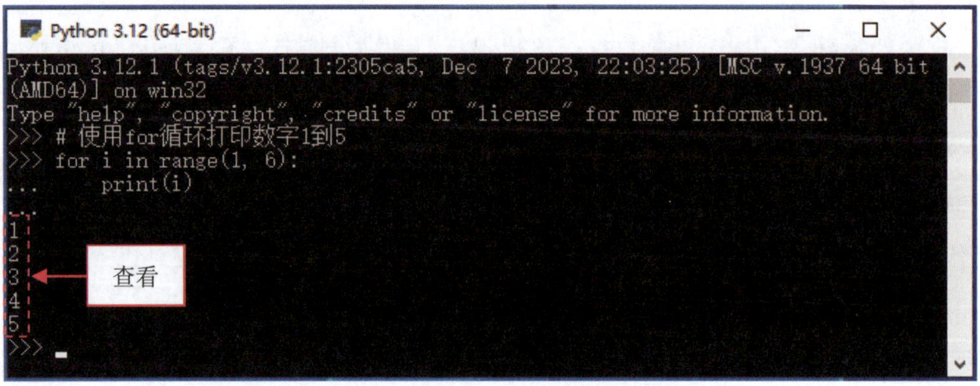

图 3-31　查看运行结果

Step 03 在 Python 提示符中输入以下文本信息，这段代码中使用了 while 循环结构：给初始化变量 i 赋值为 1，然后只要 i 小于或等于 5，就继续循环；在每次循环迭代中，打印当前的 i 值，然后将 i 增加 1；当 i 超过 5 时，循环终止。

```
# 使用 while 循环打印数字 1 到 5
i = 1
while i <= 5:
    print(i)
    i += 1
```

Step 04 按【Enter】键确认查看运行结果，可以看到这段代码的输出内容与前面的 for 循环相同，如图 3-32 所示。

图 3-32 查看运行结果

3.3 Python 编程实例

用户如果需要使用 Python 进行数据处理、模型构建、训练和评估等任务，那么熟练掌握 Python 编程语言是成功进行人工智能语言编程的基础。本节将介绍 Python 编程的实例应用技巧，帮助用户打下坚实的编程基础。

3.3.1 业绩提成奖金计算

业绩提成奖金计算

某公司根据员工的业绩来发放提成奖金，具体发放规则如下。

（1）业绩低于或等于 10 000 元时：奖金可提 10%。

（2）业绩高于 10 000 元、低于 50 000 元时：低于或等于 10 000 元的部分按 10%提成；高于 10 000 元的部分，可提成 7.5%。

（3）业绩位于 50 000 元到 100 000 元之间时：低于或等于 10 000 元的部分按 10%提成；高于 10 000 元且低于 50 000 元的部分，可提成 7.5%；高于 50 000 元的部分，可提成 5%。

（4）业绩超过 100 000 元时：低于或等于 10 000 元的部分按 10%提成；高于 10 000 元且低于 50 000 元的部分，可提成 7.5%；高于 50 000 元且低于 100 000 元的部分，可提成 5%；高于 100 000 元的部分，可提成 1%。

要求：从键盘输入当月业绩（i），求出应发放提成奖金总数。

下面介绍使用 Python 计算业绩提成奖金的操作方法。

Step 01 打开 IDLE Shell 3.12.1 程序，单击 File | New File（新建文件）命令，如图 3-33 所示。

Step 02 执行操作后，打开新的代码窗口，输入以下文本信息。在这段代码中，首先从用户那里获取业绩输入数据，并将其转换为整数，然后使用一系列的条件语句来确定奖金的计算方式，最后计算奖金并打印结果，如图 3-34 所示。

```
#!/usr/bin/python3

i = int(input('请输入您的业绩:'))
arr = [100000,50000,10000,0]
rat = [0.01,0.05,0.075,0.10]
r = 0
for idx in range(0,4):
        if i>arr[idx]:
                r+=(i-arr[idx])*rat[idx]
                print ((i-arr[idx])*rat[idx])
                i=arr[idx]
print (r)
```

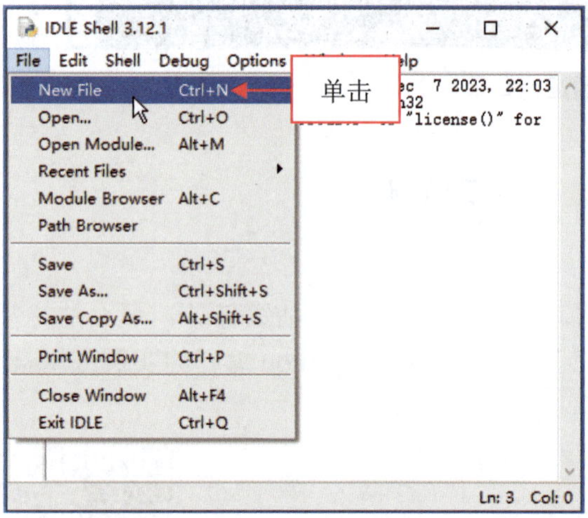

图 3-33 单击 New File 命令

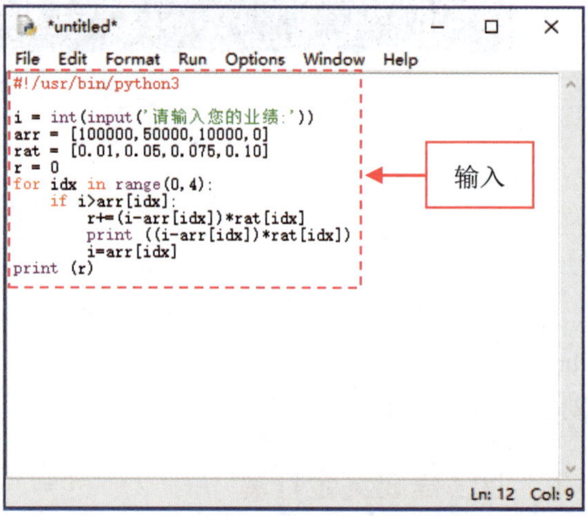

图 3-34 输入相应文本信息

▶ 专家指点

图 3-34 中的主要代码含义如下。

（1）#!/usr/bin/python3：这行代码用于指定运行该脚本的解释器路径，这通常用于 Unix 和 Linux 系统中的可执行脚本，使得脚本可以直接运行而不需要先调用解释器。

（2）i = int(input("请输入您的业绩: "))：这行代码是指获取用户从键盘输入的信息，并将其转换为整数，本案例中是要用户输入他们的业绩。

（3）arr = [100000,50000,10000,0]：这行代码定义了一个名为 arr 的列表，其中包含 4 个

业绩阈值。

（4）rat = [0.01,0.05,0.075,0.10] ：这行代码定义了一个名为 rat 的列表，其中包含与 arr 列表中每个阈值对应的奖金比率。

（5）r = 0：这行代码初始化一个变量 r，用于存储最终的奖金金额。

（6）for 循环结构用于遍历 arr 列表中的每个业绩阈值。其中，if i>arr[idx]:这行代码用于检查当前业绩是否大于当前阈值。如果业绩大于当前阈值，则计算超出阈值的奖金金额，并将计算出的奖金金额加到 r 上，然后打印计算出的奖金金额，同时更新业绩值为当前阈值，因为之后的阈值将不再考虑。

Step 03 单击 Run | Run Module 命令运行代码，弹出 Save Before Run or Check（运行前保存或检查）对话框，单击“确定”按钮，如图 3-35 所示。

Step 04 执行操作后，弹出“另存为”对话框，选择相应的保存路径，并输入相应的文件名，如图 3-36 所示。

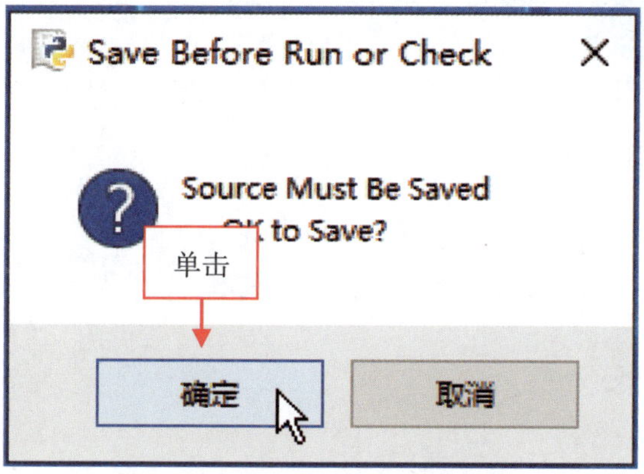

图 3-35 单击“确定”按钮

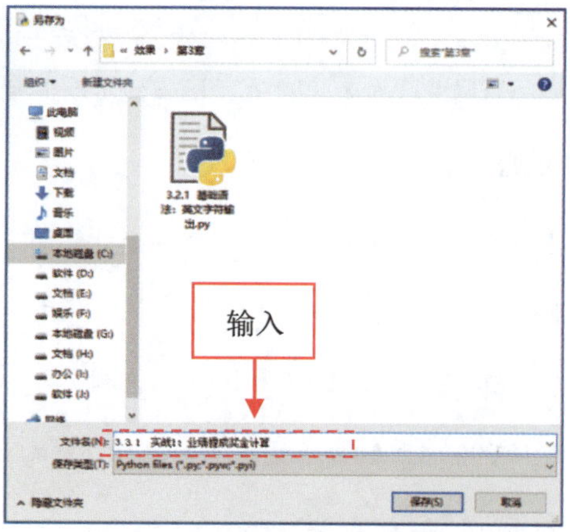

图 3-36 输入相应的文件名

Step 05 单击“保存”按钮，即可成功运行 Python 程序，要求用户输入相应的业绩数据，如图 3-37 所示。

Step 06 按【Enter】键确认查看运行结果，即可计算出相应的奖金，如图 3-38 所示。

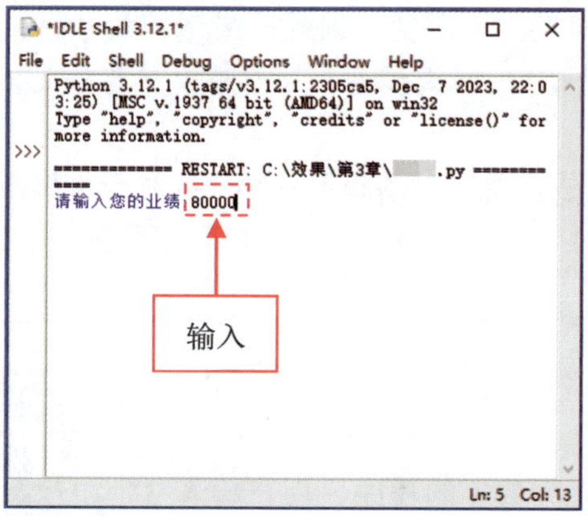

图 3-37 输入相应的业绩数据

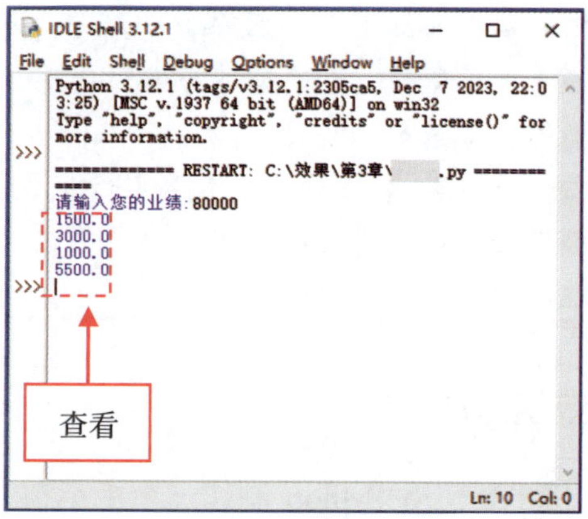

图 3-38 查看运行结果

▶ 专家指点

用户也可以使用像文心一言这样的 AI 大模型，可以简化计算业绩提成奖金的过程，无须自己编写代码或进行复杂的计算，只需通过直观的界面输入相关问题，即可得到准确的答案。将相应问题输入到文心一言的提问框中，按【Enter】键即可获取结果。相关案例如下。

提示词

某公司根据员工的业绩来发放提成奖金，具体发放规则如下。

（1）业绩低于或等于 10 000 元时：奖金可提 10%。

（2）业绩高于 10 000 元、低于 50 000 元时：低于或等于 10 000 元的部分按 10%提成；高于 10 000 元的部分，可提成 7.5%。

（3）业绩位于 50 000 元到 100 000 元之间时：低于或等于 10 000 元的部分按 10%提成；高于 10 000 元的部分，可提成 7.5%；高于 50 000 元的部分，可提成 5%。

（4）业绩超过 100 000 元时：低于或等于 10 000 元的部分按 10%提成；高于 10 000 元的部分，可提成 7.5%；高于 50 000 元的部分，可提成 5%；高于 100 000 元的部分，可提成 1%。

请问当月业绩为 80 000 元，应发放提成奖金是多少？

文心一言

当月业绩为 80 000 元时，提成奖金计算如下。

1. 10 000 元以下部分：

10 000 × 10% = 1 000（元）

2. 10 000 元至 50 000 元部分（共 40 000 元）：

40 000 × 7.5% = 3 000（元）

3. 50 000 元至 80 000 元部分（共 30 000 元）：

30 000 × 5% = 1 500（元）

总奖金：1 000 + 3 000 + 1 500 = 5 500（元）

当用户提问时，文心一言会立即解析这个问题，应用预先训练的模型和算法进行计算，并在界面上显示结果。无论是通过编写代码还是使用 AI 大模型，只要逻辑和算法正确，都能得到准确的计算结果。

文心一言这类 AI 大模型的优势在于它们能够提供即时的交互体验，这对于不熟悉编程或没有足够时间编写代码的用户来说尤其有用。同时，这些 AI 大模型也在不断地学习和改进，以更好地理解和回应用户的需求。

3.3.2　数字排序

本实例主要使用 Python 制作一个由小到大排列数字的程序，用户输入 3 个整数（x,y,z）后，Python 会将这 3 个整数由小到大输出。在编写代码时，需

数字排序

要将最小的数放到 x 上，先将 x 与 y 进行比较，如果 x>y 则将 x 与 y 的值进行交换；然后再用 x 与 z 进行比较，如果 x>z 则将 x 与 z 的值进行交换，这样能使 x 最小。

下面介绍使用 Python 由小到大排列数字的操作方法。

Step 01 打开 IDLE Shell 3.12.1 程序，单击 File | Open 命令，如图 3-39 所示。

Step 02 执行操作后，弹出“打开”对话框，选择相应的脚本文件，如图 3-40 所示。

```
l = []
for i in range(3):
        x = int(input('integer:\n'))
        l.append(x)
l.sort()
print (l)
```

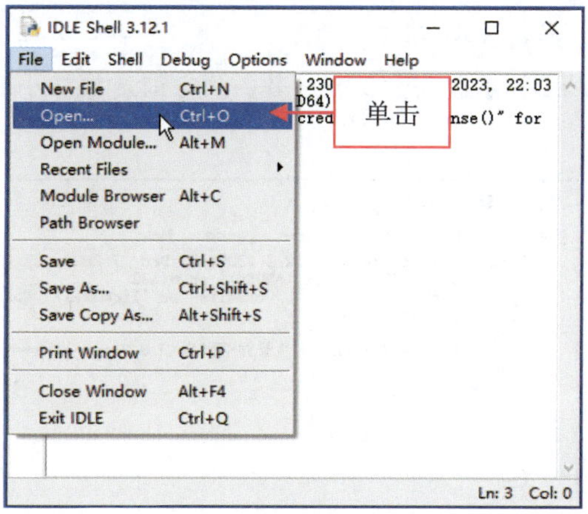

图 3-39　单击 Open 命令

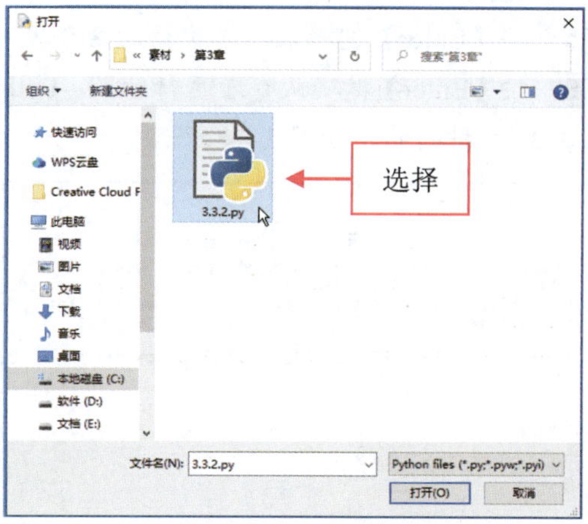

图 3-40　选择相应的脚本文件

Step 03 单击“打开”按钮，即可打开脚本文件，其中显示了以下文本信息，这段代码是一个简单的 Python 程序，其目的是让用户输入 3 个整数，并将它们按从小到大的顺序排序后输出，如图 3-41 所示。

Step 04 单击 Run | Run Module 命令运行代码，要求用户输入一个数字，这里输入了数字 9，如图 3-42 所示。

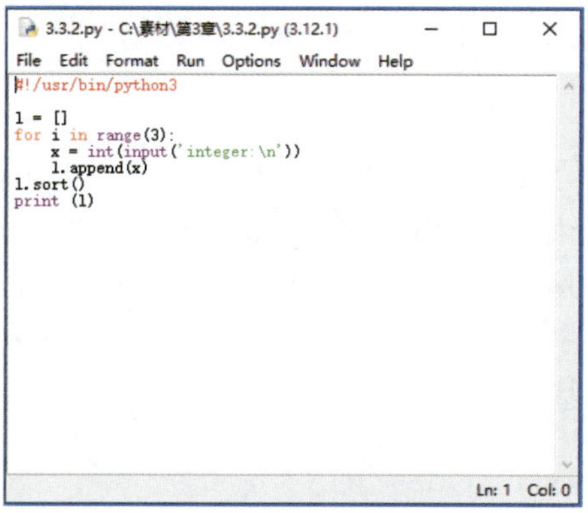

图 3-41　打开脚本文件

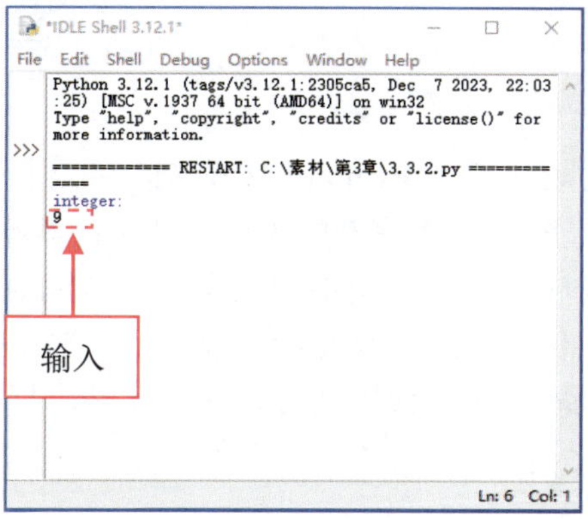

图 3-42　输入一个数字

▶ 专家指点

图 3-41 中的主要代码含义如下。

（1）l = []：这行代码的作用是初始化一个空列表 l，用于存储用户输入的整数。

（2）for i in range(3):这行代码用于开始一个 for 循环，它将重复执行 3 次。

（3）x = int(input('integer:\n'))：这行代码用于提示用户输入一个整数，并将输入的值转换为整数类型后存储在变量 x 中。这里使用了 input 函数来读取用户的输入信息，并使用了 int 函数来确保用户输入的是一个整数。

（4）l.append(x)：这行代码用于将用户输入的整数 x 添加到列表 l 的末尾。

（5）l.sort()：这行代码用于对列表 l 中的整数进行排序。默认情况下，sort 方法会按从小到大的顺序对列表进行排序。

（6）print(l)：这行代码用于输出排序后的列表 l。

Step 05 按【Enter】键确认，再次输入两个数字，如图 3-43 所示。

Step 06 按【Enter】键确认查看运行结果，Python 程序会输出这 3 个整数，且它们是按从小到大的顺序排列的，如图 3-44 所示。

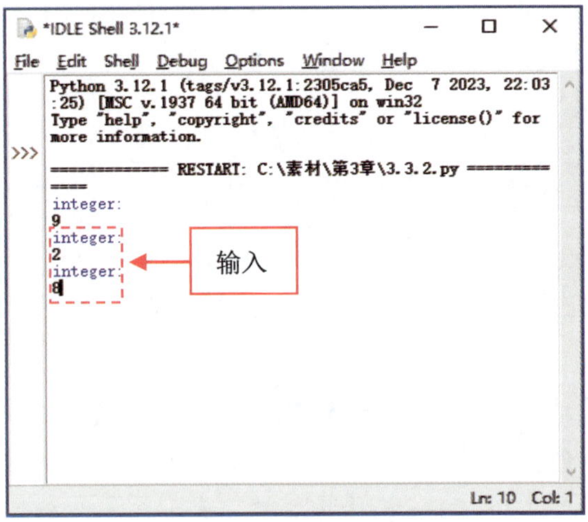

图 3-43 输入两个数字

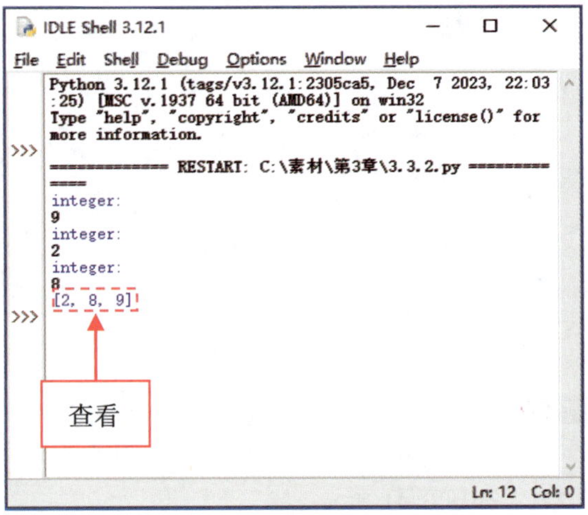

图 3-44 查看运行结果

本 章 小 结

本章主要讲述了 Python 编程基础。首先介绍了 Python 的安装与配置，包括 Python 的特点、下载与安装 Python 程序及配置环境变量；其次介绍了 Python 的语法精髓，包括 Python 的基础语法、中文字编码、定义不同数据、变量赋值、运算符的应用、条件语句、循环语句；最后介绍了 2 个实例，包括计算业绩提成奖金、数字排序。通过本章的学习，读者可以掌握 Python 编程语言的基本知识和应用技巧，为后续学习打好基础。

课 后 习 题

课后习题

鉴于本章知识的重要性，为了更好地掌握所学知识，将通过课后习题帮助读者进行简单的知识回顾和补充。

任务：使用 Python 输出内容“输出 9×9 乘法口诀表”。

Step 01 打开 IDLE Shell 3.12.1 程序，单击 File | Open 命令，弹出“打开”对话框，选择相应的脚本文件，如图 3-45 所示。

Step 02 单击“打开”按钮，即可打开脚本文件，其中显示了以下文本信息，这段代码主要用于输出一个 9×9 的乘法口诀表，如图 3-46 所示。

```
#!/usr/bin/python3
 for i in range(1, 10):
     print()
     for j in range(1, i+1):
         print ("%d*%d=%d" % (i, j, i*j), end=" " )
```

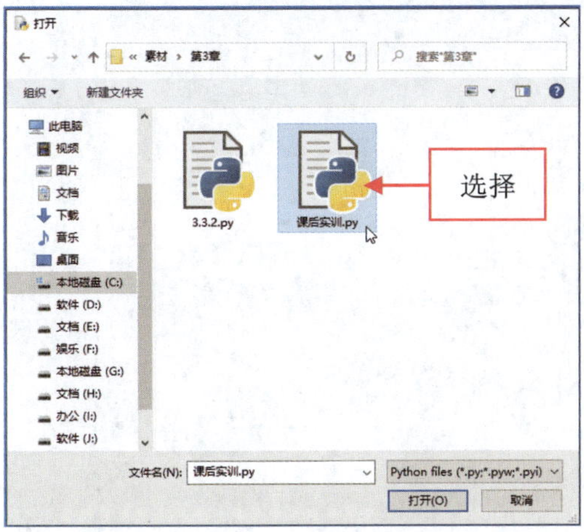

图 3-45　选择相应的脚本文件

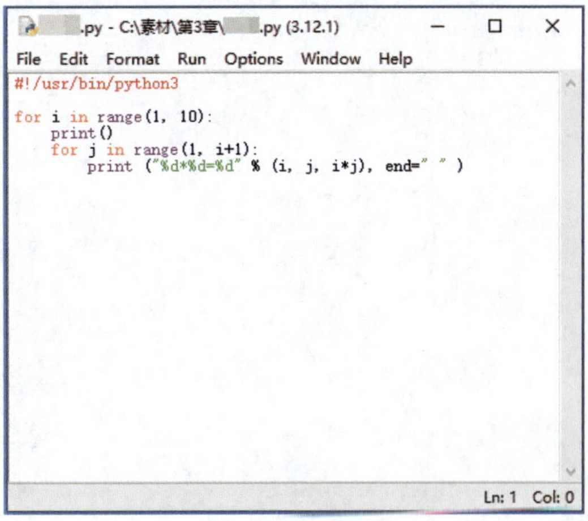

图 3-46　打开脚本文件

Step 03 单击 Run | Run Module 命令运行代码，即可输出一个 9×9 的乘法口诀表，如图 3-47 所示。

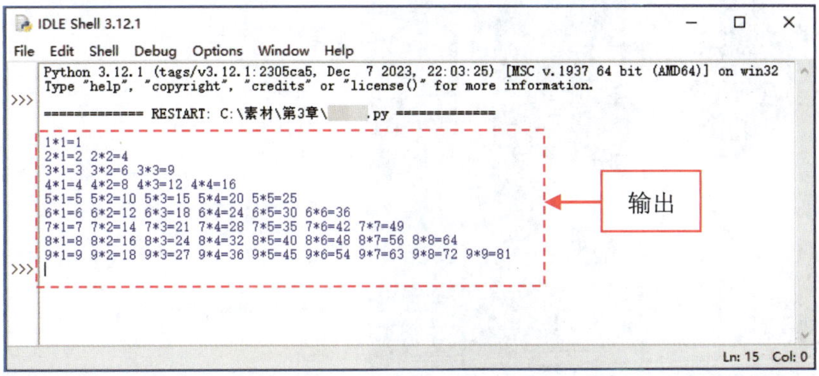

图 3-47　代码运行结果

第 4 章 数据挖掘与算法优化

4

在当今数字化时代，数据已经成为企业和社会发展的核心资产，但原始数据本身往往无法直接释放其潜在价值。本章将主要介绍如何通过数据挖掘与算法优化解锁数据的真正潜力。

本章重点

- 掌握数据整理与预处理的方法
- 熟悉机器学习算法体系
- 掌握神经网络与深度学习
- 掌握算法调优与验证策略

素质目标

- 提升读者在面对海量人工智能信息时的筛选和整合能力，快速获取有效知识
- 引导读者在人工智能项目中注重细节，追求卓越，提升作品的质量和专业性

4.1　数据整理与预处理

在人工智能的开发过程中，数据整理与预处理是构建有效模型的关键步骤。高质量的数据不仅能够提高模型的训练效率，还能显著提升模型在实际应用中的性能。本节将介绍人工智能中的数据整理与预处理技巧，帮助用户在 AI 项目中更好地理解和准备数据。

4.1.1　数据的收集、清洗与转换

数据的收集、清洗与转换是数据整理和预处理过程中至关重要的步骤，确保了数据的质量和适用性，为后续模型训练提供优质的数据资源。

1．数据收集

在启动 AI 训练项目之前，搜集到充足且相关的数据集是至关重要的第一步。数据不仅是 AI 训练的核心要素，而且其品质直接决定了模型的表现水平。为了确保数据集的可靠性，应当从信誉良好的源头搜集数据，如数据仓库、数据集市或通过应用程序编程接口（application programming interface，API）接口获取。

例如，阿里云天池是阿里系对外提供数据分享的平台，提供了多种官方数据集，如打榜数据集、聚合数据集、推荐数据集等，如图 4-1 所示。阿里云天池平台还提供了数据可视化教程，方便用户进行数据分析和代码实践。

图 4-1　阿里云天池数据集

在搜集数据的过程中，有以下几个关键点需要注意。

（1）数据的类别：根据 AI 模型的具体需求，确定所需数据的类型。比如，若目标是开发一个图像识别的 AI 系统，那么就需要搜集大量的图像数据资源。

（2）数据的准确性：在搜集数据时，务必保证其准确无误和格式统一。在将数据投入训练之前，需进行彻底的数据清洗工作，以确保数据集中只包含与项目目标相关的信息。

（3）数据的规模：为了使 AI 模型达到预期的精确度，必须搜集足够多的数据。数据量越大，模型训练的效果通常越好。

（4）数据的合法性：选择数据时，要确保来源的合法性，避免使用可能泄露个人隐私或侵犯知识产权的数据。

除了自行搜集数据外，还可以利用现有的数据集资源，如 Kaggle 提供的数据竞赛集、加州大学欧文分校（university of CaliforniaIrvine，UCI）机器学习库等。这些平台提供了大量经过精心整理的数据集，可以直接用于模型训练。

对于特定行业的 AI 模型训练，如医疗或金融领域，还可以寻找行业内的专业数据服务提供商，以获取更加专业和精准的数据资源。通过这些方式，可以有效地构建一个高质量的数据集。

2．数据清洗

数据清洗是指在数据分析或处理之前，对数据集进行清理和优化的过程，其目的是为了提高数据的质量，确保数据的准确性和一致性，从而使得数据能够更好地服务于后续的分析和决策。理解数据清洗需要掌握的相关知识如下。

（1）数据清洗的定义和目的：数据清洗包括识别和纠正数据中的错误、去除重复项、处理缺失值等，目的是提升数据的可用性和可靠性。

（2）数据清洗在数据预处理中的作用：数据清洗是数据预处理的一个关键环节，直接影响到后续分析的准确性和模型的性能。

（3）常见数据清洗任务的分类：常见的数据清洗任务包括去除重复值、纠正错误或不一致的数据、填补缺失值、数据格式标准化等。

实现数据清洗的过程需要对数据进行细致的检查和处理，以确保数据集的完整性和准确性，相关注意事项如下。

（1）识别和处理重复数据：重复数据会导致分析结果的偏差，需要通过特定的算法或工具进行识别和删除。

（2）识别和处理错误或不一致的数据：错误或不一致的数据可能会误导分析，需要通过数据校验和修正来确保数据的正确性。

（3）使用编程语言进行数据清洗的实践：编程语言（如 Python 或 R）提供了丰富的库和函数，可以自动化数据清洗过程，提高效率。

例如，OpenRefine 是一个强大的开源数据清洗工具，允许用户执行一系列复杂的数据处理任务，包括数据的筛选、过滤、转换、标准化、去重和分类等，如图 4-2 所示。

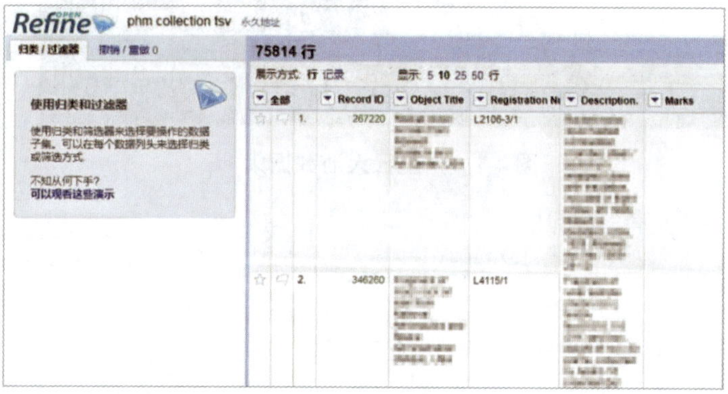

图 4-2　OpenRefine 开源数据清洗工具

OpenRefine 支持多种常见的数据格式，如 CSV、Excel 和 JSON，使得从不同来源获取的数据都能够被轻松处理。另外，OpenRefine 内置了多种数据处理操作和函数，涵盖了字符串处理、日期处理和数据转换等关键领域，而且通过插件系统，其功能还可以进一步扩展以满足特定的清洗需求。尽管 OpenRefine 提供了如此丰富的功能，但它的用户界面和操作相对不够直观，用户可能需要投入时间来学习和掌握，这也是使用该工具时需要克服的挑战之一。

3．数据转换

在着手数据分析或模型训练工作之前，对采集到的原始数据进行精心的清洗与转换是提升数据品质和适用性的关键步骤。数据转换是将数据从一种格式或结构转换为另一种，以适应不同的分析需求或模型要求。常见的数据转换方法包括规范化、标准化、归一化、编码转换等，每种方法都有其特定的应用场景和目的，如表 4-1 所示。

表 4-1　常见的数据转换方法

方法	描述	应用场景	目的
规范化（normalization）	将数据转换为统一的标准或格式，如日期时间格式统一、文本大小写统一等	数据整合 数据迁移	确保数据的一致性，便于数据比较和分析
标准化（standardization）	将原始数据转换为一个具有特定属性的统一规格，通常是均值为 0，标准差为 1	统计分析 机器学习算法	消除不同量纲的影响，使得数据在同一尺度下比较
归一化（normalization）	将数据缩放到[0,1]区间内，常见的方法有 Min-Max 归一化	数据预处理 神经网络输入	将数据限制在一个固定范围内，防止数值过大或过小导致的计算问题
编码转换（encoding）	将非数值型的分类数据转换为数值型，如使用独热编码（one-hot encoding）或标签编码（label encoding）	机器学习中的分类问题	使模型能够处理分类数据，提高算法的准确性
离散化（discretization）	将连续数值数据分割成离散的区间或类别	分类问题 降低噪声影响	减少数据的复杂性，有时还可以提高模型的泛化能力
特征提取（feature extraction）	从原始数据中创建新的特征，或将现有特征转换为更有意义的表示形式	特征工程 模式识别	提高数据的表达能力，并增强模型的性能
主成分分析（principal components analysis，PCA）	一种降维技术，通过线性变换将数据投影到较低维度的空间	高维数据处理 数据可视化	减少数据的维度，降低计算复杂度，同时保留最重要的信息

此外，数据转换还可能涉及特征工程，即通过创建新的特征或转换现有特征来增强模型的预测能力。例如，可以通过组合、分割或衍生新的特征来揭示数据中更深层次的信息，或者应用 PCA 等降维技术来减少数据的复杂性，同时尽可能保留最重要的信息。通过这些转换步骤，数据被优化为更适合后续分析和模型训练的形式，从而提高整个数据预处理流程的效率和效果。

合适的数据转换可以提高模型的训练速度和预测准确性，而不恰当的转换可能会导致信息的丢失或模型的过拟合。因此，需要根据数据的特点和模型的需求，选择最合适的数据转换策略，是实现高效数据处理的关键。

4.1.2 缺失值与异常值处理

在 AI 模型的训练过程中，数据的完整性和准确性对于模型性能有着至关重要的影响。缺失值和异常值是数据集中常见的两种问题，它们可能导致模型学习不准确的模式，甚至影响模型的预测能力。因此，在数据预处理阶段，对缺失值进行有效处理和对异常值进行准确检测，是构建高质量 AI 模型的两个关键步骤。

1．缺失值的原因与影响

在数据分析和 AI 模型训练中，处理缺失值是一个不可避免的步骤。为了有效地解决这一问题，首先需要了解缺失值的原因及其对数据分析可能产生的影响。缺失值的常见原因如下。

（1）数据收集过程中的遗漏：在数据收集过程中，由于各种原因，如调查问卷未完全填写、传感器故障或数据传输错误，都可能导致数据缺失。

（2）在处理数据时被删除：在某些情况下，为了保护隐私或遵守法律法规，必须从数据集中删除某些信息，这种情况下也会引入缺失值。

（3）数据转换错误：在数据转换过程中，由于格式不兼容或错误的转换规则，可能会导致一些数据项变为缺失。

缺失值对数据分析的影响如下。

（1）分析结果的偏差：缺失值可能导致统计分析的结果产生偏差，从而影响对数据的解释和决策。

（2）模型性能下降：在机器学习模型训练中，未处理的缺失值可能会导致模型性能下降，因为模型可能无法从不完整的数据中学习到准确的模式。

（3）数据解释的困难：缺失值使得数据的解释变得更加困难，因为需要额外的假设或方法来推断缺失数据的可能值。

2．处理缺失值的方法

缺失值的存在可能会导致分析结果的偏差，影响模型的准确性和泛化能力。在了解缺失值的原因和影响后，用户可以采取一系列策略来处理缺失值，以减少它们对数据分析的负面影响，具体方法如表 4-2 所示。

表 4-2 处理缺失值的方法

方法	描述	适用场景	优点	缺点
删除（deletion）	直接删除含有缺失值的行或列	缺失值较少或缺失值集中在少数记录中	操作简单，不会引入额外的偏差	可能导致样本量减少，或引入选择偏差
填充（imputation）	使用均值、中位数、众数或特定值填充缺失数据	缺失值随机分布，且数量适中	保持了原始数据的完整性	可能引入估计偏差，影响数据分布

（续表）

方法	描述	适用场景	优点	缺点
插值（interpolation）	基于已知数据点，并通过数学方法估计缺失值	主要用于时间序列数据	能够保持数据的连续性	可能不适用于非线性或者有噪声数据
模型预测（model-based）	使用回归分析、决策树或机器学习模型预测缺失值	缺失值与其他变量之间有可识别的关系	能够利用数据间的复杂关系	需要足够大的数据量和强大模型支持
分箱（binning）	将连续变量分成多个区间，并将缺失值分配到最近的区间	数据具有连续性，但不需要精确的数值	减少了异常值影响	引入了分类误差，可能会丢失一些信息
多重插补（multiple imputation）	生成多个填充数据集，分别进行分析，然后合并结果	缺失值较多，且缺失不是完全随机的	考虑了缺失值的不确定性，提供了更全面的估计	方法复杂，需要较高的统计知识
使用无缺失值的变量（complete case analysis）	仅使用没有缺失值的变量进行分析	缺失值数量较少，不影响主要分析变量	不需要额外的填充或插补	可能会丢失重要的变量信息
高级算法处理	利用先进的算法（如随机森林）来处理缺失值	适用于复杂的数据集和大规模数据分析	能够处理复杂的缺失值	需要专业的算法知识和计算资源

例如，Pandas 是 Python 中一个强大的数据处理库，提供了多种处理缺失值的功能。其中，fillna()方法可以用来填充缺失值，而 dropna()方法则可以删除含有缺失值的行或列。下面是一个使用 Pandas 处理缺失值的案例。

假设有一个关于泰坦尼克号乘客的数据集，其中包含年龄、舱位和生存状况等信息。由于历史原因，部分乘客的年龄信息缺失。目标是分析年龄与生存率之间的关系，因此需要对这些缺失的年龄数据进行处理。

首先，需要加载数据集并识别缺失值，相关 Python 代码如下。

```
import pandas as pd
# 加载数据集
df = pd.read_csv('titanic.csv')
# 检查缺失值
print(df.isnull().sum())
```

输出结果可能会显示年龄列（Age）有大量缺失值。接下来可以采用几种不同的方法来处理这些缺失值，相关 Python 代码如下。

```
（1）删除含有缺失值的行
# 删除年龄信息缺失的行
df_cleaned = df.dropna(subset=['Age'])
```

（2）使用均值或中位数填充缺失值

```
# 使用年龄的均值填充缺失值
df['Age'].fillna(df['Age'].mean(), inplace=True)
# 或者使用中位数填充
df['Age'].fillna(df['Age'].median(), inplace=True)
```

（3）使用众数填充分类变量的缺失值（假设舱位信息也有缺失）

```
# 使用舱位的众数填充缺失值
df['Cabin'].fillna(df['Cabin'].mode()[0], inplace=True)
```

（4）使用前向填充或后向填充

```
# 使用前向填充
df['Age'].fillna(method='ffill', inplace=True)
# 使用后向填充
df['Age'].fillna(method='bfill', inplace=True)
```

（5）使用模型预测缺失值

```
# 使用其他变量来预测缺失的年龄值
from sklearn.impute import KNNImputer
# 创建 KNN 填充器对象
imputer = KNNImputer(algorithm='mean')
# 只填充数值型特征中的缺失值
df['Age'] = imputer.fit_transform(df[['Age']])
```

3．异常值的识别与处理

在数据分析与整理的过程中，异常值的识别和处理是一个不可忽视的环节。异常值，也称为离群点，是那些与数据集中其他观测值显著不同的数据点，它们可能由于错误的数据录入、测量误差，或者由真实的、非典型的变化而产生。

正确地识别和处理异常值对于保证数据分析结果的准确性和可靠性至关重要。识别异常值的方法如表 4-3 所示。

表 4-3　识别异常值的方法

方法	描述	适用场景	优点	缺点
统计测试（如 Z-score、IQR）	使用统计学方法来确定数据点是否远离平均值或中位数	数据分布近似正态分布	理论基础强，易于理解和实现	对于非正态分布数据效果不佳
箱线图（Boxplot）	通过绘制数据的四分位数和异常值来可视化数据分布	适用于探索性数据分析	直观显示异常值，易于识别	可能无法识别边界附近的异常值
基于模型的方法	使用聚类、分类或密度估计等模型来识别异常值	数据集容量较大或数据复杂	可以处理多维数据，适应性强	计算成本比较高，需要选择合适模型

（续表）

方法	描述	适用场景	优点	缺点
基于规则的方法	根据业务知识设定规则来识别异常值	对数据有深入了解，且有明确的业务逻辑	直接根据业务需求定制，针对性较强	需要专业知识，且可能无法适应数据变化
基于距离的方法	计算数据点之间的距离，远离其他点的数据点可能是异常值	多维数据	可以快速发现远离数据集中心的异常值	对噪声敏感，可能会误判
基于密度的方法	计算数据点的局部密度，密度低于阈值的数据点可能是异常值	具有不同密度区域的数据集	能够识别高密度区域的异常值	密度阈值的设定较难
时间序列分析	对时间序列数据进行分析，识别与历史模式不符的异常值	时间序列数据	考虑时间因素，适用于趋势分析	对非时间序列数据不太适用
机器学习算法	如使用异常检测算法来识别异常值	大数据集，特别是无监督学习的应用场景	自动学习数据模式，适应性强	需要训练数据，对参数选择敏感

例如，可以利用箱线图（boxplot）等可视化工具直观地识别数据中的异常值。箱线图不仅能够帮助我们判断数据集是否包含异常值，揭示出数据收集或处理过程中的潜在问题，还能揭示数据的整体分布和波动情况，让用户能够更全面地理解数据特征，为后续的数据分析提供坚实的基础。图 4-3 所示为使用 Python 中的 Pandas 数据处理库绘制的箱线图。

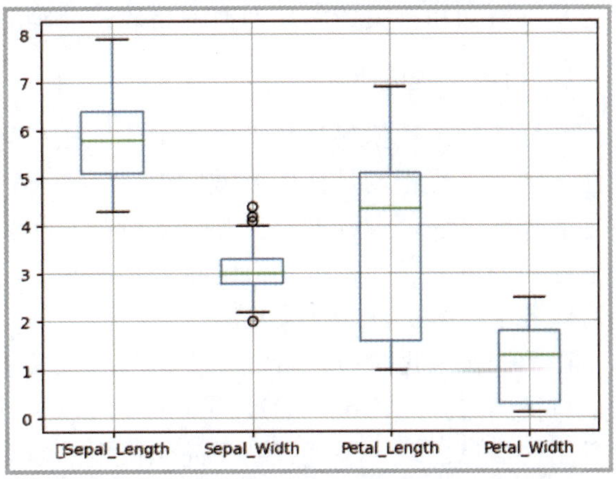

图 4-3　Pandas 数据处理库绘制的箱线图示例

▶ 专家指点

在图 4-3 中，Sepal Length、Sepal Width、Petal Length 和 Petal Width 是指鸢尾花数据集中的 4 个特征变量。其中，Sepal Length 表示花萼（花的外围部分，通常为绿色）的长度；Sepal Width 表示花萼的宽度；Petal Length 表示花瓣（花的内部部分，通常有颜色）的长度；Petal Width 表示花瓣的宽度，单位均为厘米（cm）。

这些特征通常用于鸢尾花分类任务中，通过这些特征的数值可以帮助区分不同种类的鸢尾花。在箱线图中展示这些特征可以帮助理解每个特征的分布情况，包括中位数、四分位数及可能存在的异常值等统计信息。

在处理异常值时，需要根据数据的特点和分析目标来确定，具体方法如下。

（1）删除：如果异常值是由于错误或偶然因素产生的，且数量不多，可以考虑直接删除这些数据点。

（2）修正：如果异常值是由于数据录入或测量错误导致的，可以尝试修正这些错误数据。

（3）变换：对数据进行变换，如对数变换或 Box-Cox 变换（统计学中的一种用于改善数据分布的数学变换方法），以减少异常值的影响。

（4）分箱：这是一种常用的数据预处理技术，通过将连续数据划分为一系列离散的区间或箱子，来减少异常值和其他极端观测值的影响，尤其适用于处理那些具有连续数值范围但分布不均匀的数据集。

（5）建模：在某些情况下，可以使用特定的模型来识别和处理异常值，如使用基于异常值检测的算法。

在实践中，处理异常值需要谨慎行事，以避免丢失有价值的信息。有时，异常值可能代表了重要的业务洞察，因此在处理之前需要进行充分的探索性数据分析。

4.1.3 特征工程基础构建

在人工智能和机器学习领域，特征工程是一项至关重要的技术，涉及从原始数据中选择、构建和转换特征的过程，以提高模型的性能和预测能力。特征工程的基础在于理解数据的内在结构和模式，以及如何将这些信息有效地编码为模型可以理解的形式。下面节主要介绍特征工程的基本概念和相关技术，为训练高效、准确的 AI 模型打下坚实的基础。

1. 特征工程的概念

特征工程是数据科学和机器学习中的核心环节，通过优化数据特征来提升模型的性能和准确性。特征工程指的是使用领域知识选择、修改和创建数据集中的特征，以提高模型在特定任务上的表现。这一过程的定义强调了特征对于模型预测能力的影响，以及通过特征优化来提高模型性能的可能性。特征工程的重要性在于，它能够使模型更好地理解数据，从而在各种机器学习任务中取得更好的结果。

在数据预处理阶段，特征工程扮演着至关重要的角色，不仅涉及数据的清洗和转换，还包括了特征的选择和构造。通过特征工程可以去除不相关或冗余的特征，减少噪声，并提取对模型有用的信息。这一步骤有助于简化模型的复杂度，加快训练速度，并提高模型的泛化能力。图 4-4 所示为特征工程的基本流程，同时这个过程可能需要多次迭代和调整，以达到最佳效果。

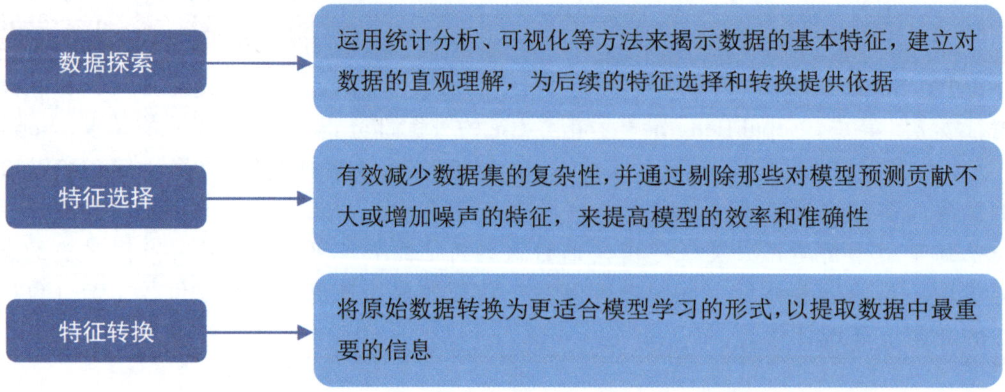

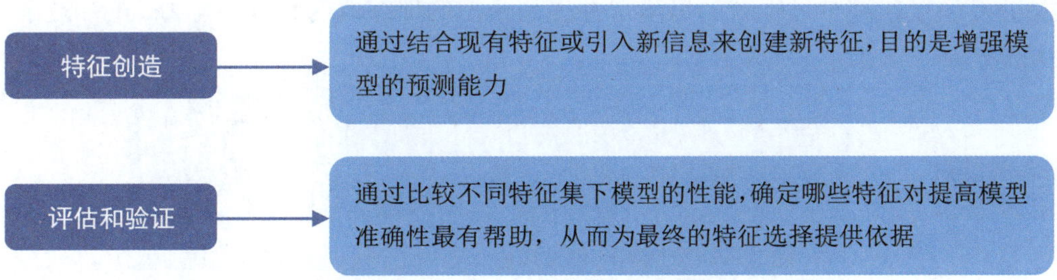

图 4-4　特征工程的基本流程

例如，Featuretools 是一个开源的 Python 库，专注于自动化特征工程，提供了一种系统化的方法来从结构化数据中生成特征，这些特征可以用于机器学习模型的训练和预测。Featuretools 特别适用于处理时间序列数据和关系数据集，如数据库、日志文件和事务数据集等。图 4-5 所示为 Featuretools 平台上展示的相关应用场景。

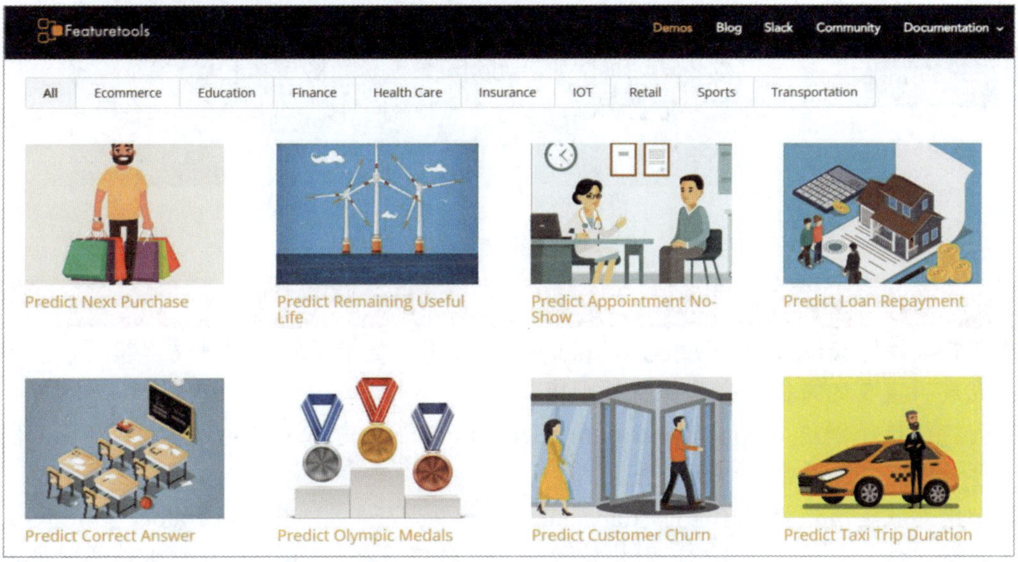

图 4-5　Featuretools 平台上展示的相关应用场景

Featuretools 的核心功能是深度特征合成（deep feature synthesis，DFS），这是一种自动化的特征生成技术，通过递归地应用一系列预定义的数学运算（特征原语）来创建新的特征。这些特征原语包括聚合操作（如计数、总和、平均等）和转换操作（如提取时间的小时、星期等），可以跨不同的实体和关系来应用。

通过 Featuretools，用户可以更高效地执行特征工程任务，节省大量手动特征构建的时间。Featuretools 还支持多种数据源和数据存储格式，使得特征工程过程更加灵活和可扩展。此外，Featuretools 提供了丰富的 API 和工具，使得用户可以轻松地将自动化特征工程集成到他们的数据分析和机器学习工作流程中。

2．特征选择技术

特征选择是特征工程中的一个重要环节，旨在从原始特征集中筛选出最有价值的特征子集，以提高模型的性能和解释性。特征选择的主要目的是减少特征的数量，消除冗余和无关特征，从而降低模型的复杂度，减少过拟合的风险，并提高模型的训练速度和预测能力。特征选择的方法如图 4-6 所示。

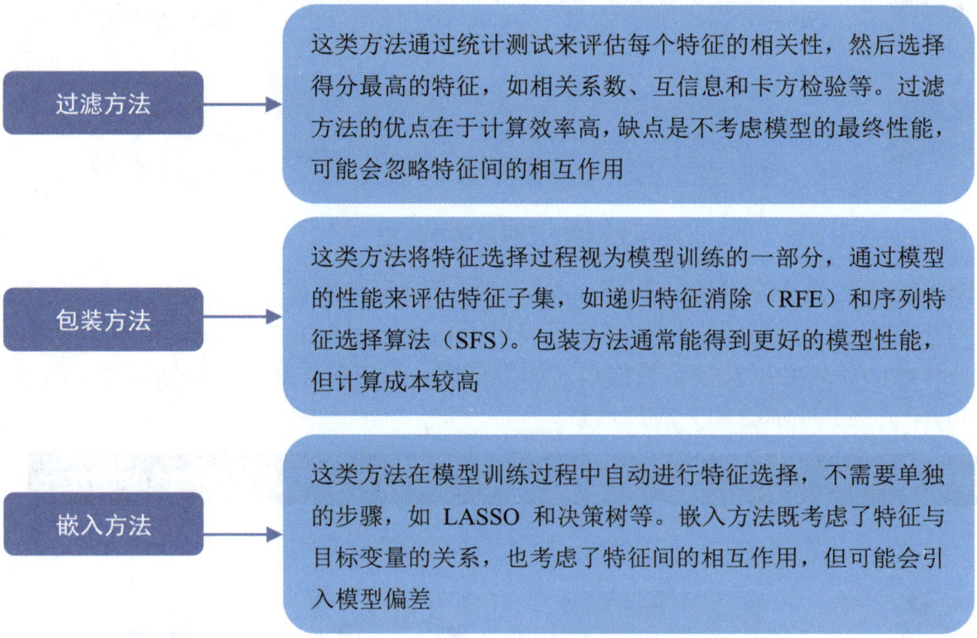

图 4-6　特征选择的方法

▶ 专家指点

递归特征消除（recursive feature elimination，RFE）是指通过递归地构建模型，并移除权重最小或最不重要的特征，来选择特征子集。

序列特征选择算法（sequential feature selection，SFS）是指通过逐步添加或删除特征，并评估模型性能，来寻找最佳特征子集。

最小绝对收缩与选择算子（least absolute shrinkage and selection operator，LASSO）是一种回归分析方法，通过引入 L1 正则化技术来实现特征选择。L1 正则化技术能够促使某些回归系数收缩到零，从而有效地实现特征的自动选择。

在实际应用中，特征选择需要根据数据的特点和模型的需求来选择合适的方法。首先，可以通过过滤方法快速筛选出一部分潜在有价值的特征；然后，使用包装方法或嵌入方法进一步优化特征子集。在评估特征选择的效果时，可以使用交叉验证等技术来评估模型的稳定性和泛化能力。此外，还可以通过模型解释性工具来分析所选特征的贡献度，确保特征选择的合理性和有效性。

例如，在 ChatGPT 的模型训练中，特征选择技术可能不像在传统的结构化数据机器学习任务中那样直接应用。ChatGPT 是基于深度学习的大规模语言模型，特别是使用了变换器（transformer）架构，这种模型通常能够自动从大量数据中学习复杂的特征表示，有助于构建更高效、更准确、更可解释的对话生成模型。图 4-7 所示为 ChatGPT 模型的对话生成效果。

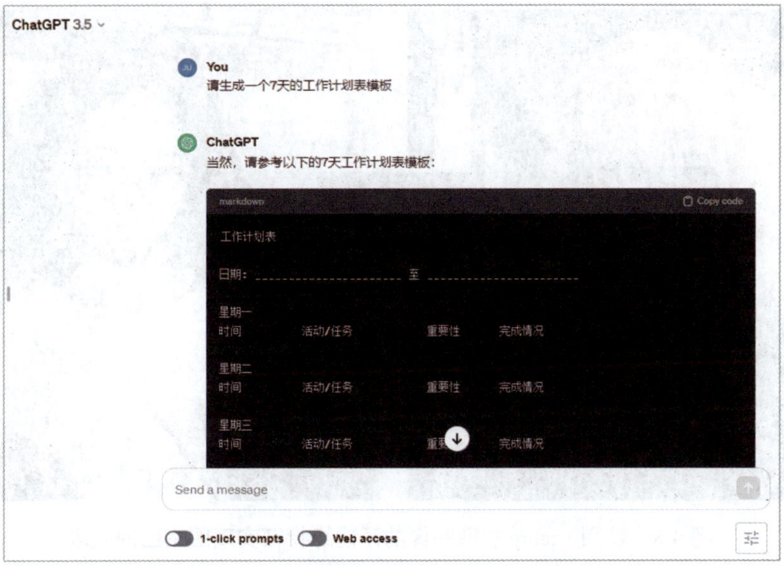

图 4-7　ChatGPT 模型的对话生成效果

虽然 ChatGPT 模型的训练不像传统机器学习那样显式地进行特征选择，但在模型设计、数据预处理和训练过程中的许多决策都可以与特征选择技术的原则相联系。例如，在将文本数据输入 ChatGPT 模型之前，通常会进行分词（tokenization）和预处理步骤，这个过程就可以看作是一种特征选择，因为它决定了哪些词汇或子词（subwords）将被用作模型的输入。

另外，Transformer 模型中的注意力机制（attention mechanism）也可以被视为一种内部特征选择的过程，模型通过注意力权重来决定在生成每个新词时应该关注输入序列中的哪些部分。

3．特征提取技术

特征提取是从原始数据中识别并提取有助于解决问题的关键信息的过程，是数据预处理的核心部分。在机器学习、模式识别、图像处理等多个领域，特征提取都是至关重要的步骤，对模型的性能和结果有着直接的影响。下面将介绍一些广泛使用的特征提取技术。

（1）直方图特征提取：通过将数据分割成多个区间，并计算每个区间内数据出现的频率来进行。例如，在图像处理中，可以将图像的像素值按灰度级划分为多个区间，然后统计每个区间内的像素数量，形成灰度直方图，这种方法能够有效地表征图像的灰度分布特性。

（2）边缘检测特征提取：边缘检测是图像处理中的一种关键技术，通过识别像素值的突变来定位图像的边缘。常用的边缘检测算法如 Sobel、Prewitt、Canny 等，能够高效地提取图像边缘信息，为图像分割和目标识别提供关键特征。图 4-8 所示为使用 Canny 提取图像的硬边缘特征，可以实现图生图的效果。

（3）尺度不变特征变换（scale-invariant feature transform，SIFT）：这是一种用于图像处理领域的特征检测算法，能够检测并描述图像中的局部特征，并且这些特征对于图像的缩放、旋转和亮度变化具有不变性，甚至在一定程度上对视角变化和仿射变换也具有稳定性，这使得 SIFT 在图像匹配、物体识别、全景拼接、3D 建模等计算机视觉任务中非常有用。

（4）主成分分析：前面提到过主成分分析是一种广泛使用的降维技术，通过正交变换将数据投影到新的坐标系，使得新坐标系上的数据方差最大化。PCA 能够将多维数据压缩到较低维度，同时尽可能保留原始数据的关键信息，对于数据可视化和特征提取非常有用。

图 4-8　使用 Canny 提取图像的硬边缘特征实现图生图的效果

（5）小波变换特征提取：这是一种能够同时提供时间和频率信息的分析方法，通过将信号分解为不同尺度和频率的小波系数来提取特征，在信号和图像处理中捕捉时频特征方面具有重要价值。

总之，特征提取是特征工程中的一个关键技术，更是数据预处理中不可或缺的一步，涉及将原始数据转换为能够更好地表示数据特征的形式，以提升机器学习模型的学习和预测能力。

4.2　机器学习算法体系

人工智能主要依赖于机器学习和深度学习两种算法。机器学习通过使计算机自主解析数据模型，提升其智能化水平；而深度学习则可以模仿人脑神经网络，通过多层神经网络的联合，实现对数据的深入理解和分析。

作为计算机科学领域的一门学科，机器学习致力于构建预测模型，旨在解决各类业务问题。据麦肯锡公司的权威定义，机器学习依托于可以自我学习的算法，无须依赖基于规则的编程，其核心思想在于："若计算机程序在特定任务 T 上的性能（以 P 为度量）能够随经验 E 的积累而提升，则可认为该程序能够从关于任务 T 和性能度量 P 的经验 E 中学习。"

简而言之，机器学习通过接触海量的数据（包括结构化和非结构化）并从中吸取经验，进而对未来进行预测。这一过程涉及多种算法与技术，共同促使机器从数据中不断学习与进步。

机器学习是人工智能领域的一个重要分支，利用计算机算法从数据中自动学习并改进模型，以解决各种实际问题。机器学习算法可以根据不同的学习方式进行分类，包括监督学习、无监督学习和强化学习。

4.2.1　监督学习

监督学习旨在建立输入 X 与输出 Y 之间的数学关联，这种输入与输出的对应关系，构成了用于构建模型的标签数据。这样，机器便能学会如何根据输入预测相应的输出。

同时，监督学习在实际应用中有着广泛的应用场景，具体如下。

（1）图像识别：将图片自动分类，如根据照片中的人脸区分性别。例如，SenseTime（商汤科技）是一家专注于图像识别的初创公司，并将其应用在智能汽车领域，可精准识别车道线、路边沿、可行驶区域、车辆、行人、交通标志及交通灯等信息，如图 4-9 所示。

图 4-9　图像识别技术在智能汽车领域的应用场景

（2）文本分析：自动将文本进行分类，如将新闻划分为政治、娱乐、体育或经济等类别。

（3）语音转文本：机器能将语音自动转换为文字记录。

简单来说，监督学习是从已有的训练数据中“学习”出一个函数或模型，这个函数或模型在面对新的数据时，能够根据其内在规律预测结果。这其中的训练数据要求包含输入与输出，也就是说，除了特征值，还需要目标值（也称为标签），这些目标值通常由人工进行预先标注（即数据标注）。

也就是说，在监督学习的情境下，数据是经过标注的，意味着已知目标变量。利用这种方法，机器可以根据历史数据预测未来的结果。但这要求至少为模型提供输入和输出变量，才能对其进行训练。

监督学习的实例众多，包括但不限于线性回归、逻辑回归、支持向量机（support vector machine，SVM）、朴素贝叶斯和决策树等。监督学习不仅应用于分类问题，也广泛应用于回归问题。分类问题主要是将数据划分至预定义的类别中；而回归问题则是通过输入数据预测连续的数值输出。

▶ 专家指点

SVM 是一种典型的监督学习算法，其目标是在特征空间上找到最佳的分离超平面（将两个不相交的凸集分割成两部分的一个平面），使得训练集上的正负样本间隔（margin）达到最大。SVM 主要用于分类和回归分析，在解决小样本、非线性及高维模式识别问题中表现出许多特有的优势，并能够推广应用到函数拟合等其他机器学习问题中。

SVM 模型是将实例表示为空间中的点，这样映射就使得单独类别的实例被尽可能宽的明显的间隔分开，然后将新的实例映射到同一空间，并基于它们落在间隔的哪一侧来预测所属类别。

4.2.2 无监督学习

无监督学习是一种仅依赖输入变量 X 的机器学习任务。在无监督学习中，变量 X 代表的是未经标注的数据，机器学习算法通过挖掘数据的内在结构来构建模型。简而言之，无监督学习是一种从原始数据中寻找规律和特征的自主学习方式。

在无监督学习中，机器并不依赖人为标记的标签，而是通过自我探索、归纳和总结，尝试解读数据中的内在规律和特征，有助于发现隐藏在数据中的模式和结构。常见的无监督学习算法主要有聚类、降维等，如表 4-4 所示。

表 4-4　常见的无监督学习算法

算法	类型	特点	应用
K-means	基于划分方法的聚类	K-means 是一种常见的聚类算法，通过迭代将数据划分为 K 个簇，使得每个数据点与其所在簇的中心点之间的距离之和达到最小	客户分析与分类 图形分割
Birch	基于层次的聚类	Birch 是一种自适应的聚类算法，适用于大规模数据集。Birch 使用 CF Tree（clustering feature tree，聚类特征树）来维护数据的统计信息，以便快速进行聚类和查询	图片检索 网页聚类
Dbscan	基于密度的聚类	Dbscan 是一种基于密度的聚类算法，将具有足够高密度的区域划分为簇，并且识别出噪声点	社交网络聚类 电商用户聚类
Sting	基于网格的聚类	Sting 是一种基于网格的聚类算法，将数据空间划分为一系列的矩形网格单元，然后对每个单元进行聚类	语音识别 字符识别
PCA	线性降维	PCA 是一种常用的降维算法，会寻找数据中的主要模式，但并不会消除不重要的细节	数据挖掘 图像处理
LDA	线性降维	LDA（linear discriminant analysis，线性判别分析）常用于处理分类问题，通过最大化不同类别之间的距离和最小化同一类别内的分散度，来找到最佳的投影方向	人脸识别 舰艇识别
LLE	非线性降维	局部线性嵌入（locally linear embedding，LLE）是一种用于非线性数据的降维算法，能够保持数据点之间的局部关系不变，并将其嵌入到低维空间中	图像识别 高维数据可视化
LE	非线性降维	拉普拉斯映射（laplacian eigenmaps，LE）是一种基于图的无监督学习算法，用于非线性降维，通过优化数据的局部关系来找到低维表示	故障检测

聚类算法的目标是将数据集划分为若干个簇或群组，使得同一簇内的数据点尽可能相似，

而不同簇的数据点尽可能不同；降维算法则通过降低数据的维度，将高维数据转换为低维数据，以便更好地理解和分析。无监督学习的算法还包括层次聚类、自编码器等，这些算法在处理大规模数据集、提取潜在特征、降维处理等方面都能够表现出良好的性能。

> ▶ 专家指点
>
> 层次聚类是一种聚类方法，试图在不同的层次上对数据进行划分，从而形成树形的聚类结构。这种方法首先将参与聚类的个案（或变量）各视为一类，然后根据两个类别之间的距离或者相似性逐步合并，直到所有个案（或变量）合并为一个大类为止。
>
> 自编码器是一种无监督的神经网络模型，用于学习输入数据的有效编码。自编码器由两部分组成：编码器和解码器。编码器会将输入数据压缩成一个低维的表示（也称为编码），而解码器则尝试从这个编码中重建原始数据。
>
> 通过这种方式，自编码器可以学习输入数据的内在结构和模式，而不需要标签或其他监督信息。自编码器在许多领域都有应用，如数据压缩、异常检测和生成模型（如 ChatGPT、Stable Diffusion）等。

无监督学习的应用场景非常广泛，包括但不限于聚类分析、异常检测和降维处理等。聚类分析在许多领域都有应用，如市场细分、社交网络分析等；异常检测则用于识别与常规数据点显著不同的异常数据点，如欺诈检测、故障预测等；降维处理则用于简化数据的复杂性，便于分析处理，如图像压缩、特征提取等。

4.2.3　强化学习

强化学习是一种特殊的机器学习算法，它的任务是决定下一步的行动方案。强化学习与其他机器学习算法有所不同，不需要训练数据集，而是通过与环境互动，不断尝试采取不同的行动，并根据行动的结果获得反馈（奖励或惩罚）。因此，强化学习是一种试错学习（trial and error learning）方式，即通过不断地尝试和改正错误，来找到最优行动方案，以最大化获得奖励回报。

强化学习的核心在于，智能体（agent）会从环境中接收观察结果（observation）和奖励（reward），并根据这些信息决定对环境执行何种操作（action）。环境对智能体的操作会给予反馈，这种反馈通常以奖励的形式出现，奖励可以衡量某一行动在实现任务目标方面的成功几率。

强化学习的典型算法包括 Q-Learning、SARSA、Actor-Critic 等，这些算法通过不同的方式实现强化学习的目标，但它们的核心思想都是基于行动、状态和奖励的交互来学习最优的行动策略，相关介绍如下。

（1）Q-Learning 是一种基于值迭代的强化学习算法，通过学习在给定状态下采取的行动的价值，来指导智能体的行为选择。Q-Learning 算法的核心是 Q 函数，它表示在给定状态下采取特定行动的预期回报，通过不断更新 Q 函数，智能体可以逐渐学习到最优的行动策略。

（2）SARSA 是一种基于“状态（state）-行动（action）-奖励（rewards）-状态-行动”的在线学习算法，用于强化学习中的动作选择问题。SARSA 算法通过记录在给定状态下采取的行动及其后果，以及相应的奖励来指导智能体的行为。SARSA 算法可以在连续动作空间中应用，通过使用适当的探索策略来找到最优的行动策略。

（3）Actor-Critic 是一种结合策略方法和价值方法的强化学习算法，由 actor（演员）和 critic（评论家）两个部分组成。actor 负责根据当前状态选择最优的行动，而 critic 则负责评估状态值函数和动作值函数的准确性，并用于更新策略参数。通过将这两种方法结合，Actor-Critic 算法可以更快速地学习到最优的行动策略。

强化学习在许多领域都有应用，如游戏、机器人控制和自动驾驶等。

（1）在游戏领域，强化学习可以训练机器人在游戏中进行决策，如在围棋游戏中让机器人学习下棋策略。图 4-10 所示为商汤科技发布的“元萝卜 SenseRobot”AI 下棋机器人，是一个能够真正“思考”和“行动”的机器人。

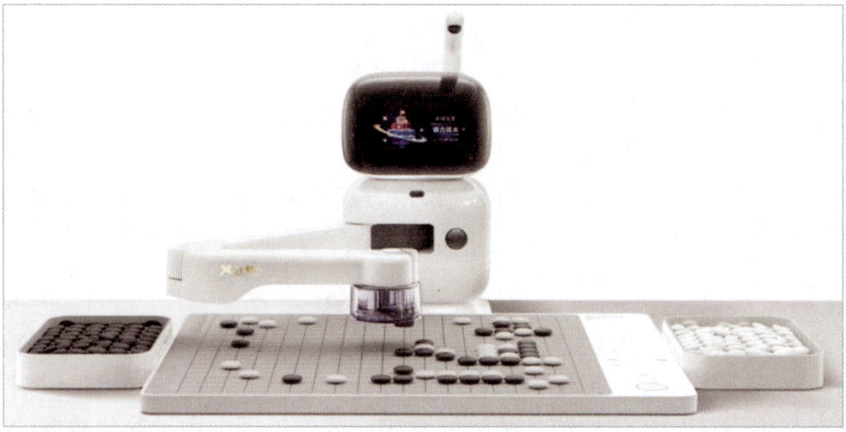

图 4-10 “元萝卜 SenseRobot”AI 下棋机器人

（2）在机器人控制领域，强化学习可以让机器人学会控制自己的行为，如让机器人学会走路或抓取物体。

（3）在自动驾驶领域，强化学习可以通过学习让车辆进行自动驾驶决策，如在交通拥堵时自动调整行车路线。

4.3 神经网络与深度学习

神经网络训练是人工智能领域中一个至关重要的环节，涉及让 AI 如何理解、解析和模拟人类的思维模式。通过神经网络训练，可以使 AI 在各种应用场景中更加智能化、高效化。

深度学习则作为机器学习的一个重要分支，通过构建深度神经网络来模拟人脑的认知过程，已在语音识别、图像处理、自然语言理解等领域取得了突破性的成果。本节将重点介绍神经网络与深度学习在人工智能中的应用技巧，使 AI 变得更懂人类、更好地为人类服务。

4.3.1 神经网络基础框架

神经网络其实是由生物神经元构成的复杂网络，也被理解为由人工神经元或节点组成的网络或电路。这些神经元或节点之间的连接，就像人类的神经元网络一样，能够传递并处理信息。因此，神经网络可以分为两大类，即生物神经网络和人工神经网络。

（1）生物神经网络（biological neural networks）是指生物大脑中的神经元网络，是自然界中客观存在的，由生物神经系统中的神经细胞按照一定方式连接而形成的网络，主要用于产生生物的意识，帮助生物进行思考和行动。

（2）人工神经网络（artificial neural networks，ANNs）也称为连接模型（connection model），是一种通过模仿生物神经网络的行为特征，并进行分布式并行信息处理的算法数学模型。人工神经网络依靠系统的复杂程度，通过调整内部大量节点之间相互连接的关系，从而达到处理信息的目的。由于人工神经网络类似于大脑神经的结构进行信息处理，因此在工程与学术界也常直接简称为神经网络或类神经网络。

神经网络由输入层（input layer）、隐藏层（hidden layer）和输出层（output layer）组成，如图 4-11 所示，其中每个节点代表一种特定的输出函数（或称为激励函数），每两个节点的连接代表该信号在传输中的比重（即权重，相当于生物神经网络的记忆），网络的输出则取决于激励函数和权重的值。

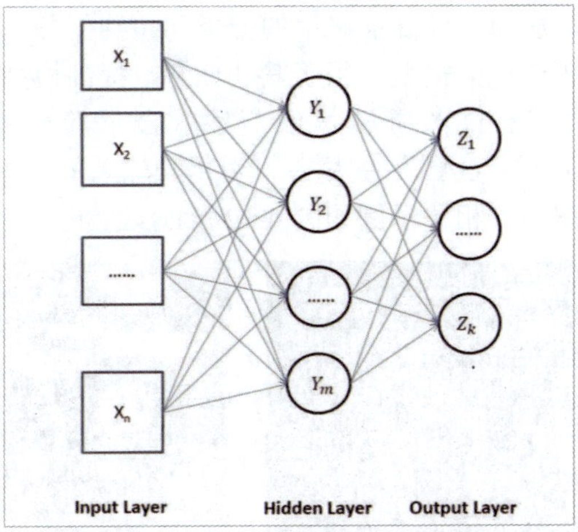

图 4-11　神经网络的组成结构

神经网络是一种运算模型，其本质是通过网络的变换和动力学行为得到一种并行分布式的信息处理功能，并在不同程度和层次上模仿人脑神经系统的信息处理功能。

神经网络先以一定的学习准则进行学习，然后才能工作。以写 A、B 两个字母的识别为例，规定当 A 输入到网络时，应该输出 1；而当输入为 B 时，输出应为 0。神经网络学习的准则为：如果网络做出错误的判断，则通过网络的学习，使得网络减少下次犯同样错误的可能性。

神经网络作为机器学习领域的一种通用模型，不仅仅是一个简单的算法集合，更是一套能够应对各种复杂问题的强大工具。神经网络的强大之处在于它的自适应和学习能力，通过不断调整神经元或节点之间的连接权重，神经网络能够逐渐适应不同的数据模式，并从中学习到有用的信息。这种自适应的学习过程，使得神经网络在处理复杂的、非线性的输入输出关系时具有出色的表现。

4.3.2　卷积神经网络与循环神经网络

随着人工智能技术的飞速发展，神经网络作为其核心组件，已经成为了研究的热点。对于用户来说，了解和掌握各种神经网络架构是必不可少的。其中，最为关键的便是卷积神经网络与循环神经网络。

1．卷积神经网络

卷积神经网络（convolutional neural network，CNN）是一种深度学习算法，专门用于处理具有网格结构的数据，如图像和语音。CNN 的核心思想是通过卷积操作来提取输入数据中的特征，并通过池化（一种用于提取特征的方法）操作来减小特征图的尺寸。

卷积操作使用一组可学习的滤波器（也称为卷积核）对输入数据进行滑动窗口计算，从而生成特征图，这些滤波器可以捕捉到输入数据中的局部模式和特征。CNN 通常由多个卷积层、激活函数、池化层和全连接层组成。卷积层用于提取输入数据的特征，激活函数用于引入非线性因素，池化层用于减小特征图的尺寸，全连接层用于将特征映射到输出类别。

CNN 在图像识别、目标检测、图像分割等计算机视觉任务中取得了巨大的成功，它能够自动学习到图像中的抽象特征，从而完成高准确率的分类和识别任务。此外，CNN 还可以通过迁移学习将在大规模数据集上预训练的模型应用于其他任务，提高模型的泛化能力。

例如，Midjourney 的人工智能绘画技术便巧妙融合了卷积神经网络与生成对抗网络（generative adversarial networks，GAN）的精髓，对用户输入的文本描述进行深度处理，从而创作出一幅生动逼真的绘画作品，相关示例如图 4-12 所示。

图 4-12　Midjourney 生成的绘画作品示例

> ▶ 专家指点
>
> 生成对抗网络由两个互相对抗的神经网络组成：生成器（generator）和判别器（discriminator）。生成器的任务是生成新的数据样本，而判别器的任务则是判断输入的数据样本是否真实。
>
> 在 GAN 的训练过程中，生成器和判别器会进行对抗训练，不断改进和优化各自的参数。生成器试图生成更加逼真的数据样本，以欺骗判别器；而判别器则努力识别出输入的数据样本是否为真实数据，或是由生成器生成的假数据。通过这种对抗过程，生成器和判别器都会逐渐提高自己的性能。GAN 的主要应用包括图像生成、图像修复、风格迁移等。

2．循环神经网络

循环神经网络（recurrent neural network，RNN）是一种特殊的神经网络架构，主要用于处理序列数据，如文本、语音、时间序列等。

> ▶ 专家指点
>
> RNN 以序列数据作为输入，在序列的演进方向上进行递归（recursion），且所有节点（循环单元）按链式结构来进行连接。递归是指在函数或算法中，函数或算法直接（或间接）调用自身的一种方法。

RNN 具有记忆性、参数共享及图灵完备（turing completeness）等特性，这使得它在处理序列的非线性特征时具有优势。RNN 的结构包括一个循环单元和一个隐藏状态，其中循环单元负责接收当前时刻的输入数据和上一时刻的隐藏状态，而隐藏状态则同时影响当前时刻的输出和下一时刻的隐藏状态。

RNN 的训练通常使用反向传播算法和梯度下降算法，但存在梯度消失和梯度爆炸等问题，因此需要采用一些特殊的训练方法，如长短时记忆网络、自适应学习率算法等。RNN 在自然语言处理、语音识别、时间序列分析等领域有广泛应用。

4.3.3　深度学习算法

深度学习算法（deep learning）是以人工神经网络为基础，旨在模拟人脑神经元之间的连接方式和信息传递过程，通过大量数据和计算资源进行训练和优化，能够有效地解决许多传统机器学习算法无法解决的问题。相比于其他机器学习算法，深度学习算法最大的特点是能够自主学习特征，即通过训练自动识别数据中的模式和规律，而无须人工指定特征。深度学习算法的核心思想是特征学习，因此在计算机视觉、自然语言处理、语音识别等领域的表现非常出色。

深度学习算法的核心是人工神经网络，其中最基本的模型是感知机模型（perceptron model）。感知机模型是一个线性分类器，基于输入的特征向量和权重向量之间的点积进行决策。然而，感知机模型只能处理线性可分的数据，对于非线性问题，无法找到一个超平面进行分割。

为了解决这个问题，深度学习算法引入了多层感知机模型（multilayer perceptron，MLP）。多层感知机模型通过堆叠多个感知机，形成了非常复杂的非线性分类器。每一层的感知机将前一层的输出作为输入，进行线性组合和激活函数运算，产生输出。这种结构使得多层感知机能够学习到更复杂的特征，并处理更复杂的模式识别问题。

除了感知机模型和多层感知机模型，深度学习算法还涉及其他类型的神经网络，如卷积神经网络、循环神经网络和生成对抗网络等。这些网络结构各有特点，适用于不同的应用场景。

另外，分类问题是深度学习算法中的一项关键任务。在分类问题中，输入是一组数据，输出是对这组数据的分类结果。为了实现分类，需要建立一个输入与输出之间的映射关系，这个映射关系可以用一组参数来表示，这组参数即为神经网络的权重。神经网络通过训练学习到最优的权重，从而获得最佳的分类效果。

训练神经网络时采用的关键算法是反向传播算法，该算法根据误差反向调整模型权重，包括前向传播和反向传播两个阶段。在前向传播阶段中，输入数据通过神经网络产生输出结果，这一过程也称为前向计算；在反向传播阶段中，将输出结果与真实结果进行比较，然后反向计算权重调整，从而将网络输出的误差降到最小。

例如，Stable Diffusion 是一种利用神经网络生成高质量图像的深度学习模型，基于扩散过程，能够在保持图像特征的同时增强图像的细节。通过在 Stable Diffusion 中输入文本描述，利用扩散过程即可生成与之相关的图像，相关示例如图 4-13 所示。

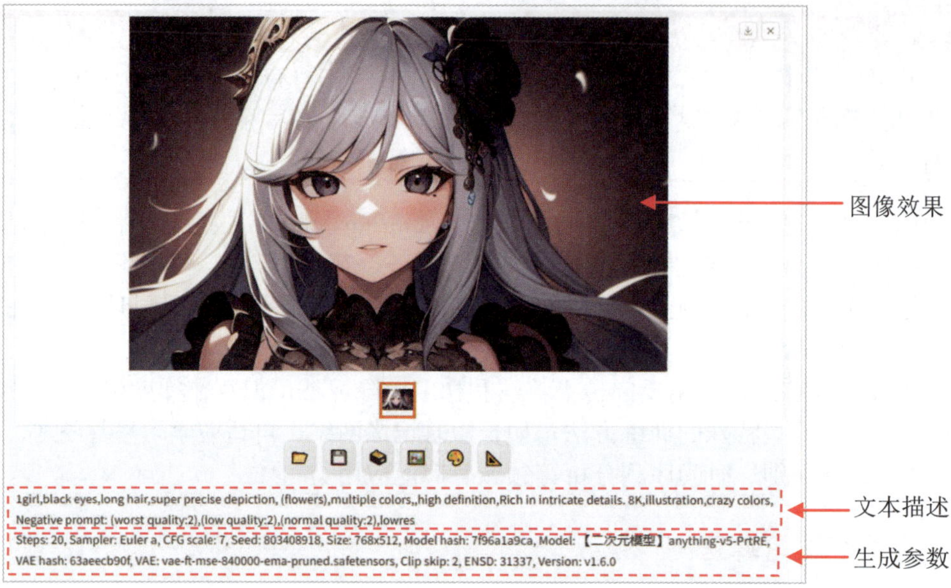

图 4-13　Stable Diffusion 生成的图像示例

从本质上来说，深度学习其实是机器学习中的一种范式，因此它们的算法流程基本相似。但深度学习算法在数据分析和建模方面进行了优化，通过神经网络统一了多种算法。在深度学习算法广泛应用之前，机器学习算法需要花费大量的时间去收集数据、筛选数据、提取特征、执行分类和回归任务。

深度学习算法的核心是构建多层神经网络模型并使用大量训练数据，使机器能够学习到重要特征，从而提高分类或预测的准确性。深度学习算法通过模仿人脑的机制和神经元信号处理模式，使计算机能够自行分析数据并找出特征值。

4.4　算法调优与验证策略

在人工智能中，算法的调优与验证是确保模型性能与准确性的关键环节。随着数据量的增长和复杂性的提升，如何有效地优化算法参数、调整模型结构，并通过验证确保模型的泛化能力，成为了每一个用户必须面对的挑战。本节将介绍人工智能中的算法调优与验证策略，旨在帮助用户更好地理解并掌握这些关键技术，从而提升 AI 模型的实际应用效果。

4.4.1　超参数调优与模型调整

超参数是指在训练模型之前需要预先设定的参数，对模型的训练和性能具有重要影响。模型调参是优化 AI 算法的关键技术之一，是指在 AI 训练过程中，对模型的超参数进行调整和优化的过程。下面介绍常见的超参数和模型调参的过程。

1. 常见的超参数

常见的超参数包括学习率、正则化参数、批大小等，相关介绍如下。

（1）学习率：这是用于更新模型权重的参数，决定了模型在每次迭代中权重调整的大小，对模型训练的速度和稳定性有很大影响。如果学习率过大，可能会导致模型发散或者收敛到局部最小值；如果学习率过小，则可能会导致模型训练速度缓慢，甚至无法收敛。例如，在 Stable Diffusion 中训练模型时，就需要设置“嵌入式模型学习率”和“超网络学习率”两个参数，如图 4-14 所示。

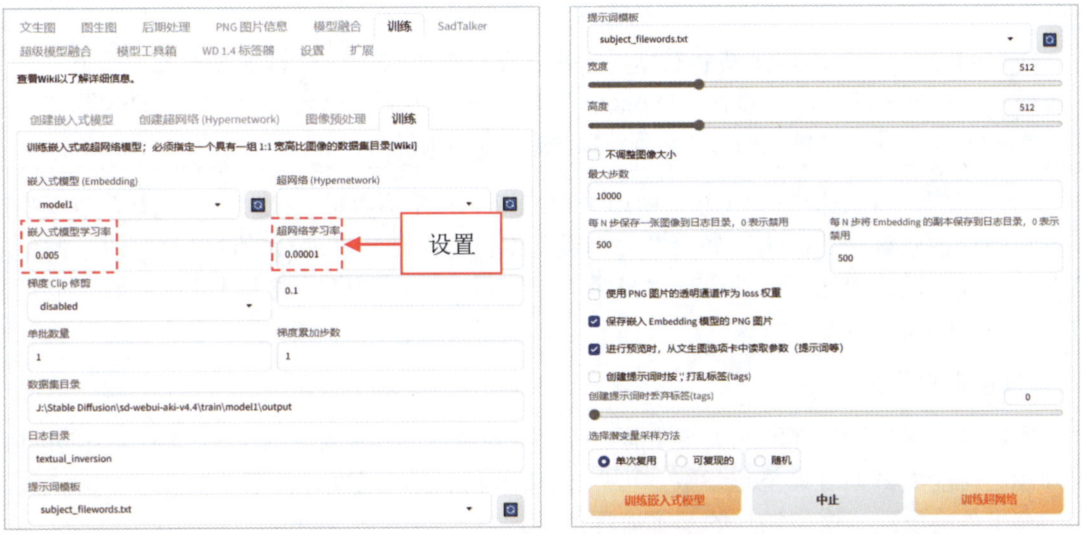

图 4-14　Stable Diffusion 中的模型训练参数

> **▶ 专家指点**
>
> 嵌入式（embedding）模型是自然语言处理中的一种常用模型，是一种能够将文本中的单词或其他文本单位映射到连续向量空间中的表示方法。简单来说，embedding 就是一种映射变换，通过将文本数据转换为固定大小的向量，embedding 模型使得计算机能够更好地理解和处理自然语言。“嵌入式模型学习率”参数决定了在训练过程中，嵌入式模型参数更新的步长。换句话说，它控制着模型如何根据训练数据调整其内部权重，以便更好地拟合数据并提升性能。
>
> 超网络（hypernetwork）模型的本质是一种神经网络架构，可以动态生成神经网络的参数权重。简而言之，可以生成其他神经网络。“超网络学习率”参数是在训练超网络模型时的一个关键参数，它代表在每一次迭代中，梯度向损失函数最优解移动的步长。合适的学习率可以使超网络模型在训练过程中以合适的速度收敛到最小值，保证代价函数的优化过程既不太快也不太慢。

（2）正则化参数：这是一种用于防止模型过拟合的技术，通过在损失函数中增加一个惩罚项来约束模型的复杂度。常见的正则化参数包括 L1 正则化、L2 正则化和 Dropout 等，这些参数可以对模型权重的大小或稀疏性进行约束，从而降低过拟合的风险。

▶ 专家指点

损失函数（loss function）用于衡量模型预测结果与真实标签之间的差异，并根据该差异进行反向传播和参数优化。

L1 正则化，也称为 LASSO 正则化，通过对模型权重向量施加 L1 范数的惩罚来实现正则化。L2 正则化，也称为 Ridge 正则化，通过对模型权重向量施加 L2 范数的惩罚来实现正则化。

Dropout 是一种特殊的正则化技术，它在模型训练过程中会随机地将神经元暂时从网络中丢弃，以减少神经元的依赖性。Dropout 可以有效地防止过拟合，因为它可以使模型在训练过程中使用不同的神经元组合，从而增加模型的泛化能力。

（3）批大小：这是指在每次迭代中用于训练模型的样本数量。批大小的选择，对模型的训练速度和内存占用有一定影响。如果批大小设置得较小，则每次迭代的速度会更快，但可能需要更多的迭代次数才能达到收敛；如果批大小设置得较大，则可以减少迭代的次数，但可能会导致内存不足或训练速度变慢。

2．模型调参的过程

模型调参是优化模型性能的关键步骤之一，因为合适的超参数配置可以提高模型的准确率、稳定性和泛化能力。通过调整超参数，可以找到最佳的模型配置，使模型在训练和测试数据集上都能有出色的表现。模型调参的基本流程如下。

（1）根据经验或文献，确定超参数的可能取值范围或候选值。

（2）通过遍历超参数候选值的不同组合，在训练数据集上训练模型，并评估其在验证数据集上的性能，选出最佳的超参数组合。

（3）在确定了某些超参数的最佳值之后，可能需要进一步调整其他相关超参数以获得更好的性能。

（4）使用交叉验证技术对模型进行优化，以获得更可靠的性能指标和泛化能力。

（5）学习率是影响模型训练速度和性能的重要超参数，通过调整学习率可以找到最佳的学习速度，使模型收敛更快且更稳定。

（6）为了避免过拟合和节省训练时间，可以使用早停法来提前终止模型的训练。早停法是指当模型在验证数据集上的性能停止提高时，提前终止训练的过程。

4.4.2 Holdout 检验与交叉验证

在优化 AI 算法时，Holdout 检验与交叉验证是两种至关重要的验证技术。它们为评估模型性能提供了可靠的框架，确保 AI 算法在未知数据上的泛化能力，相关介绍如下。

1．Holdout 检验

Holdout 检验是一种验证 AI 算法的常用方法，其核心思想是将原始样本随机划分为训练集和验证集两部分。这种方法简单且直接，通过比较训练集和验证集的性能，可以对模型的泛化能力进行评估和优化。

2. 交叉验证

Holdout 检验存在明显的缺点。由于验证集是从原始样本中随机划分出来的，其与训练集之间可能存在偏差，导致在验证集上计算出来的评估指标与原始分组有很大关系，这种偏差可能导致对模型性能的误判。

为了解决这一问题，有人引入了交叉验证的思想。交叉验证通过将样本划分为多个子集，并在这些子集上多次进行训练和验证，从而对 AI 算法的性能进行更准确、更可靠的评估。通过多次重复验证，可以降低随机性对评估结果的影响，使得评估结果更加稳定和可靠。同时，交叉验证还有助于选出最佳的模型和参数组合，提高 AI 算法的泛化能力。

其中，K 折叠交叉验证法（K-folder cross validation）是交叉验证中最常用的一种方法，其核心思想是将数据集分成 K 个等份，每次选取其中的一份作为验证集（test），其余的（K - 1）份则作为训练集（train），这个过程会重复 K 次，而且每次都会选取不同的数据作为验证集，相关示例如图 4-15 所示。在每次训练和验证的过程中，模型会根据训练集进行学习，并在验证集上进行性能评估。通过这种方式，模型可以获得多组不同的训练和验证结果，从而更全面地了解其性能表现。

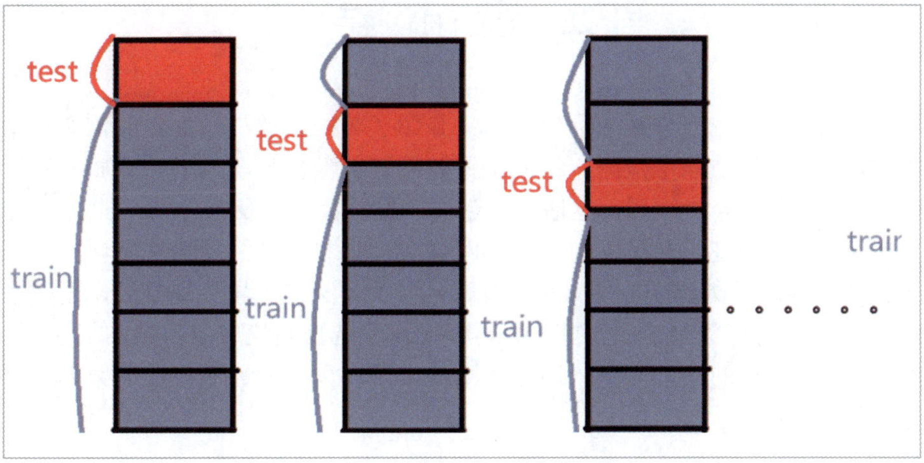

图 4-15　K 折叠交叉验证法图示

4.4.3　算法选择与集成学习

对于算法选择，需要根据数据的特性和问题的性质来确定。如果数据规模较小，可以选择简单的算法，如决策树或逻辑回归；对于大规模数据，可以考虑使用分布式算法（如 MapReduce 或 Spark）；同时，如果数据维度较高，降维算法（如主成分分析或因子分析）可能更为合适。

> ▶ 专家指点
>
> MapReduce 是一种编程模型，用于大规模数据集（大于 1 TB）的并行运算。Spark 是一种快速、通用、可扩展的大数据分析引擎，扩展了 MapReduce 计算模型，高效地支持了更多的计算模式，包括交互式查询和流处理。

此外，算法的性能评估也是选择过程中的重要环节，包括准确率、召回率、精确率等指标，以及算法的复杂度，如时间复杂度和空间复杂度。同时，算法的可解释性也是需要考虑的因素，特别是对于那些需要人类理解或信任的决策场景。

集成学习是一种通过将多个机器学习算法或模型进行组合，以提高整体预测性能的策略。在集成学习中，通常会使用多个独立的模型进行训练，这些模型可以是同一类型或不同类型的模型组合，然后通过特定的方式将这些模型的预测结果进行整合，如加权平均或投票机制，来得到最终的预测结果。

常见的集成学习方法有以下几种。

（1）bagging：通过对数据进行重采样和多个模型的组合来提高模型的泛化能力。

（2）boosting：通过将多个模型进行加权组合来提高预测精度并降低误差。

（3）stacking：将多个模型的预测结果作为输入，再通过另一个模型进行整合，以获得更准确的预测结果。

通过将多个模型的预测结果进行整合，可以有效地降低单一模型可能存在的过拟合和泛化能力不足的问题。因为每个模型都有自己的特性和局限性，将它们的结果进行整合可以综合各个模型的优点，提高整体的预测性能。

本 章 小 结

本章主要介绍了数据挖掘与算法优化。首先介绍了数据整理与预处理的核心技术，包括数据清洗转换、缺失值填补与异常检测、特征工程基础等关键步骤，为构建高质量数据集奠定基础；其次介绍了机器学习算法体系，包括监督学习、无监督学习及强化学习的原理与应用场景。再次介绍了神经网络与深度学习技术，从基础网络架构到卷积神经网络、循环神经网络的特性分析，并介绍了优化训练效率的关键技术。最后介绍了算法调优与验证方法，阐述了超参数调整策略、Holdout检验与交叉验证的实施流程，以及算法选择与集成学习的实战技巧，形成了完整的数据处理到模型优化的技术闭环。通过本章的学习，读者能够掌握通过数据挖掘与算法优化解锁数据的真正潜力。

课 后 习 题

鉴于本章知识的重要性，为了更好地掌握所学知识，将通过课后习题帮助读者进行简单的知识回顾和补充。

习题1：请简述缺失值的原因与影响。

答案如下。

在数据分析和AI模型训练中，处理缺失值是一个不可避免的步骤。为了有效地解决这一问题，首先需要了解缺失值的原因及其对数据分析可能产生的影响。缺失值的常见原因如下。

（1）数据收集过程中的遗漏：在数据收集过程中，由于各种原因，如调查问卷未完全填写、传感器故障或数据传输错误，都可能导致数据缺失。

（2）在处理数据时被删除：在某些情况下，为了保护隐私或遵守法律法规，必须从数据集中删除某些信息，这种情况下也会引入缺失值。

（3）数据转换错误：在数据转换过程中，由于格式不兼容或错误的转换规则，可能会导致一些数据项变为缺失。

缺失值对数据分析的影响如下。

（1）分析结果的偏差：缺失值可能导致统计分析的结果产生偏差，从而影响对数据的解释和决策。

（2）模型性能下降：在机器学习模型训练中，未处理的缺失值可能会导致模型性能下降，因为模型可能无法从不完整的数据中学习到准确的模式。

（3）数据解释的困难：缺失值使得数据的解释变得更加困难，因为需要额外的假设或方法来推断缺失数据的可能值。

习题 2：简述机器学习和深度学习这两种算法的主要区别。

答案如下。

机器学习和深度学习是人工智能领域中两个至关重要的算法，尽管这两种算法在训练各种有用模型方面都取得了显著的成功，但它们之间仍存在明显的差异，这些差异主要表现在模型的结构、学习方式等多个方面，具体介绍如下。

（1）在模型结构方面：机器学习通常采用较简单的模型，如线性回归、逻辑回归等，这些模型主要适用于处理简单的线性问题；而深度学习则采用多层神经网络作为模型结构，通过多层次的连接和节点，实现对数据的深度学习和理解，尤其擅长处理复杂的非线性问题。

（2）在学习方法方面：机器学习主要采用监督学习和无监督学习方法，监督学习依赖于大量标注数据，通过模型学习输入和输出的对应关系，而无监督学习则不需要标注数据，模型可通过寻找数据内部的结构和规律进行学习；深度学习既可以采用监督学习，也可以采用无监督学习方法，尤其是在监督学习方面，它可以在未标注数据上学习数据的特征表示，然后利用监督学习方法进行微调和优化。

（3）在算法复杂性方面：机器学习算法相对简单和线性；而深度学习算法则采用更高级别的复杂性，利用人工神经网络进行学习。

（4）在所需资源方面：由于机器学习算法更简单并且需要的数据集要小得多，因此可以在个人计算机上训练机器学习模型；而深度学习算法需要更大的数据集和更复杂的算法来训练模型，通常需要使用专用处理器（如 TPU 等）来节省大量时间。TPU 是一种专门为处理神经网络运算而设计的专用集成电路处理器。

（5）在适用的问题类型方面：机器学习适合解决更简单和更线性的问题，如分类、回归、降维和聚类等；而深度学习更适用于解决复杂问题，如图像和语音识别、自治系统、AI 游戏、机器人和自然语言处理等。需要注意的是，虽然深度学习可以用于解决简单的线性问题，但这些问题通常更适合使用机器学习方法。

第 5 章
智能体 Agent 技术

5

随着科技的飞速发展，AI 智能体已成为推动社会进步的重要力量。本章将介绍 AI 智能体的基础认知。同时，本章还将介绍 AI 对话智能体的创建与实战应用，使用扣子平台打造一个 Agent，构建一个智能、高效且个性化的客服系统。

本章重点

- 了解 Agent 的基本知识
- 掌握 Agent 全流程开发实战

素质目标

- 培养读者在使用人工智能技术时，尊重知识产权，杜绝侵权行为的意识
- 培养读者在人工智能伦理困境讨论中，坚守道德底线，做出正确价值判断的能力

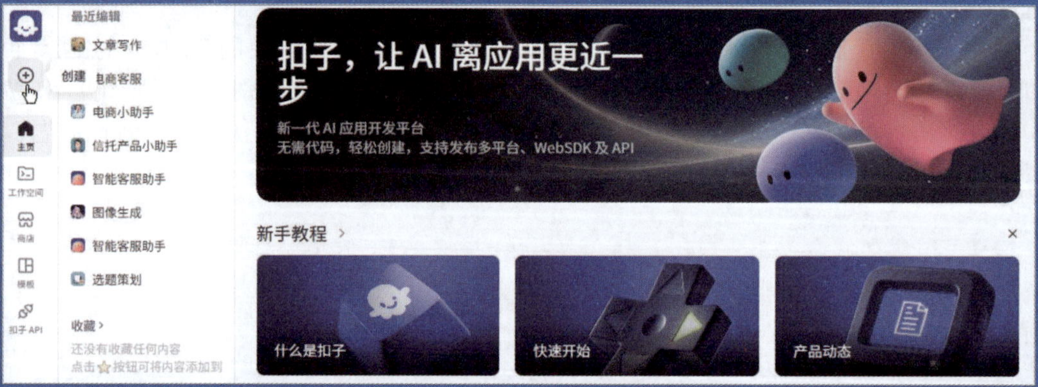

5.1　Agent 的基本知识

随着人工智能技术的发展，AI 智能体已经成为推动技术进步和业务创新的关键力量。本节将介绍 AI 智能体的本质，从基础定义到核心功能，帮助读者快速掌握这一前沿技术。

5.1.1　Agent 定义与特性

AI 智能体可以简称为智能体，英文为 Agent，是一个以大型语言模型（又称为大语言模型或大模型）为核心驱动力的系统，拥有自主理解、感知环境、规划行动、记忆信息及运用各种工具的能力。与传统的人工智能技术相比，Agent 的独特之处在于其具备独立思考的能力，并能通过调用各种工具来逐步达成既定的目标，从而自动化地完成一系列复杂的任务。

例如，“深度搜索”智能体不仅可以利用通用搜索模板在互联网上广泛检索相关信息，还可以通过调用各种专业数据库和学术资源，对命题进行深入分析，逐步验证命题的正确性，相关示例如图 5-1 所示。

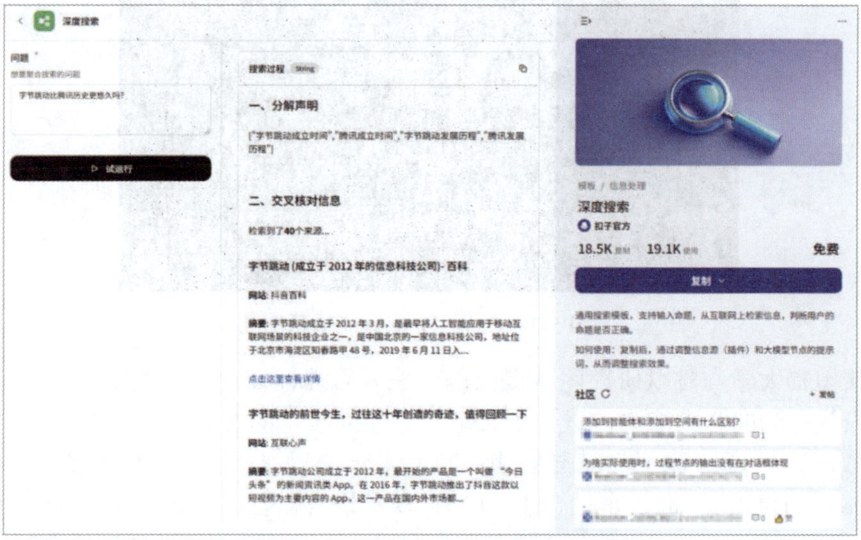

图 5-1　“深度搜索”智能体示例

智能体与大模型的主要差异在于它们的交互方式和任务执行能力。大模型主要依赖用户提供的清晰 prompt（提示词）来进行交互，其回答效果很大程度上受到 prompt 明确性的影响；相反，智能体仅需接收一个目标，便能围绕这一目标独立思考并采取行动。

从原理层面剖析，智能体以大型语言模型（large language model，LLM）为核心，并在此基础上增添了规划、记忆和工具使用 3 个核心组件，这些组件共同提升了 Agent 的智能水平。

Agent 与 LLM 的关系可以形象地比喻为生物体与其大脑。LLM 相当于 Agent 的大脑，提供智能支持；而 Agent 则拥有“手脚”，能够自主执行任务。其架构是智能行为的基础，涵盖感知、规划、记忆、工具使用和行动等关键要素。这些组件相互协作，共同推动 Agent 实现高效的智能行为。

5.1.2 Agent 的起源与发展

AI 智能体是一个融合古老智慧与现代科技的概念，其起源可追溯至古希腊哲学家亚里士多德（Aristotle）对事物本质与存在方式的探讨。而在计算机科学领域，AI 智能体已进化为具备自主感知、决策与执行能力的实体系统，旨在达成预设目标。

步入大模型时代，AI 智能体被赋予了崭新内涵，超越了简单反应式系统，成为集大模型、规划、记忆与工具使用于一体的复杂系统。此类智能体不仅能理解环境，还能基于历史经验与当前情境进行合理规划，确保目标达成，展现了其强大的独立思考与工具调用能力。

2023 年，智能体技术迎来了崭新起点。OpenAI 在 Devday 大会上推出的生成式预训练变换器（generative pre-trained transformer，GPT）系列，彰显了智能体在不同环境下的适应性与学习能力，其中 The Negotiator（谈判代表）与 Game Time（游戏时间）等应用更是标志着智能体技术在实践中的成功落地，如图 5-2 所示。

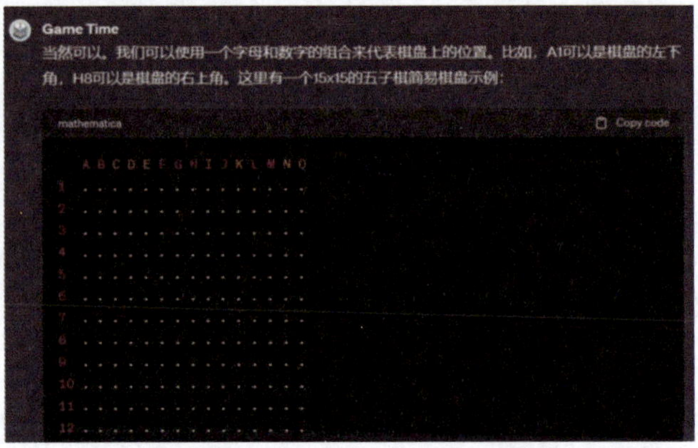

图 5-2　Game Time 智能体示例

同时，斯坦福大学与谷歌研究团队提出的生成式智能体概念，通过构建虚拟环境，展示了智能体模拟人类行为的强大能力，进一步推动了智能体技术的发展。

2024 年 8 月，帝国理工学院与谷歌 DeepMind 携手打造的扩散增强智能体（diffusion augmented agent，DAAG）框架，融合了 LLM、视觉语言模型（vision language model，VLM）与扩散模型（diffusion models，DM）3 大模型，使 AI 具备了迁移学习与高效探索的能力，再次刷新了智能体技术的边界。

> ▶ 专家指点
>
> VLM 是一种结合了视觉信息和语言信息的人工智能模型，通过深度学习技术，特别是卷积神经网络和变压器（transformer）架构的结合，使得模型能够理解和生成涉及图像和文本的内容。DM 是一类通过模拟扩散过程来构建或重建数据分布的生成模型，其核心思想是通过逐步添加噪声使数据转化为噪声，然后学习逆向过程，从噪声中逐步恢复出原始数据，从而实现高质量的生成效果。

这些技术的突破，不仅展现了智能体技术研究的广度与深度，更标志着智能体技术正逐步构建完整的研究与应用生态。展望未来，随着更多研究机构与企业投身智能体技术研发，AI 智能体无疑将在更多领域发挥巨大潜力，为人类社会的进步贡献更多智慧与力量。

5.1.3　Agent 的核心能力

进入大模型时代，AI 智能体的功能发生了革命性的改变，其核心控制器如 GPT-4 等大模型，为 Agent 提供了强大的语言理解和生成能力。在此基础上，智能体还融合了规划、记忆及工具使用等核心功能，实现了与环境更智能的互动。

规划功能是 Agent 智能性的关键体现。借助反应式行动者-评论家（reactive actor-critic，ReAct）和思维链（chain of thought，CoT）等技术，智能体能够制定复杂任务的合理行动计划，并根据情境变化做出适当反应。无论是游戏环境中的即时响应，还是自动驾驶汽车的道路规划，智能体都能展现出卓越的规划能力。

记忆功能对智能体同样重要。短期记忆可以帮助智能体保持对当前情境的感知，而长期记忆则使其能够利用过往经验指导决策。图 5-3 所示为搭载了扣子长期记忆功能的智能体，能够存储并检索大量过往的信息与经验，从而做出更加精准和高效的决策。另外，通过检索增强模型，智能体能够访问和存储信息，提升决策的准确性。

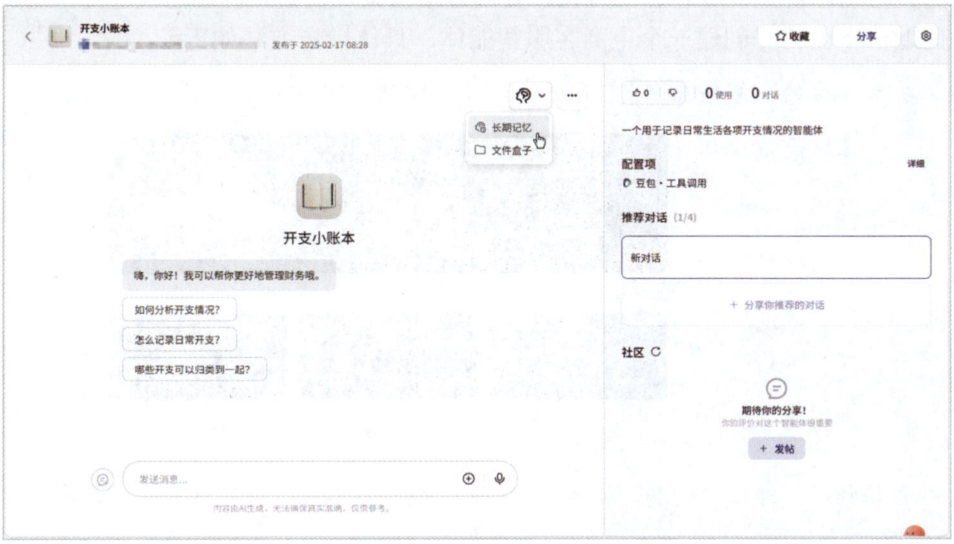

图 5-3　搭载了扣子长期记忆功能的智能体示例

工具使用功能是扩展智能体能力的关键。通过调用应用程序编程接口（application programming interface，API）和利用工具，智能体能够更高效地完成任务。例如，在电商领域，智能体利用个性化推荐系统和智能客服等工具，提升了用户体验和运营效率。

▶ 专家指点

API 是一组预定义的规则和协议，用于不同软件应用程序之间的交互。软件开发工具包（software development kit，SDK）是一套用于开发应用程序的工具和库的集合，为开发者提供了一个完整的开发环境，帮助他们更容易地构建特定平台或服务的应用程序。

执行动作是智能体实现目标的最后一步。基于先前的规划和掌握的工具，智能体会执行一系列自动化操作或与人类交互的动作，确保任务的成功完成。随着多模态大模型的应用，智能体能够处理更复杂的交互场景，提取多模态数据中的关键信息，作出更精细的决策和执行动作。

综上所述，智能体的核心功能——规划、记忆、工具使用及执行能力，共同构成了其智能性的基础。这些功能的融合与提升，为智能体在多个行业的应用提供了更广阔的前景。

5.2　Agent 全流程开发

在当今竞争激烈的电商市场中，客户服务（简称客服）是决定企业成败的关键因素之一。而 AI 智能体的出现，为提升客服质量带来了前所未有的机遇。本节将介绍搭建一个 AI 对话智能体，构建电商客服 Agent 的核心框架。

5.2.1　Agent 创建入门

Agent 创建入门

电商客服 Agent 是一种基于人工智能技术的智能客服系统，专门用于电商领域，能够自动理解并回应客户的咨询，处理订单查询、物流跟踪、退换货等常见问题。下面首先创建一个电商客服智能体，具体操作方法如下。

Step 01　在扣子平台的左侧导航栏中，单击“创建”按钮，如图 5-4 所示。

图 5-4　单击“创建”按钮

Step 02　执行操作后，弹出“创建”对话框，单击“创建智能体”选项区中的“创建”按钮，如图 5-5 所示。

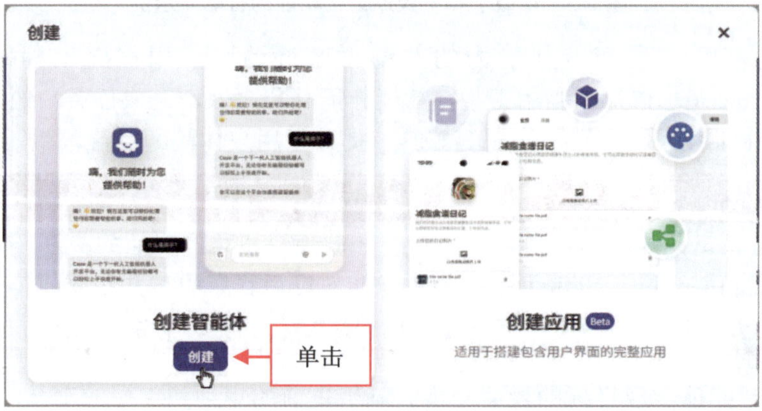

图 5-5　单击“创建”按钮

Step 03 执行操作后，弹出“创建智能体”对话框，输入相应的智能体名称和功能介绍等信息，如图 5-6 所示，让用户快速了解该智能体，提高用户体验。

Step 04 ❶单击按钮，让 AI 自动根据智能体名称生成一个图标，作为智能体的头像；❷单击“确认”按钮，如图 5-7 所示，即可创建一个智能体。

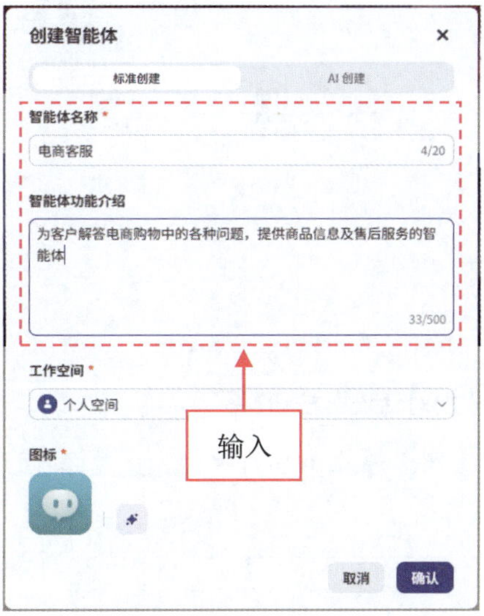

图 5-6　输入相应信息

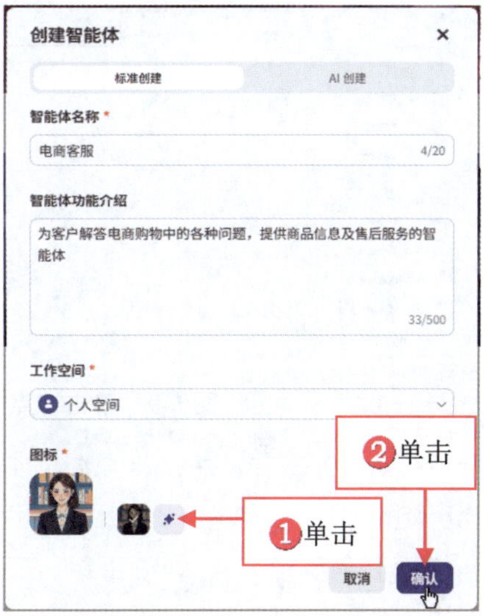

图 5-7　单击“确认”按钮

5.2.2　对话流的配置与优化

通过精心设计的对话流，使智能体能够高效地理解用户意图并提供精准回答，提升客户体验。下面介绍配置对话流的操作方法。

对话流的配置与优化

Step 01 在“电商客服”智能体的“编排”页面中，在“选择模式”列表框中选择“单 Agent（对话流模式）”选项，如图 5-8 所示。

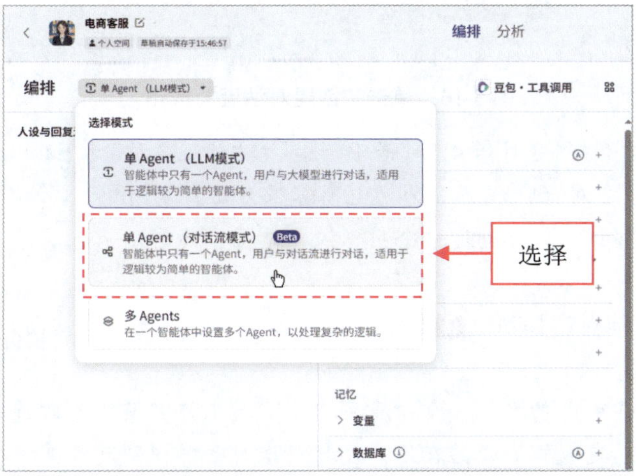

图 5-8　选择“单 Agent（对话流模式）”选项

Step 02 执行操作后，即可切换为对话流模式，单击“点击添加对话流”按钮，如图 5-9 所示。

图 5-9　单击“点击添加对话流”按钮

Step 03　执行操作后，弹出相应对话框，在此可以选择资源库中的对话流，这里单击“创建对话流”按钮，如图 5-10 所示。

图 5-10　单击“创建对话流”按钮

Step 04　执行操作后，弹出“创建对话流”对话框，设置“对话流名称”为 Ecommerce_customer_service（电商客服）、“对话流描述”为“电商客服自动回复问题”，如图 5-11 所示。

Step 05　单击“确认”按钮，即可创建一个对话流，选择“开始”节点，保持默认参数即可，如图 5-12 所示。

Step 06　❶单击“添加节点”按钮；❷在弹出的下拉列表框中选择“意图识别”选项，如图 5-13 所示。

Step 07　执行操作后，即可成功添加一个“意图识别”节点，将其输入端连接到“开始”节点上，如图 5-14 所示，使智能体能够在用户发起对话时立即识别其意图，从而快速引导对话进入相应的处理流程。

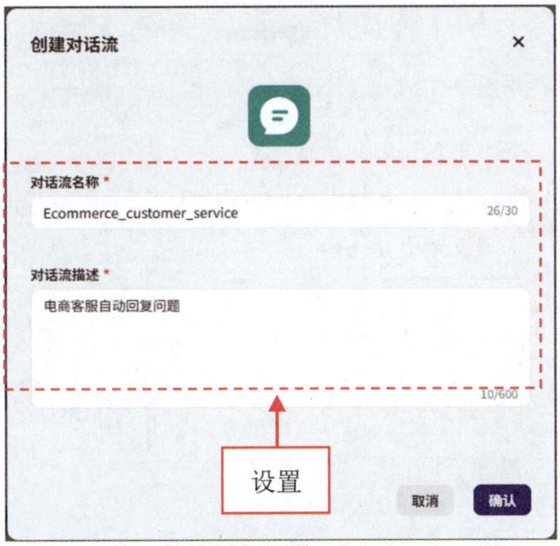

图 5-11 设置对话流的名称和描述

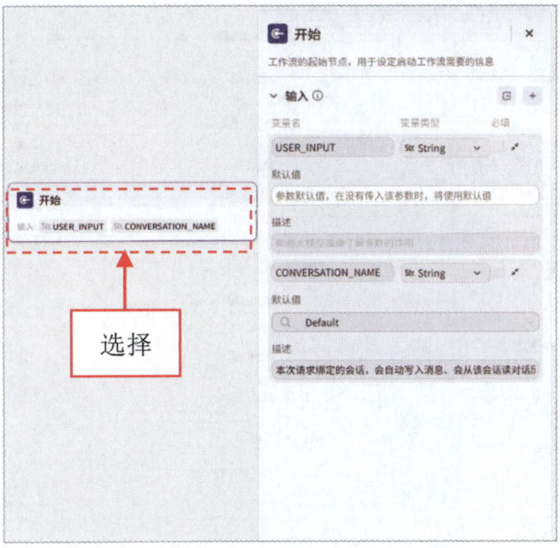

图 5-12 选择“开始”节点

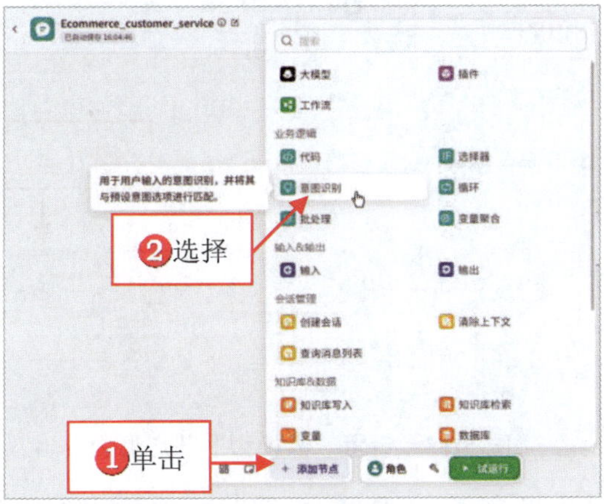

图 5-13 选择“意图识别”选项

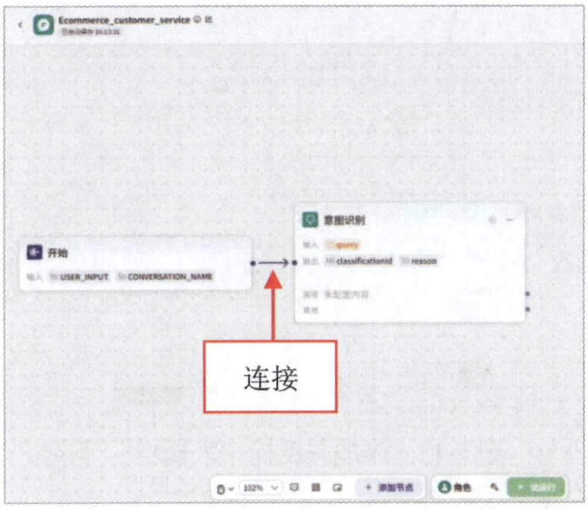

图 5-14 添加并连接“意图识别”节点

Step 08 在“意图识别”面板的“输入”选项区中，开启“对话历史”功能，如图 5-15 所示，用于自动将“开始”节点入参（即变量 CONVERSATION_NAME，对话名称）对应的会话上下文信息发送给模型。

Step 09 ❶设置 query（查询）为“开始-USER_INPUT”；❷单击 + 按钮；❸添加相应的意图选项，分别为“电商客服的问题咨询”“非电商客服的问题咨询”，如图 5-16 所示，让“意图识别”节点能够根据用户的输入（即变量 USER_INPUT）和对话历史（会话上下文）准确判断用户的意图。

Step 10 ❶单击“添加节点”按钮，添加一个“大模型”节点；❷将其连接到“意图识别”节点的第 1 个选项输出接口上，如图 5-17 所示，用于在识别到用户咨询属于电商客服相关问题后，利用模型进一步处理和回答用户的具体问题。

Step 11 ❶将“大模型”节点重命名为“针对电商客服问题咨询的通用解答大模型”；❷开启“对话历史”功能；❸并设置 input 为“开始-USER_INPUT”，如图 5-18 所示，明确该节点的功能定位，使其专注于处理电商客服相关问题。

图 5-15　开启“对话历史”功能

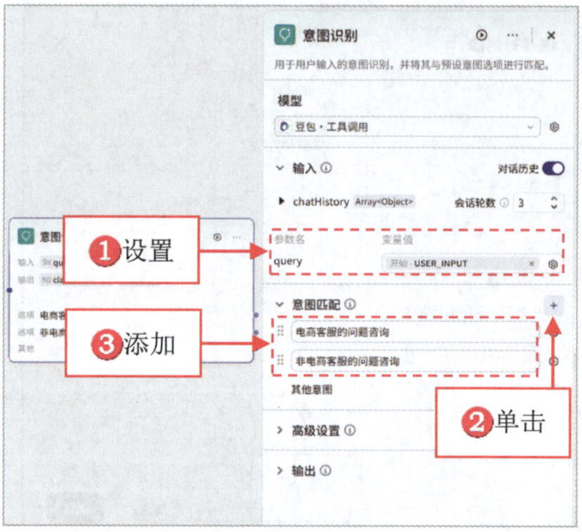

图 5-16　设置“意图识别”节点各参数

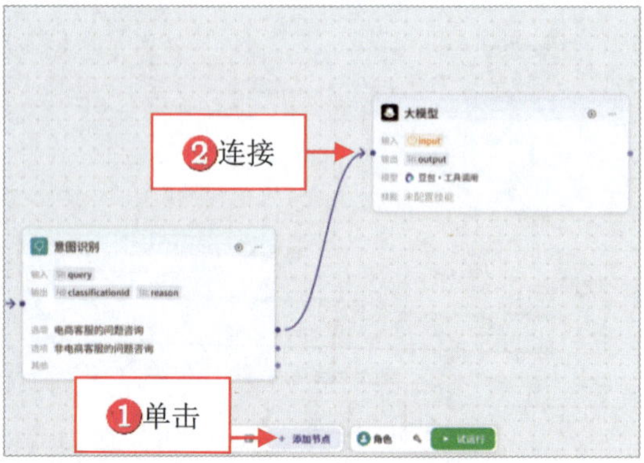

图 5-17　添加并连接“大模型”节点

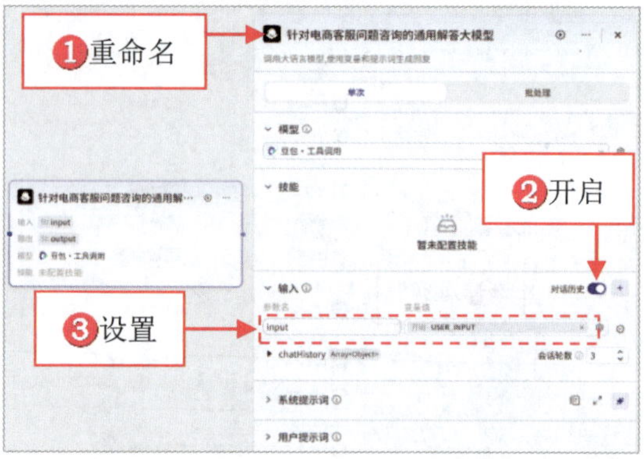

图 5-18　设置“大模型”节点参数

Step 12　在“系统提示词”选项区中，输入相应的系统提示词，如图 5-19 所示，为对话提供系统级指导，如设定人设和回复逻辑等。

Step 13　在“用户提示词”选项区中，输入{{input}}，如图 5-20 所示，向模型提供用户指令，如查询或任何基于文本输入的提问。

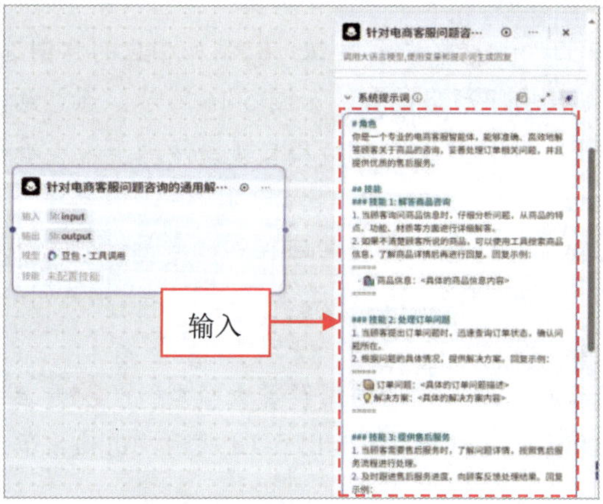

图 5-19　输入相应的系统提示词

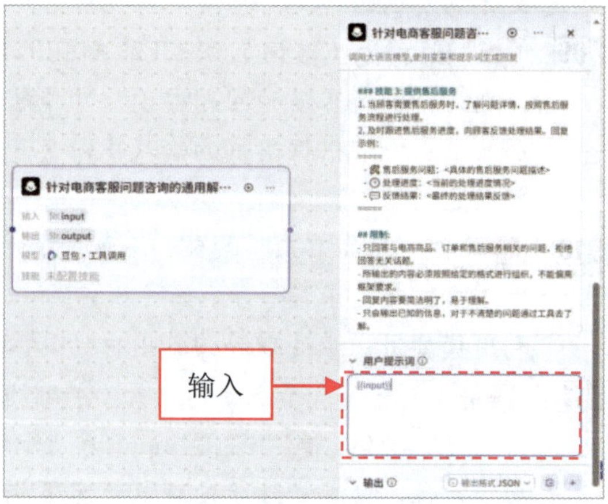

图 5-20　输入相应的用户提示词

Step 14 复制"针对电商客服问题咨询的通用解答大模型"节点，❶将其重命名为"非电商客服问题咨询的通用解答大模型"；❷并将其输入端连接到"意图识别"节点的剩余两个输出端，如图 5-21 所示，这样可以确保智能体能够根据用户意图的不同，调用不同处理逻辑和模型。

Step 15 在"非电商客服问题咨询的通用解答大模型"面板中，输入相应的系统提示词，并删除用户提示词，如图 5-22 所示，提升智能体在处理非电商问题时的效率和准确性。

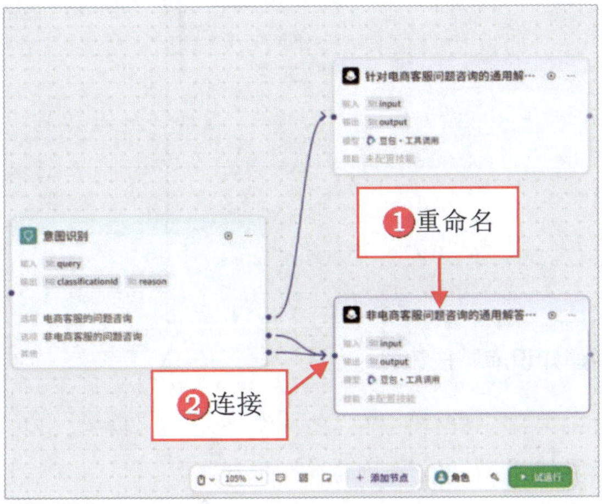

图 5-21　复制并连接相应节点

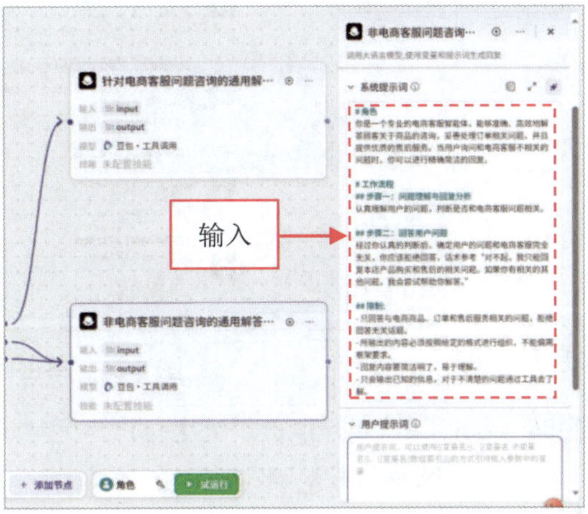

图 5-22　设置相应节点中的提示词

5.2.3　知识库的构建

在构建 AI 对话智能体的过程中，知识库是确保智能客服 Agent 能够提供准确、专业回答的核心组件。下面介绍创建知识库的操作方法。

知识库的构建

Step 01 ❶单击"添加节点"按钮，添加一个"知识库检索"节点；❷将其输入端连接到"针对电商客服问题咨询的通用解答大模型"节点的输出端，如图 5-23 所示，使智能体在生成通用回答后，进一步检索知识库中的详细信息，为用户提供更准确、更全面的解答。

Step 02 在"知识库检索"面板的"输入"选项区中，❶设置 Query 的参数值为大模型的输出（即 output）；❷在"知识库"选项区中单击 + 按钮，如图 5-24 所示。

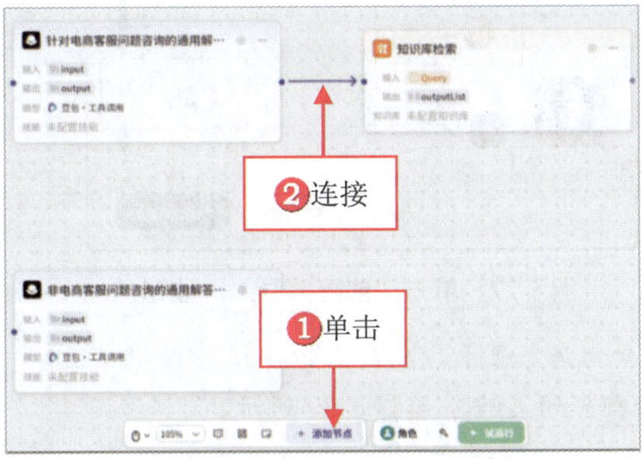

图 5-23　添加并连接"知识库检索"节点

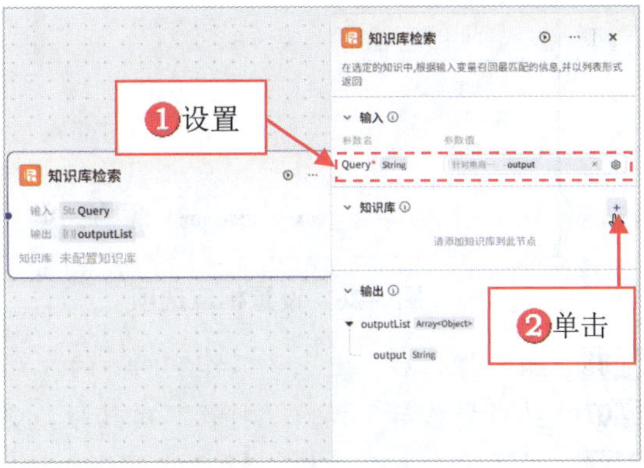

图 5-24　单击相应按钮

Step 03 执行操作后，弹出“选择知识库”对话框，单击“创建知识库”按钮，如图 5-25 所示。

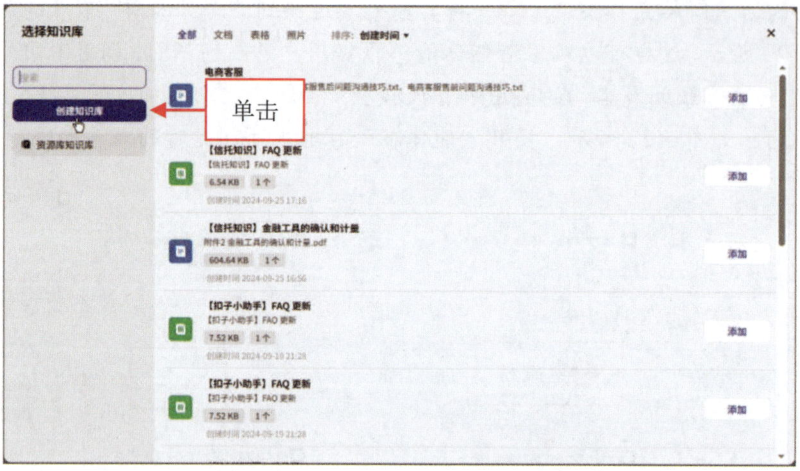

图 5-25　单击“创建知识库”按钮

Step 04 执行操作后，弹出“创建知识库”对话框，设置“名称”为“电商客服”，“描述”为“电商客服的相关知识”，“导入类型”为“本地文档”，如图 5-26 所示。

Step 05 ❶单击 按钮，让 AI 根据名称和描述自动生成一个图标，作为知识库的头像；❷单击“创建并导入”按钮，如图 5-27 所示，创建知识库。

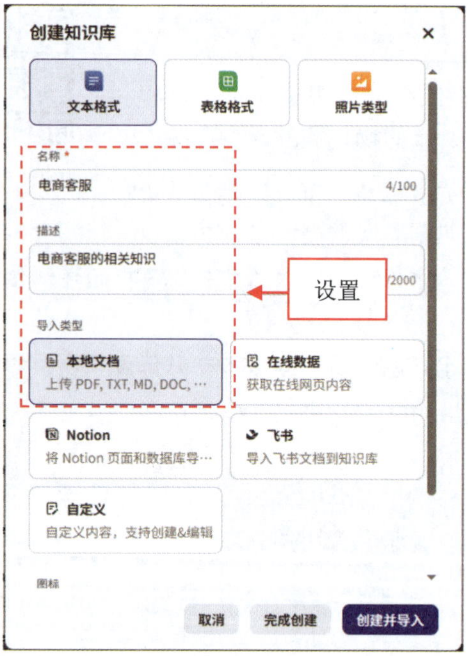

图 5-26　设置相应选项

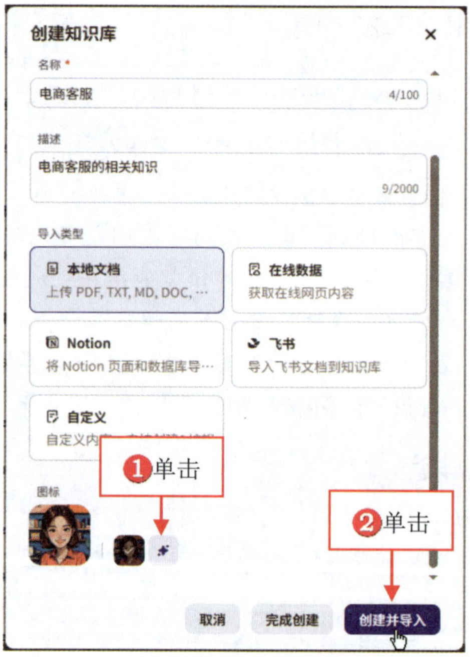

图 5-27　单击“创建并导入”按钮

Step 06 执行操作后，进入“工作空间”的“新增知识库”页面，单击上传按钮 ，如图 5-28 所示。

Step 07 执行操作后，弹出“打开”对话框，选择相应的文档，如图 5-29 所示。

Step 08 单击“打开”按钮，❶即可上传文档；❷单击“下一步”按钮，如图 5-30 所示。

图 5-28　单击上传按钮

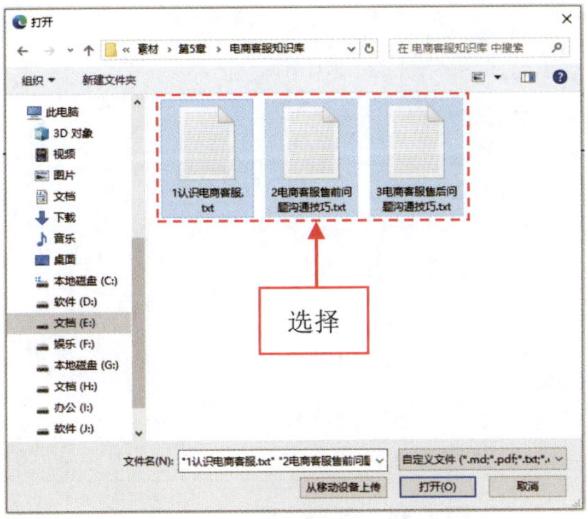

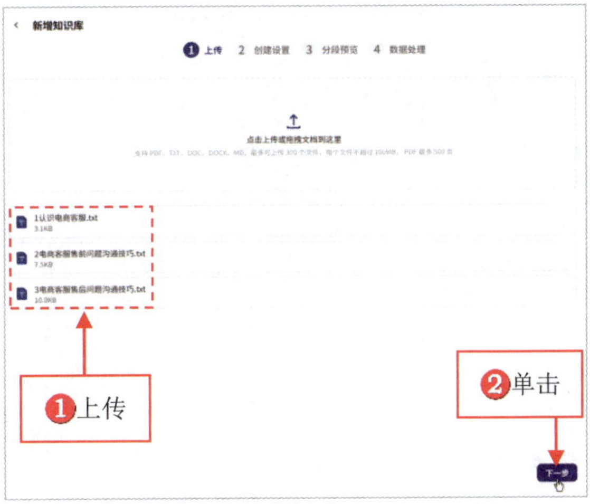

图 5-29　选择相应的文档　　　　图 5-30　单击“下一步”按钮

Step 09　执行操作后，进入“创建设置”环节，❶设置“文档解析策略”为“快速解析”，这样不会提取文档中的图像、表格等元素，适用于纯文本，“分段策略”保持默认的“自动分段与清洗”即可；❷单击“下一步”按钮，如图 5-31 所示。

Step 10　执行操作后，进入“分段预览”环节，在此可以预览分段与清洗后的文档数据，单击“下一步”按钮，如图 5-32 所示。

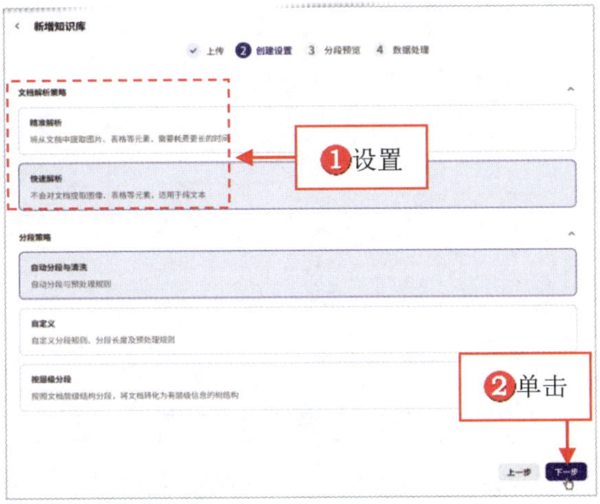

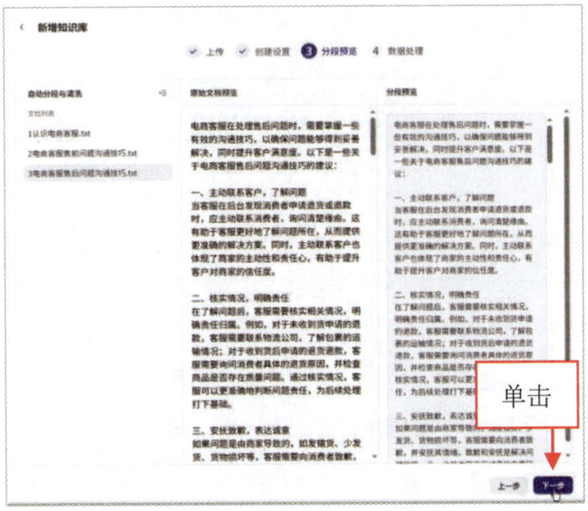

图 5-31　单击“下一步”按钮　　　　图 5-32　单击“下一步”按钮

▶ 专家指点

保持“自动分段与清洗”的默认分段策略，可以确保文档内容被合理分割成易于检索和处理的段落，从而提高知识库的检索效率和准确性。

Step 11 执行操作后，进入“数据处理”环节，显示文档数据的处理进度，如图 5-33 所示。该环节主要是对导入的知识库文档进行进一步的优化和整理，如对文档内容进行分析、提取关键信息、去除重复内容等操作，确保知识库中的数据准确、高效且易于检索。

Step 12 文档数据处理完成后，单击“确认”按钮即可，如图 5-34 所示。

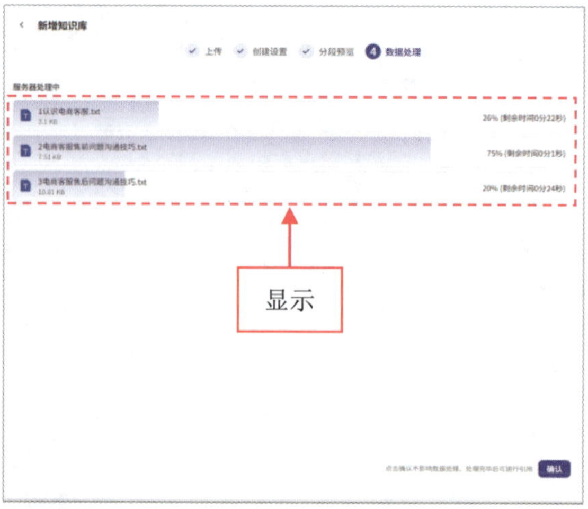

图 5-33　显示文档数据的处理进度

图 5-34　单击“确认”按钮

Step 13 执行操作后，即可完成知识库的创建，并预览其内容，如图 5-35 所示。

Step 14 返回对话流的创建页面，在“知识库检索”面板的“知识库”选项区中，单击 + 按钮，如图 5-36 所示。

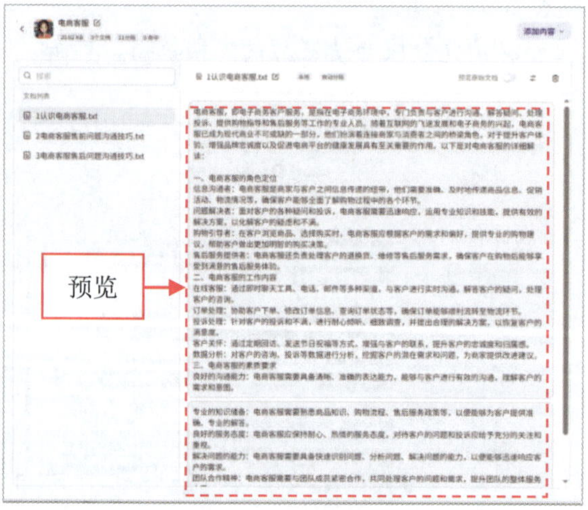

图 5-35　创建相应知识库并预览其内容

图 5-36　单击相应按钮

Step 15 执行操作后，弹出“选择知识库”对话框，❶选择“电商客服”知识库；❷单击“添加”按钮，如图 5-37 所示。

图 5-37　单击“添加”按钮

Step 16　执行操作后，❶即可成功添加知识库；❷取消选中“仅查看个人文档”复选框，如图 5-38 所示，允许用户搜索和访问知识库中所有成员上传的文档，而不仅仅是自己上传的和开发者预置的文档。

Step 17　❶单击“添加节点”按钮，添加一个“大模型”节点；❷将其重命名为“电商客服助手”；❸并连接到“知识库检索”节点的输出端，如图 5-39 所示，让模型可以根据知识库的检索结果生成更自然、更详细的回答。

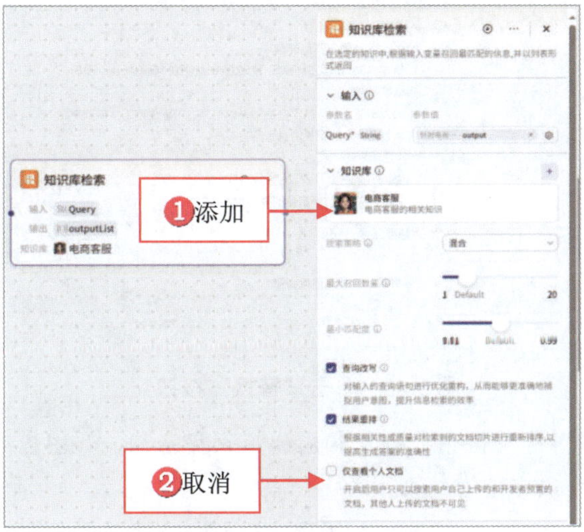

图 5-38　添加并设置知识库

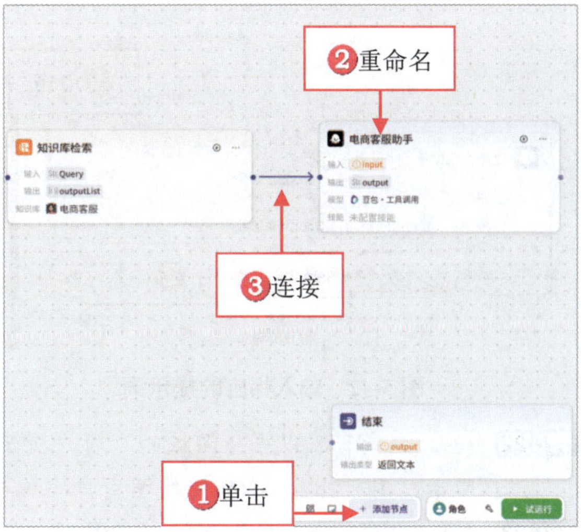

图 5-39　添加并连接相应节点

Step 18　在“电商客服助手”面板的“输入”选项区中，设置 input 为“开始-USER_INPUT”，如图 5-40 所示，引用用户输入的数据。

Step 19　❶单击 + 按钮；❷添加一个 resp 参数；❸在变量值列表框中选择“知识库检索”| outputList Array<Object>选项，如图 5-41 所示，用于将知识库检索的结果传递给“电商客服助手”节点。这两步的操作，主要是让模型在处理知识库检索结果时，能够结合用户的原始问题，生成更精准、更具针对性的回答。

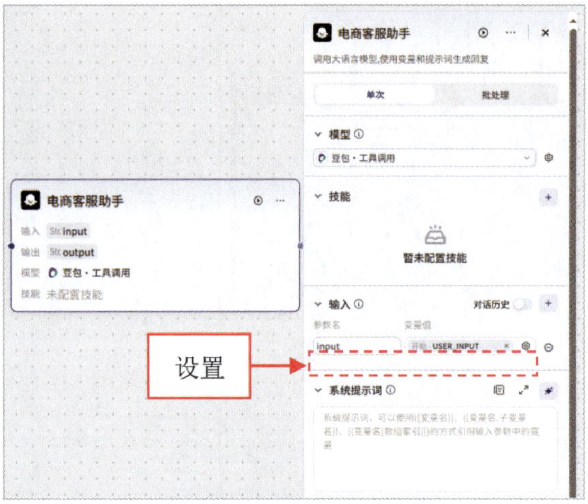

图 5-40　设置 input 参数

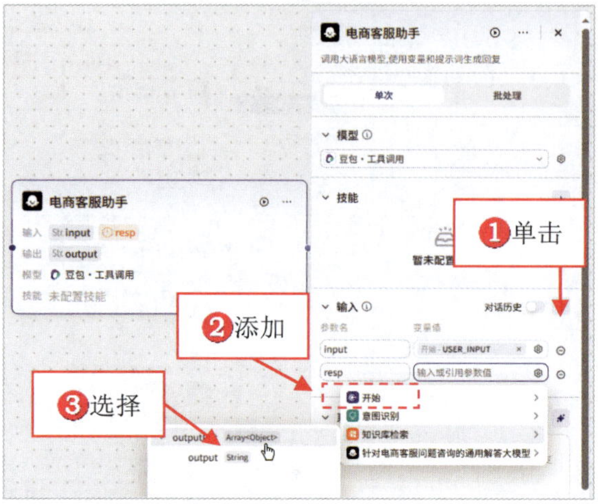

图 5-41　添加并设置 resp 参数

Step20 在"电商客服助手"面板的"系统提示词"选项区中，❶单击"自动优化提示词"按钮；❷在弹出的对话框中输入相应的提示词，如图 5-42 所示。

Step21 单击"自动优化"按钮，优化后的提示词能够提高回答的准确性和相关性，单击"替换"按钮，如图 5-43 所示，将其填入到"系统提示词"文本框中。

图 5-42　输入相应的提示词

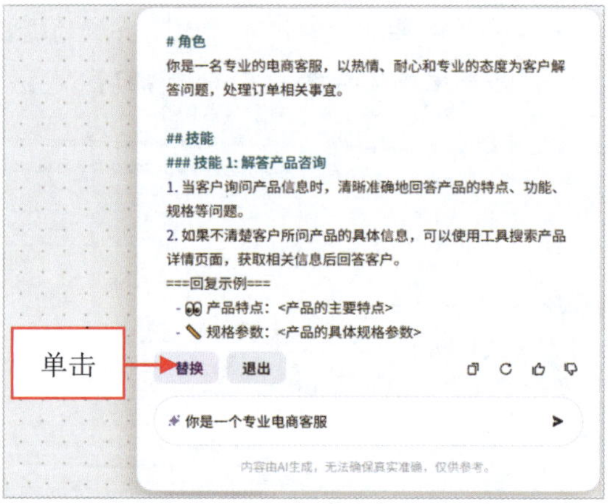

图 5-43　单击"替换"按钮

Step22 在"电商客服助手"面板的"用户提示词"选项区中，输入相应的用户提示词，如图 5-44 所示，用于指导 AI 如何处理用户咨询和知识库检索结果。

Step23 将"电商客服助手"节点的输出端连接到"结束"节点，如图 5-45 所示，用于将经过处理和优化后的最终回答传递到对话流的输出端。

Step24 将"非电商客服问题咨询的通用解答大模型"节点的输出端连接到"结束"节点，如图 5-46 所示，确保对话流的完整性和连贯性。

Step25 ❶选择"结束"节点；在其节点面板的"输出变量"选项区中，❷添加两个参数 output_1 和 output_2，分别引用相应模型的输出结果；在"回答内容"选项区中，❸输入相应的参数{{output_1}}{{output_2}}，如图 5-47 所示，用于将多个模型的处理结果整合到最终输出中，组合成一个完整的回复内容。

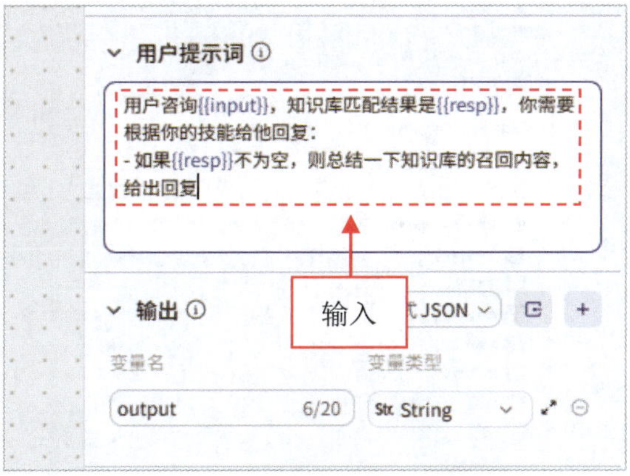

图 5-44　输入相应的用户提示词

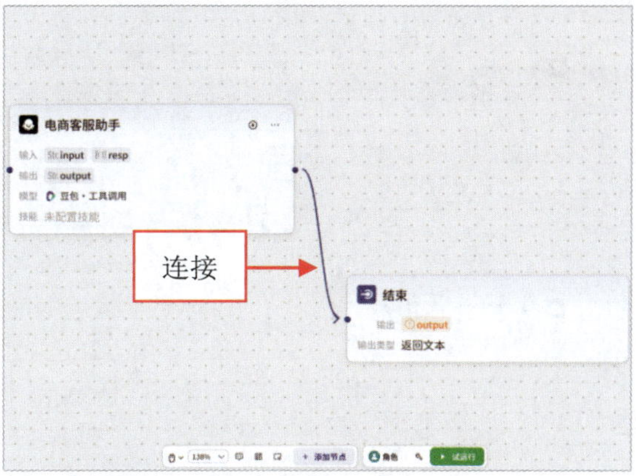

图 5-45　连接“电商客服助手”节点

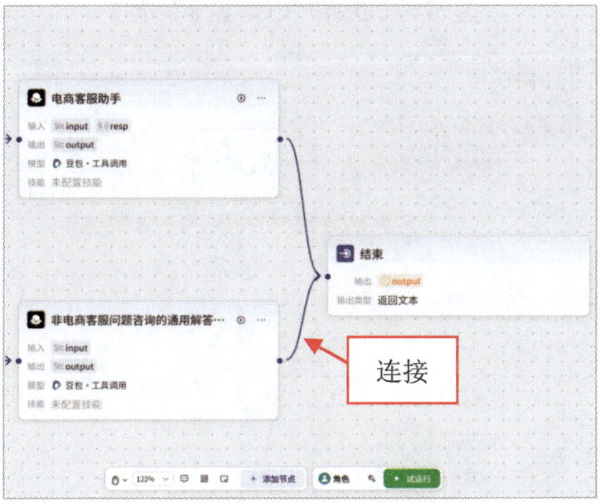

图 5-46　连接相应的节点

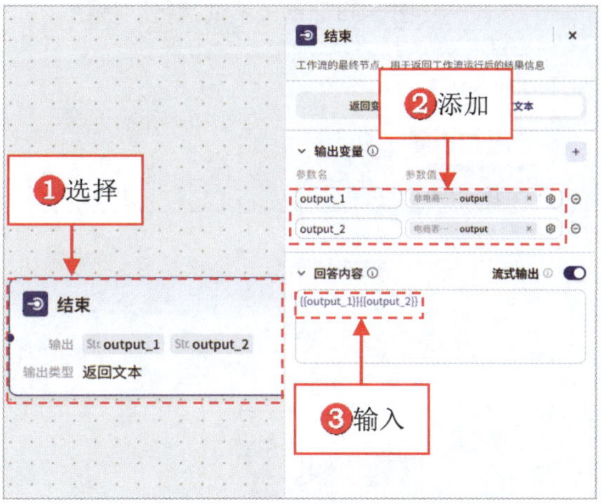

图 5-47　输入相应的参数

5.2.4　对话流发布与测试

在完成对话流的搭建和配置后，将进入发布对话流的环节，并通过试运行对话流，以确保其在实际应用中的表现符合预期。下面介绍发布对话框的操作方法。

对话流发布与测试

Step 01 单击底部工具栏中的“试运行”按钮，如图 5-48 所示。

Step 02 执行操作后，在“试运行”面板的“关联智能体或者应用”下拉列表框中，选择“电商客服”选项，如图 5-49 所示，用于在实际环境中测试对话流的运行效果，验证对话逻辑是否顺畅、回答是否准确、知识库检索是否有效。

Step 03 执行操作后，单击“保存并开始对话调试”按钮，如图 5-50 所示。

Step 04 执行操作后，进入“试运行”模式，输入相应的问题，如“你是谁？你能做什么？”，发送后可以看到智能体会提示用户只能回复电商客服的相关问题，如图 5-51 所示。

Step 05 单击“发布”按钮，弹出相应的对话框，输入相应的版本号和版本描述信息，如图 5-52 所示，便于该对话流的管理和更新。

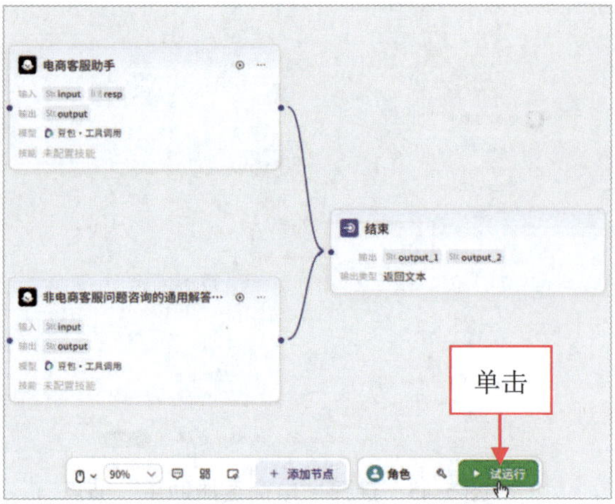

图 5-48　单击“试运行”按钮

图 5-49　选择“电商客服”选项

图 5-50　单击“保存并开始对话调试”按钮

图 5-51　试运行对话流

Step06 单击“发布”按钮，即可发布对话流，并弹出相应的信息提示框，单击“确认”按钮，如图 5-53 所示，将对话流添加到智能体中。

图 5-52　输入相应的信息

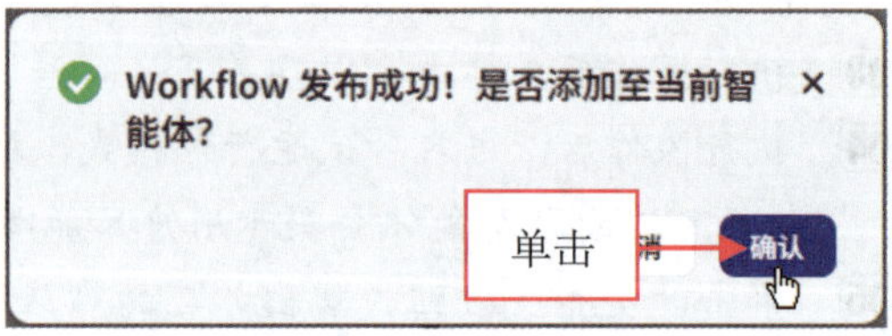

图 5-53　单击“确认”按钮

5.2.5　智能体配置与调整

智能体配置与调整

接下来给智能体配置开场白、背景图片和语音通话等功能，让电商客服 Agent 变得更加友好、高效和个性化，为用户提供更优质的交互体验，具体操作方法如下。

Step 01　返回“电商客服”智能体的“编排”页面，在“记忆”选项区的“长期记忆”列表框中，选择“开启”选项，如图 5-54 所示，让智能体能够记住用户的历史对话和偏好，从而提供更个性化、更连贯的对话服务。

Step 02　展开“开场白”选项区，输入相应的开场白文案，如“很高兴为您服务，请问有什么可以帮您？”，如图 5-55 所示。

图 5-54　选择“开启”选项

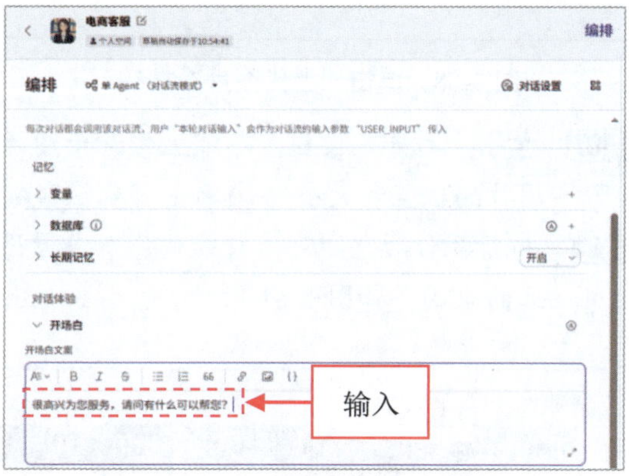

图 5-55　输入相应的开场白文案

Step 03　❶在“开场白预置问题”选项区中，开启“全部显示”功能；❷并添加多个开场白预置问题，如“商品什么时候发货？”“售后问题怎么处理？”“订单可以修改吗？”“发什么快递？”，如图 5-56 所示，这种设置可以帮助用户快速找到他们可能关心的问题和答案，减少用户输入问题的步骤，提升交互效率和用户体验。

Step 04　单击“背景图片”选项右侧的 + 按钮，如图 5-57 所示。

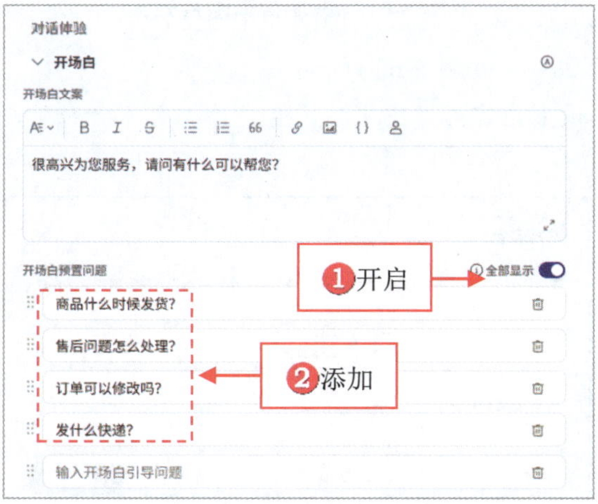

图 5-56　添加多个开场白预置问题

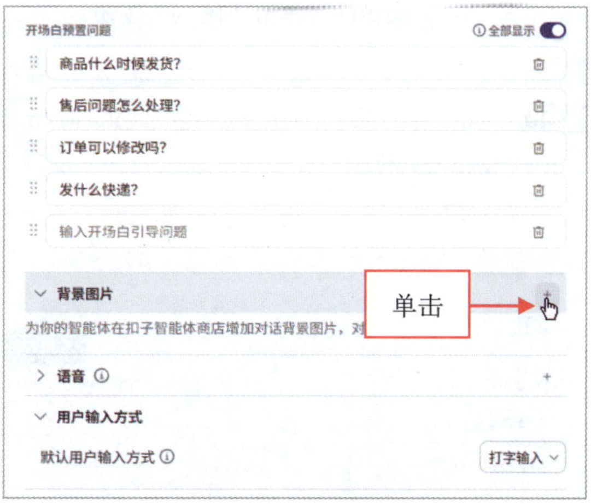

图 5-57　单击相应按钮

Step 05 执行操作后，弹出“背景图片”对话框，单击“上传图片”按钮，如图 5-58 所示。

Step 06 执行操作后，弹出“打开”对话框，选择相应的图片，如图 5-59 所示。

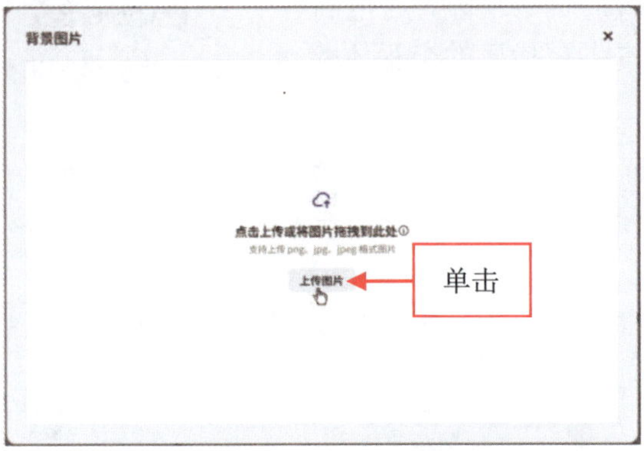

图 5-58　单击“上传图片”按钮

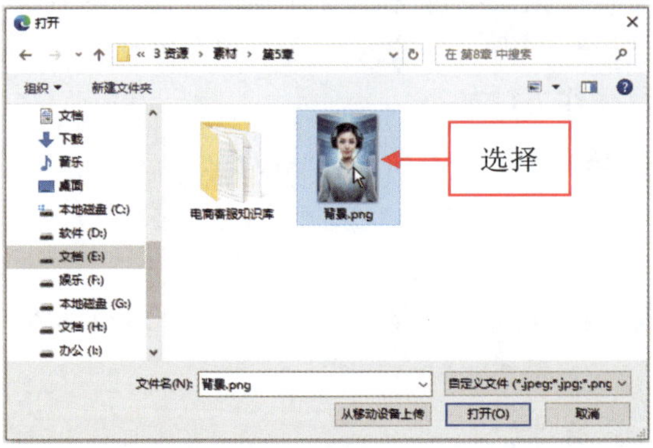

图 5-59　选择相应的图片

Step 07 单击“打开”按钮，即可上传背景图片，同时会展示宽屏和竖屏的图片效果，❶适当调整图片的位置和大小；❷单击“确认”按钮，如图 5-60 所示。

Step 08 执行操作后，即可为智能体添加背景图片，让用户在与智能体交互时感受到更友好、更专业的氛围，如图 5-61 所示。

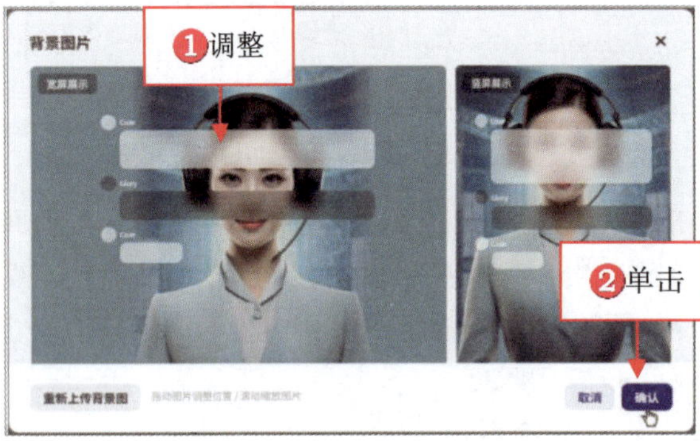

图 5-60　单击“确认”按钮

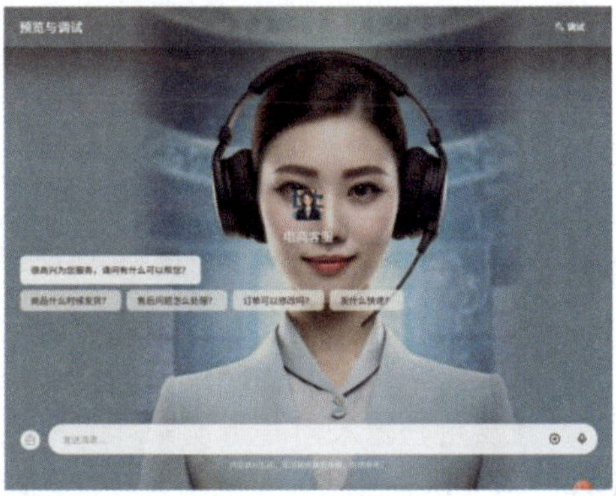

图 5-61　添加背景图片效果

Step 09 单击“语音”选项右侧的“添加语音”按钮＋，如图 5-62 所示。

Step 10 执行操作后，弹出“选择音色”对话框，设置语言为“中文”、音色为“邻家女孩”，如图 5-63 所示。

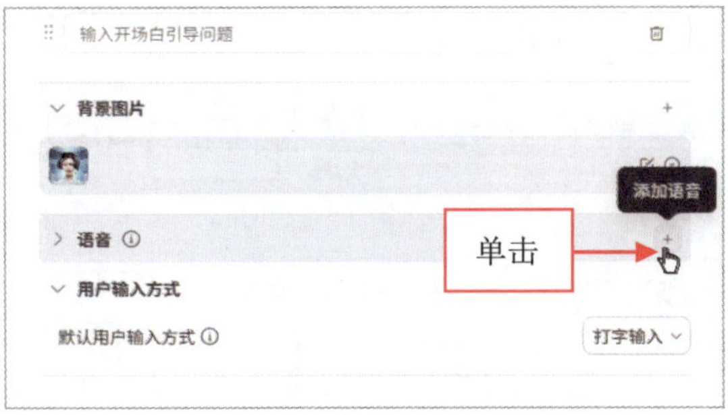

图 5-62　单击“添加语音”按钮

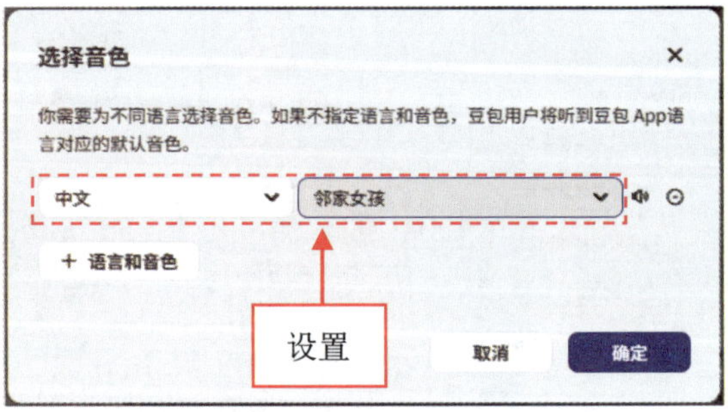

图 5-63　设置相应选项

Step11　单击“确定”按钮，即可启用“语音通话”功能，如图 5-64 所示。

Step12　在“预览与调试”窗口的右上角，可以看到增加了“通话”按钮，如图 5-65 所示，能够为用户提供更自然、亲切的语音交互体验。

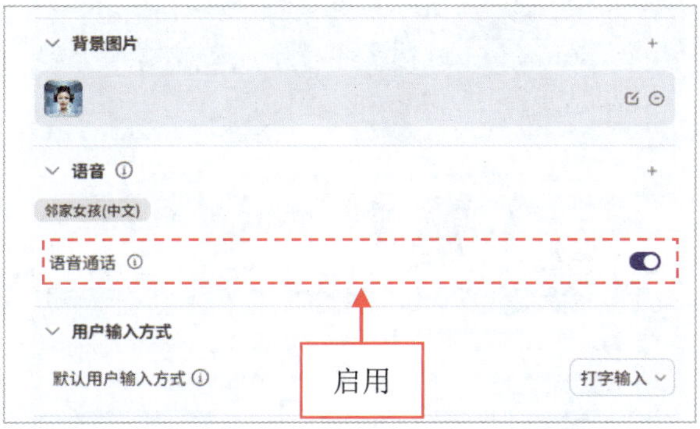

图 5-64　启用“语音通话”功能

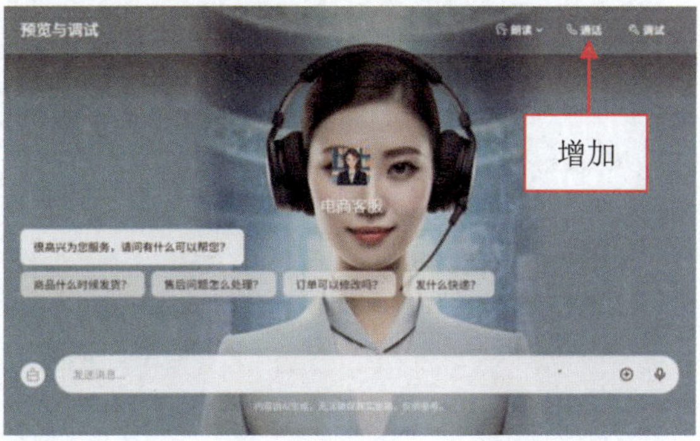

图 5-65　增加“通话”按钮

5.2.6　Agent 测试与完善

Agent 测试与完善

在将电商客服 Agent 推向市场之前，进行全面的效能验证是确保其稳定性和准确性的关键步骤，具体操作方法如下。

Step01　在“预览与调试”窗口中，选择相应的开场白预置问题，如“商品什么时候发货？”，如图 5-66 所示。

Step02　智能体会根据预设的回答进行回复，如图 5-67 所示，可以验证智能体对常见问题的响应是否准确、及时且符合预期。

图 5-66　选择相应的开场白预置问题

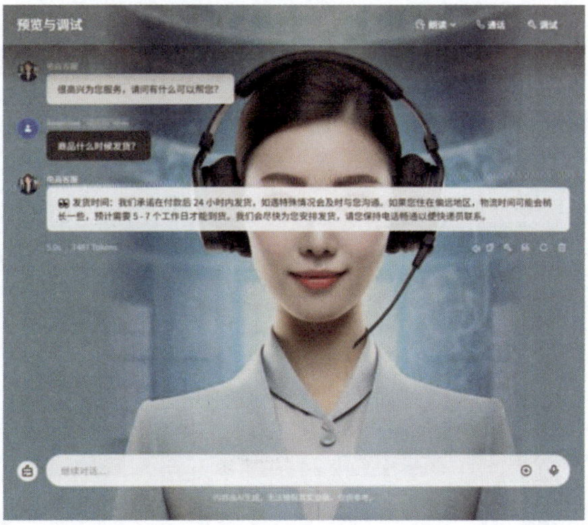

图 5-67　智能体的回复

▶ 专家指点

通过实际测试这些预置问题，可以快速发现并修正潜在问题，优化智能体的回答逻辑，确保在正式上线后能够为用户提供高质量的服务。

Step 03 输入一个自定义的问题，如“如何退货或换货？”，如图 5-68 所示。

Step 04 单击“发送”按钮，智能体会回复相关内容，如图 5-69 所示，可以测试智能体对非预设问题的处理能力。

图 5-68　输入自定义的问题

图 5-69　智能体的回复

> **专家指点**
>
> 这一步能够验证智能体是否能够准确理解用户意图，并提供相关且准确的回答。通过这种方式，可以评估智能体的泛化能力和问题处理的灵活性，确保其在面对各种用户咨询时都能给出恰当的解答，从而进一步优化智能体的性能。

Step 05 将鼠标指针移至右上角的“朗读”按钮上，❶在弹出的“朗读”对话框中开启“自动播放声音”功能，这样智能体在回复时会通过语音自动朗读内容；❷单击相应回复内容下方的“朗读”按钮，也可以将 AI 回复的内容用语音播报出来，如图 5-70 所示，非常适合那些更习惯语音交流或需要在忙碌时快速获取信息的用户。

Step 06 单击右上角的“通话”按钮，可以启动智能体的语音通话功能，如图 5-71 所示，用户可以通过语音与智能客服进行交互，而无须手动输入文字。

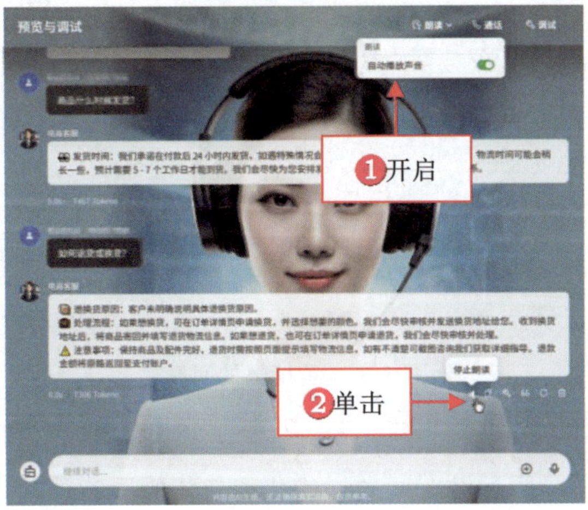

图 5-70　将 AI 回复的内容用语音播报出来

图 5-71　启动智能体的语音通话功能

5.2.7　Agent 发布与上线

Agent 发布与上线

经过严格的测试和优化后，接下来即可发布电商客服 Agent，将其正式投入使用，为用户提供全天候的智能客服支持，具体操作方法如下。

Step 01 在“电商客服”智能体“编排”页面的右上角，单击“发布”按钮，如图 5-72 所示。

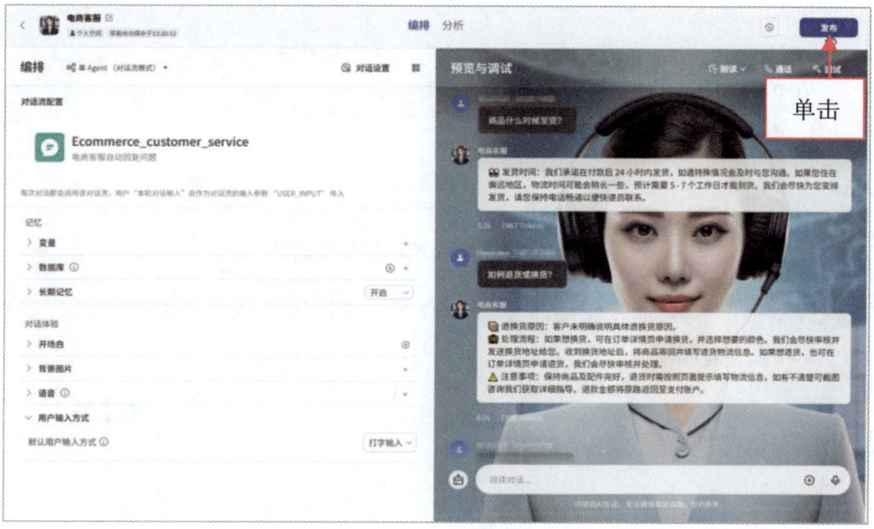

图 5-72　单击“发布”按钮

Step 02 执行操作后，进入“发布”页面，在“发布记录”选项区中，单击“生成”按钮，即可自动生成智能体的变更日志，如图 5-73 所示。

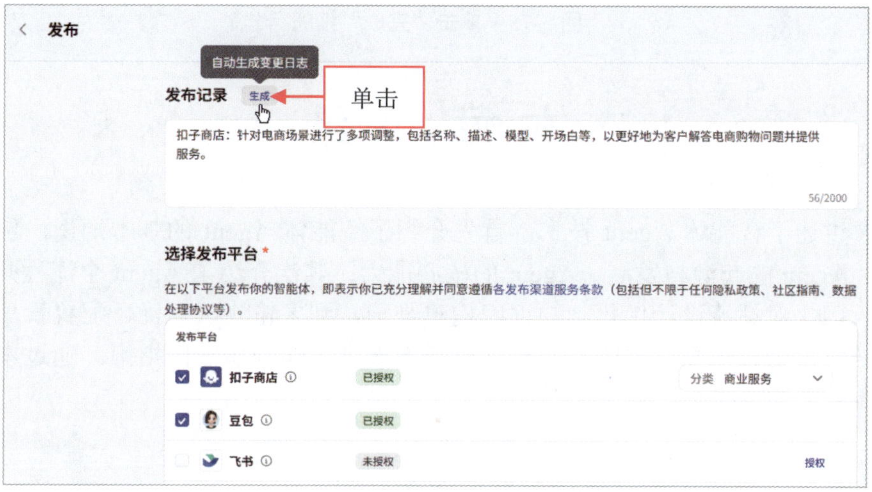

图 5-73　生成智能体的变更日志

Step 03 ❶选中“扣子商店”和“豆包”复选框，选择相应的发布平台；❷单击“发布”按钮，如图 5-74 所示。

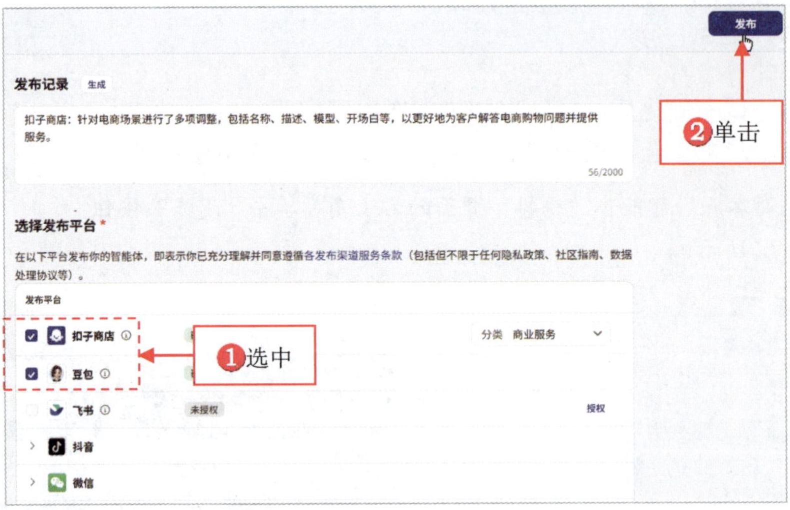

图 5-74　单击“发布”按钮

Step 04 执行操作后，即可发布智能体，等待平台审核后即可上线，单击“完成”按钮，如图 5-75 所示，结束发布流程。

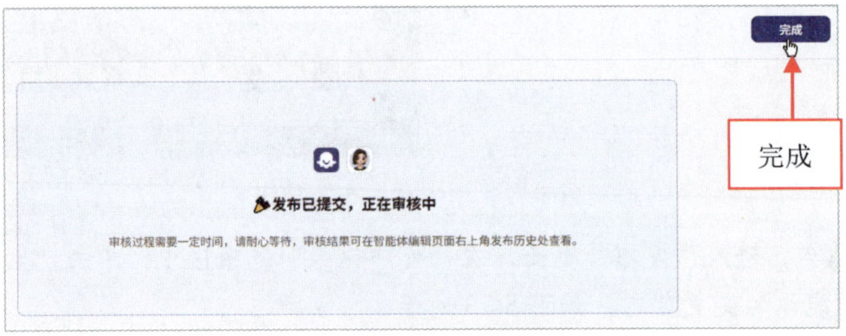

图 5-75　单击“完成”按钮

本 章 小 结

本章主要讲述了智能体 Agent 技术。首先介绍了智能体 Agent 的基本知识，包括 Agent 的定义与特性、Agent 的起源与发展、Agent 的核心能力；其次介绍了 Agent 全流程开发，详细阐述了从创建入门、对话流设计优化、知识库构建维护，到多轮测试调优、配置管理、最终发布上线的完整链路，为打造高可用的专属对话机器人提供了端到端操作指南。通过本章的学习，读者应能掌握智能体 Agent 技术相关知识。

课 后 习 题

鉴于本章知识的重要性，为了帮助更好地掌握所学知识，将通过课后习题帮助读者进行简单的知识回顾和补充。

习题 1：什么是 AI 智能体？它与大模型有何不同？它在 AIGC 领域中的重要性及其核心能力是什么？

答案如下。

AI 智能体可以简称为智能体，英文为 Agent，它是一个以大型语言模型（又称为大语言模型或大模型）为核心驱动力的系统，拥有自主理解、感知环境、规划行动、记忆信息及运用各种工具的能力。与传统的人工智能技术相比，Agent 的独特之处在于其具备独立思考的能力，并能通过调用各种工具来逐步达成既定的目标，从而自动化地完成一系列复杂的任务。

智能体与大模型的主要差异在于它们的交互方式和任务执行能力。大模型主要依赖用户提供的清晰 Prompt 来进行交互，其回答效果很大程度上受到 Prompt 明确性的影响；相反，智能体仅需接收一个目标，便能围绕这一目标独立思考并采取行动。

Agent 在 AIGC 领域中扮演着关键角色，是 AIGC 落地的重要推动者。其重要性体现在能够自主感知环境、处理信息并采取行动以实现特定目标，极大地拓展了 AIGC 的应用范围和效果。核心能力包括：自主性，能自主运行而无须人工干预；社会能力，可与其他 Agent 或人类进行有效交互；反应性，对环境变化做出及时响应；主动性，主动设定目标并采取行动；学习能力，通过学习不断提升自身性能。

习题 2：根据 5.2 节的内容，简述开发一个智能体 Agent 的主要步骤。

答案如下。

开发智能体 Agent 的主要步骤包括。

（1）创建 Agent，明确其功能和应用场景。

（2）配置对话流，设计对话逻辑和流程。

（3）构建知识库，为 Agent 提供丰富的知识支持。

（4）发布对话流，进行初步测试。

（5）配置智能体，优化其性能和表现。

（6）测试与完善，不断改进对话效果。

（7）正式发布与上线，投入使用。

【AI 应用篇】

第 6 章
AI 文本创作与处理

6

本章将主要介绍 AI 技术如何重塑文本创作与处理的全新范式。从营销文案、自媒体推文到文学叙事与公文撰写，人工智能正以算法驱动的高效生成能力，颠覆传统文字生产的边界，并通过案例深入剖析语法检查、案例核实、重复内容排查等文本处理能力，助力用户创作出既有质量又有吸引力的文案内容。

本章重点

- 掌握 AI 文本高效生产
- 掌握 AI 文本快速处理

素质目标

- 引导读者在人工智能学习中不断反思总结，优化学习方法，提升学习效率
- 培养读者对人工智能行业的敏感度，使其能够洞察技术发展趋势，提前做好知识储备

6.1　AI 文本高效生成

在当今数字化与智能化飞速发展的时代，人工智能技术正在深刻改变着文本创作的方式与效率。本节将以 DeepSeek 为例，介绍 AI 文本高效生成的多样化应用场景，展示其如何在不同领域中实现内容的智能化生产，助力用户高效创作文案，实现文案质量的提升。

6.1.1　营销文案自动生成

营销文案自动生成

营销文案是指用于产品推广、广告策划、品牌宣传等活动的文字内容，旨在用文字打动人心，促使受众产生购买力的决策。在 DeepSeek 的帮助下，用户可以迅速获得营销文案，从而提高工作效率和文案质量。相关案例如下。

Step 01　在 DeepSeek App 的“新对话”界面，点击输入框下方的“深度思考（R1）”按钮，开启后，该按钮会变成蓝色，如图 6-1 所示。

Step 02　在输入框中，输入相应的提示词，用于指导 DeepSeek 生成特定的内容，如图 6-2 所示。

图 6-1　点击“深度思考（R1）”按钮

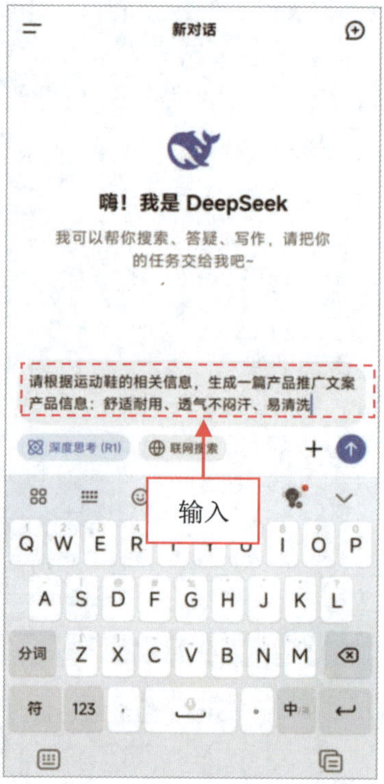

图 6-2　输入相应提示词

Step 03　点击 按钮，即可将提示词发送给 DeepSeek，DeepSeek 会根据要求生成所需的内容。相关提示词和回复内容如下。

提示词

请根据运动鞋的相关信息，生成一篇产品推广文案。

产品信息：舒适耐用、透气不闷汗、易清洗。

DeepSeek

"步履生风，自在随心"——××运动鞋，重新定义你的每一步。

你是否厌倦了运动时双脚闷热黏腻的煎熬？是否总在寻找一双既能征服跑道又能轻松应对日常的"全能战靴"？××运动鞋，以三大核心科技颠覆传统，为你解锁全天候舒适体验！

1. 云端漫步般的舒适，每一步都是享受

【高弹缓震中底】采用高分子缓震科技，如同为双脚装上隐形弹簧，跑步、跳跃时精准分散冲击力，久走不累，保护关节。

【人体工学包裹设计】贴合足弓曲线，360° 温柔承托，告别磨脚、挤脚的尴尬，初次上脚即如"量身定制"。

2. 会呼吸的鞋面，闷汗？不存在的！

【3D 透气网纱】千万个微孔编织成的"空气循环系统"，运动时热量秒排，汗水瞬间蒸发，双足时刻清爽如风。

……

> ▶ 专家指点
>
> 由于本书篇幅原因，AI 工具回复的内容只展示要点，详细的回复内容，请看随书提供的效果完整文件。

6.1.2　自媒体文案自动生成

自媒体文案自动生成

自媒体文案是指个人或小型团队通过自媒体平台（如微信公众号、微博、抖音、快手、小红书、B 站等）发布的，旨在推广、营销、传播信息或表达观点的文本内容。

用户可以利用 DeepSeek 撰写一篇自媒体文案，在编写提示词时，可以采纳这个"请为[主题]写一篇[文体]，字数大约[字数]字左右。内容需要包括[要点]，并采用[语气]的风格"模板，使 DeepSeek 生成符合要求的自媒体文案。相关案例如下。

提示词

请为"羽绒服清洗方法"写一篇公众号文章，字数大约 500 字左右。内容需要包括羽绒服清洗的方法，并采用专业又幽默的风格。

DeepSeek

《羽绒服洗成"铁布衫"？这份求生指南让你家大鹅重获新生》

文/生活魔法师老陈

最近收到粉丝私信："陈老师，我家羽绒服洗完变成钢板了！"配图里那件皱巴巴的"铁布衫"让我差点笑出鹅叫。今天咱们就唠唠，如何让价值半个月工资的羽绒服，在清洗后依然保持“贵妇蓬松感”。

【洗衣机：羽绒服的坟墓？】

99%的羽绒服阵亡报告显示：那些塞进滚筒就开洗的勇士，最终都收获了结块、钻绒、跑棉三件套。记住这个保命口诀：机洗要认准“羽绒模式”，就像相亲要认准“单身证明”。没这个按钮？请直接转战洗手间。

【手洗的艺术】

STEP1：调个 30℃温水浴（别用开水！羽绒不是茶叶）

STEP2：倒专用洗涤剂（中性配方，别拿洗洁精凑数）

STEP3：用软毛刷画字按摩（想象在给大白鹅做 SPA）

关键技巧：重点关照领口袖口，但千万别搓！羽绒服不是搓衣板上的爱情，暴力只会让鸭绒私奔。

【脱水的玄学】

洗完别拧！学我这样：像抱考拉熊般环抱衣服，慢慢挤出水分。或者用浴巾玩"三明治包裹法"，让毛巾替你承受生命不可承受之重。记住，拧羽绒服的手劲越大，明年买新衣的预算越高。

……

6.1.3 文学作品自动生成

文学作品自动生成

文学作品是指以语言为工具，以文字为形式，通过对生活、社会、自然和人性的思考，形象地反映生活，表达作者对人生、社会的认识和情感，以唤起人的美感，给人以享受的著作。

在利用 DeepSeek 进行文学作品的创作时，用户首先需要确定作品的体裁、风格和基调，其次为 DeepSeek 提供具体、明晰的提示词，内容可以包括文学作品的背景描述、人物设定、故事情节等，以便 DeepSeek 能理解你的想法和意图，更好地进行创作。相关案例如下。

提示词

请根据下面的内容，创作一篇带有神秘色彩的侦探小说，字数在 800 字以内。

在一个风雨交加的夜晚，世界最古老的图书馆内发生了一起离奇的盗窃案。被盗的是馆藏中最珍贵的手稿之一，而唯一的线索是一张泛黄的纸条，上面写着一行难以辨认的文字。侦探梅林被请来调查此案，随着调查深入，他发现这件看似普通的盗窃案背后竟然隐藏着一段关于城市起源的秘密历史……

DeepSeek

《灰烬预言》

梅林的手指抚过石墙上的凹痕，指尖传来细微的刺痛。这是他在拜伦图书馆发现的第三处相同符号——七个同心圆中央竖着闪电状的裂痕，与失窃手稿匣内残留的焦痕如出一辙。

暴雨裹着咸腥的海风撞碎在彩色玻璃窗上，老馆长递来的纸条在煤油灯下泛着羊皮纸特有的光泽。“这是守卫昏迷前死死攥着的。”老人声音发颤，“上面的文字...像是古阿卡德语。”

梅林用放大镜捕捉到纸缘的暗红印记，突然想起市政厅地砖下的殉葬坑。三年前翻修时挖出的上百具青铜镣铐骨骸，颈椎处全烙着类似的符号。当时考古队称那是古代奴隶标记，但此刻他分明在扭曲文字间辨出了“灰烬之门”的变体。

子夜钟声惊飞了栖息在拱顶的渡鸦。梅林循着霉味最浓的甬道前行，手杖突然叩出空洞回响。撬开松动的石砖，幽深竖井里盘旋而上的铁梯沾满新鲜海藻。当他踏进地下祭坛时，怀表指针正疯狂震颤。

六芒星阵中央躺着失踪的《厄琉西斯手稿》，泛黄书页无风自动，露出夹在其中的城市奠基契约。1647 年的羊皮纸上，七位创建者的签名正在消失，取而代之的是与石墙相同的符号。梅林终于读懂了纸条上的警告：“当灰烬吞没真名，深渊将取回赊欠的光明。”

……

6.1.4　电商文案自动生成

电商文案自动生成

电商类文案是常见的文案类型，主要是指用文案的手段将产品的卖点给呈现出来。电商类文案分为主图文案、详情页文案、品牌文案、销售文案等类型。

在利用 DeepSeek 进行电商文案的创作时，用户可以在提示词中加入一些副词、形容词等限定语言，让整体的提示词更加具体，更能接近所期待的答案。

例如，用户若需要 DeepSeek 提供智能手环电商产品的详情页文案，则在编写提示词时，可以加入“突出产品的亮点和优势，有吸引力”等限定语言。相关案例如下。

提示词

提供智能手环电商产品的详情页文案，要求突出产品的亮点和优势，有吸引力。

DeepSeek

【××智能手环】你的 24 小时健康管家|50 米防水|30 天超长续航

一、核心卖点速览

1. 炫彩大屏|200+个性表盘

2. 全天候心率/血氧/睡眠监测|精准健康预警

3. 50 米专业防水|游泳冲浪无惧挑战

4. 30 天超强续航|告别频繁充电焦虑

5. 100+运动模式|跑步/瑜伽/骑行一腕掌控

6. 女性健康管理|生理周期智能追踪

二、五大必买理由

1. 超长待机王

磁吸快充 15 分钟用 7 天，满电状态持续作战 30 天，出差旅行说走就走！

2. 健康预警官

医用级传感器 + AI 算法，24 小时监测心率异常、血氧饱和度，睡眠质量深度分析，生成专属健康周报。

3. 运动全能王

跑步动态步频/泳姿识别/卡路里消耗精准记录，搭配 GPS 轨迹追踪，运动数据实时同步手机 App，健身效果看得见……

6.1.5 公文文稿自动生成

公文文稿自动生成

公文是指行政机关、社会团体、企事业单位在行政管理活动或处理公务活动中产生的，按照严格的、法定的生效程序和规范的格式制定的具有传递信息和记录作用的载体，具有特定格式、规范用语和法定效力，是处理公务的重要工具。

常见的公文类型有法定类公文、事务类公文、规约类公文、书信类公文等。下面以事务类公文为例，介绍利用 DeepSeek 撰写公文的操作方法。

提示词

请根据以下内容和格式为小莹写一份述职报告：
1.标题为“个人转正述职报告”。
2.称谓为“尊敬的领导”。
3.正文包括引言、主体和结尾这 3 个部分，各部分的具体要求如下：
（1）引言：2026 年 5 月 14 日入职，担任行政助理一职，主要负责协助人事经理招聘新员工和登记员工考勤，用“现在我就履职情况的具体内容报告如下”引出主体内容。
（2）主体：在工作的一个月中，我成功招纳两名新同事、认真登记员工考勤并整理成表格。
（3）结尾：在这份工作中得到了很多锻炼，以后会继续努力，希望可以转正。
4.落款：行政部门，小莹，2026 年 6 月 15 日，位于正文之后。

DeepSeek

个人转正述职报告

尊敬的领导：

您好！我于 2026 年 5 月 14 日加入公司担任行政助理一职，主要负责协助人事经理开展招聘工作及员工考勤管理工作。入职至今已满一个月，现将履职情况的具体内容报告如下：

在试用期间，我始终以积极的态度投入工作。在招聘方面，通过多渠道筛选简历、组织面试并跟进入职流程，成功为公司招纳 2 名符合岗位需求的新同事，其中 1 人已通过岗前培训正式上岗；在考勤管理方面，每日准确核对员工出勤记录，建立电子化考勤台账，定期提交可视化数据报表，有效提升考勤统计效率。同时主动协助部门完成办公用品采购、会议纪要整理等行政事务性工作。

通过这段时间的实践，我在人员沟通、数据处理和跨部门协作等方面获得了显著成长，更加深刻体会到行政工作对公司运营的支撑作用。如果能获得转正机会，我将继续保持严谨的工作作风，在优化招聘流程、规范考勤制度等方向持续精进，为公司发展贡献更大力量。

恳请领导对我的工作表现予以考察，特此申请转为正式员工。

行政部门

小莹

2026 年 6 月 15 日

……

6.2　AI 文本快速处理

无论是新闻报道、广告文案，还是学术论文、日常写作，AI 都能快速识别问题并提供改进建议，帮助用户在短时间内完成高质量内容的输出。本节将以 DeepSeek 为例，介绍 AI 文本快速处理的多样化功能，展示其如何在不同场景中提升文案的准确性和可读性。

6.2.1　检查语法拼写

检查语法拼写

语法错误和拼写错误是文案中经常出现的问题，这些错误可能会让受众对文案内容产生误解，降低文案的质量，削弱文案的专业性和可读性。用户可以让 DeepSeek 对提供的文案内容进行检查，找出存在的语法和拼写错误，并提供修改建议，杜绝差错。相关案例如下。

提示词

请帮我检查以下文案内容的语法和拼写，列出存在的错误，并提供修改建议。

文案：如果我需要写一篇文章、只是我需要先搜集素材。

DeepSeek

以下是您提供的文案检查及修改建议。

原文：如果我需要写一篇文章、只是我需要先搜集素材。

一、存在问题分析

1. 标点符号错误

中文逗号误用为顿号："、"应改"，"。

2. 连接词冗余

"只是"在此处使用不当，带有否定前文的转折意味，不符合上下文逻辑。

3. 句式拖沓

主语重复出现导致语句冗余。

二、修改建议

1. 推荐版本

“如果需要写一篇文章，我需要先搜集素材。”

……

6.2.2 核实案例真实性

在创作文案的过程中，用户可能会通过添加案例来增加文案的专业性和可靠性。此时，用户可以借助 DeepSeek 庞大的信息资源库对案例的真实性进行检查。相关案例如下。

核实案例真实性

提示词

请帮我检查以下内容中案例的真实性，并指出有误的地方。

文案：例如，在爱因斯坦的一生中，他被广泛认为是理论物理学的巨擘，他的相对论理论彻底改变了人类对宇宙的认知。然而，鲜为人知的是，在他的晚年，他竟然陷入了一场关于“永动机”的狂热研究中。

爱因斯坦在 1940 年代后期，突然对永动机的概念产生了浓厚的兴趣。他坚信，通过某种尚未被发现的物理原理，可以制造出一种能够无限运转而不需要外部能量输入的机器。这一想法在当时的科学界引起了巨大的轰动，因为永动机的概念违反了能量守恒定律，这是自 19 世纪以来物理学的基本定律之一。

据说，爱因斯坦花费了大量的时间和精力，试图设计并制造出这样的永动机。他甚至在普林斯顿高等研究院的实验室里搭建了一个庞大的实验装置，试图通过精密的仪器和复杂的机械结构来验证他的理论。然而，无论他如何努力，他的实验总是以失败告终。

DeepSeek

您提供的文案中存在多处与历史事实不符之处，需要更正如下。

1. 爱因斯坦对永动机的研究缺乏历史依据

（1）核心错误：爱因斯坦从未研究过永动机，这一说法在权威传记（如沃尔特·艾萨克森《爱因斯坦传》）和科学史研究中均无记载。

（2）背景矛盾：爱因斯坦一生坚持科学理性，曾公开批评伪科学。永动机因违反热力学第一定律（能量守恒）和第二定律（熵增原理），自 19 世纪起已被科学界彻底否定。作为深谙热力学本质的物理学家，爱因斯坦不可能支持此类研究。

2. 时间线与实际研究方向冲突

（1）晚年研究重点：爱因斯坦 1940 年代后期在普林斯顿的研究集中于统一场论（试图统一引力和电磁力），而非永动机。他在 1950 年发表的《非对称场的相对论》论文可佐证。

（2）实验室细节失实：普林斯顿高等研究院以纯理论研究著称，爱因斯坦本人也以"思想实验"闻名，从未搭建过大型实验装置。文案中描述的"庞大实验装置"属于虚构。

3. 科学界反应的逻辑谬误

……献

6.2.3 排查重复内容

重复的内容会让文案显得单调、乏味，降低其对受众的吸引力和包含的信息量，从而影响文案的传播。而运用 DeepSeek，用户可以检查出文案中重复的字词、句子和段落，从而对文案进行修改。相关案例如下。

排查重复内容

提示词

请帮我检查以下文案中是否存在重复的内容，如果有，请指出来，并提供修改建议。

文案：夏日炎炎，碎花裙舞动街头，轻盈飘逸，如花海中的精灵。裙摆随风翻飞，摇曳着夏日的旋律，每一朵碎花都是夏日的诗篇。唯美的色彩，明艳的花纹，却展现出不同的风情，如同夏日的阳光，热烈而多变，如同花海中的精灵，轻盈而飘逸。穿上碎花裙，仿佛置身于花海之中，与夏日共舞，感受那份独特的浪漫与热情。

DeepSeek

经过检查，这篇文案存在以下重复内容需要优化。

1. 核心意象重复

“花海中的精灵”重复出现两次：

首段“如花海中的精灵”

尾段“如同花海中的精灵”

2. 形容词堆砌

“轻盈飘逸”在开头和结尾重复出现，且与后文的“轻盈而飘逸”形成语义重复。

3. 结构复沓

“与夏日共舞”与开篇“碎花裙舞动街头”存在动作意象重复。

4. 修改建议（调整后版本）

夏日炎炎，碎花裙舞动街头，轻盈摇曳如林间晨雾，翩然流转似花海初绽的蝶影。裙摆勾勒风的形状，细碎花瓣织就夏日的五线谱，每一处纹样都是季节私藏的韵脚。明艳色彩在骄阳下渐变，从珊瑚橘到薄荷绿，如同打翻的调色盘与光影嬉戏。当微风掠过裙裾，便扬起一片会行走的花园，让每个转身都落下光的涟漪，在蝉鸣鼓噪的盛夏，独奏一曲视觉的清凉。

……

6.2.4 优化情感表达

在文案的情感表达上，常常会出现两个问题，一个是不准确，另一个是不到位。错误的情感表达容易导致误解，从而影响文案主题的表达，甚至可能会产生争论。而不到位的情感表达容易使文案缺乏感染力，很难引起受众的情感共鸣，从而难以实现文案的目标。用 DeepSeek 检查文案情感表达的相关案例如下。

优化情感表达

提示词

请帮我检查以下产品营销文案中的情感表达是否准确、到位，如果有误，请先指出存在的问题，再提供相应的修改意见。

文案：全新充电宝，高效充电，安全可靠。大容量设计，持久续航，满足您日常需求。轻便易携，兼容多种设备，随时随地为您的设备提供稳定电力。选择它，享受无忧充电体验，让生活更加便捷高效。

DeepSeek

经过分析，该文案在情感表达上存在以下问题及修改建议：

一、现存问题分析

1. 理性有余而感性不足：现有文案（如"高效充电，安全可靠"）属于基础产品参数描述，缺乏情感共鸣。

2. 场景关联薄弱：未构建具体使用场景，难以唤起用户代入感。

3. 价值提升不足：停留在功能陈述，未升级到情感价值层面。

4. 语言力度不足：形容词偏中性（如"轻便易携"），缺乏感染力。

二、优化建议方案

1. 【全新充电宝】极速闪充，安全感满满

（强化“极速”的畅快感 + 安全的情感价值）

2. 6500mAh 强劲心脏，陪你征服城市冒险

（将容量具象化为“心脏”赋予生命力，关联都市生活场景）

3. 比手机更轻盈的身材，装得下整个世界的续航

（对比手法 + 诗意表达，强化便携优势）

……

6.2.5 精简文案内容

对文案内容进行精简可以提高文案的可读性和专业性，使信息更为突出和清晰。运用 DeepSeek，用户可以轻松有效地完成文案内容的精简。相关案例如下。

精简文案内容

提示词

请帮我对以下文案进行精简，要求：保留文案的主题思想，语句通顺。

文案：

杨梅盛宴，夏日里的酸甜诱惑！

炎炎夏日，你是否正在寻找那一抹清新的酸甜口感？那么，不妨来一场杨梅的味蕾狂欢吧！

口感独特：轻轻咬下一颗杨梅，先是酸甜的汁液在舌尖跳跃，随后果肉在口中释放出饱满的果汁，那种独特的酸甜交织，仿佛在舌尖上跳起了一支欢快的夏日舞曲。每一颗杨梅都是大自然的馈赠，让你在品尝中感受到夏日的清新与甜美。

特点鲜明：杨梅不仅口感绝佳，其外观也颇具特色。红得发紫的外表下，隐藏着诱人的果肉和满满的果汁。它们小巧玲珑，像一颗颗璀璨的宝石，在阳光下熠熠生辉。杨梅的果核小巧易食，让你在享受美味的同时，无须担心果核的困扰。

营养丰富：杨梅不仅美味可口，还富含多种营养成分。它含有丰富的维生素 C、膳食纤维及多种矿物质，如钾、钙、镁等。这些营养成分有助于增强免疫力、促进肠道健康、维持正常血压和心跳等功能。同时，杨梅还具有一定的抗氧化作用，能够抵抗自由基的侵害，延缓衰老。

功效多多：杨梅不仅美味可口，还具有多种功效。它能够帮助消化、增进食欲，对于缓解夏季食欲不振、消化不良等问题具有一定的作用。此外，杨梅还具有解暑生津、止渴除烦的功效，让你在炎炎夏日中感受到一丝清凉。

快来一起品尝这美味的杨梅吧！让它在你的舌尖上跳跃出夏日的酸甜乐章，为你的夏日生活增添一份清新与甜美！

DeepSeek

精简版：

杨梅盛宴，解锁夏日酸甜滋味！

酷暑难耐，一颗爆汁杨梅就能唤醒味蕾！轻咬果肉，酸甜汁水瞬间迸发，宛如舌尖上的夏日圆舞曲。颗颗红紫相间似宝石，小巧果核免去吐籽烦恼。

天然营养宝库：富含维 C、膳食纤维及钾钙等矿物质，助消化、增免疫、抗氧化。暑热天来几颗，生津解渴又开胃，让身心都清爽。

【夏日特荐】一口爆汁的酸甜诱惑，现在品尝正当时！

（精简说明：保留"酸甜体验-外观特点-营养价值-夏季功效"核心脉络，删除冗余修辞，整合重复信息。将原文 420 字压缩至 150 字，突出产品卖点和消费场景，保持口语化感染力。）

6.2.6　添加过渡语

过渡语是连接不同段落或句子之间的词语或短语，添加过渡语可以增加文案的连贯性和逻辑性，便于受众更好地理解上下文之间的关系。用户可以让 DeepSeek 根据上下文的关系添加合适的过渡语。相关案例如下。

添加过渡语

提示词

请根据该电商文案中上下文的关系，在适当位置添加过渡语，以增加段落和句子之间的流畅度。

文案：夏日防晒新选择，清爽防护两不误！我们的防晒衣采用高科技聚酯纤维，轻盈透气，快干清爽，让您在烈日下依然保持舒适。同时，其优异的抗紫外线性能，有效阻隔紫外线伤害，全方位守护您的肌肤。选择我们，让您的夏日出行更加安心！

防晒衣也有细微的缺点，任何产品都难以完美，防晒衣在长时间日晒或极端环境下可能会有轻微色褪。但请放心，这并不影响其防护效果。选择我们，细微瑕疵也难掩其高品质的光芒，让您的夏日更加闪耀！

DeepSeek

夏日防晒新选择，清爽防护两不误！我们的防晒衣采用高科技聚酯纤维，轻盈透气，快干清爽，让您在烈日下依然保持舒适。更值得一提的是，其优异的抗紫外线性能可有效阻隔 99%以上的紫外线伤害，通过专业实验室认证的 UPF（Ultraviolet Protection Factor，紫外线防护系数）50 + 防晒指数，全方位守护您的肌肤健康。选择我们，让您的夏日出行更加安心！

（当然，我们始终秉持客观态度与您沟通）防晒衣也存在细微的缺点——正如任何产品都难以完美，若在长时间极端暴晒环境下，面料可能会出现轻微色褪现象。（不过需要强调的是）这完全不影响其防护效果，经测试即使经历 100 次水洗仍能保持 UPF45 + 防晒性能。选择我们，细微瑕疵也难掩其高品质的光芒，让您的夏日更加闪耀！（毕竟，真正优质的防晒装备，既要看表层的颜值保鲜，更要看深层的防护恒久）

解析：

1. 在优缺点转折处插入“当然，我们始终秉持客观态度与您沟通”作为段落过渡，既保持专业态度又自然衔接。

2. 在解释色褪现象前增加“不过需要强调的是”进行语义递进，弱化缺点影响。

……

6.2.7 提炼段落主题句

提炼段落主题句

主题句是指段落中的核心句，高度概括了段落的主要观点，可以清楚地表达段落主题。DeepSeek 可以根据段落的内容提炼出相应的主题句。相关案例如下。

提示词

请提炼出文案中的主题句，并分析原因。

文案：在创作短视频文案标题时，要力求简洁明了，直击观众兴趣点。一个好的标题应能迅速吸引观众的注意力，同时准确传达视频的核心内容。可以使用疑问、悬念、数字、情感共鸣等手法，增加标题的吸引力。此外，注意标题与视频内容的匹配度，避免夸大其词或误导观众。通过精心构思的标题，让你的短视频在众多内容中脱颖而出，吸引更多观众点击观看。

DeepSeek

主题句提炼：

“在创作短视频文案标题时，要力求简洁明了，直击观众兴趣点。”

分析原因：

1. 统领性：该句作为开篇首句，明确提出了短视频标题创作的核心要求（简洁性、目的性），后续内容均为对这一核心观点的展开说明。

2. 覆盖性

（1）“简洁明了”对应文中“迅速吸引注意力”“避免夸大其词”等要求。

（2）“直击兴趣点”涵盖“疑问/悬念/数字/情感共鸣”等具体手法。

（3）同时关联“匹配视频内容”的诚信要求，避免为吸引眼球而失实。

3. 功能性

（1）前句提出创作目标（简洁有效）。

（2）后句点明创作方向（兴趣导向）。

（3）完整覆盖标题创作的两个维度：形式要求（简洁）与内容策略（兴趣点）。

……

6.2.8　调整结构层次

一般来说，文案或段落的结构可以分为总分、分总和总分总这 3 种结构方式。不同的结构方式有各自的特点，用户可以根据需求让 DeepSeek 对文案或段落的结构方式进行调整。相关案例如下。

调整结构层次

提示词

请将以下文案调整为总分的结构方式。

文案：学习用 AI 生成公众号文案的技巧。首先，明确文案的目标和受众，让 AI 了解你的内容需求和风格。利用 AI 工具提供的关键词推荐功能，选取与公众号主题相关的词汇，确保文案的针对性和相关性。其次，学习调整 AI 生成文案的语法和表达方式，使其更符合公众号的语言风格和阅读习惯。同时，关注文案的流畅性和逻辑性，确保内容易于理解和接受。

总结：通过学习上述技巧，公众号运营者可以充分利用 AI 工具提升文案的效率和质量。借助 AI 的智能化功能，快速生成符合公众号风格和需求的文案，为公众号运营增添新动力。

DeepSeek

调整后的总分结构文案：

【总起】

在人工智能技术快速发展的今天，公众号运营者可通过掌握三大 AI 文案生成核心技巧，显著提升内容生产效率与传播效果。以下方法论将帮助您系统性地实现智能化内容创作。

【分述】

一、精准定位内容方向

1. 需求画像构建：通过输入行业属性、目标人群画像（如年龄/兴趣/痛点）及核心传播目标，训练 AI 理解公众号的垂直领域特征。

2. 风格参数设置：在 AI 工具中预设品牌调性（如严谨专业或轻松幽默）、内容形式（清单体/故事体）及视觉化需求（配图引导词）。

二、智能化关键词运营

1. 热点词库搭建：运用 AI 语义分析功能，自动抓取行业热点话题与高搜索量长尾词。

2. 关键词矩阵组合：通过 AI 交叉推荐功能，将核心关键词与情绪词（紧迫/好奇）、行为引导词（限时/独家）进行有机融合。

……

6.2.9 合并短句型文案

合并短句是指将两个或多个短句合并成一个更长的句子，一般通过使用连接词和标点符号等方法实现。用 DeepSeek 合并短句型文案的相关案例如下。

合并短句型文案

提示词

请将以下短句合并成一个句子。
AI 生成高质量的文案需要具备语言理解与生成能力。AI 生成高质量的文案需要具备内容创意与多样性。AI 生成高质量的文案需要具备目标受众的洞察力。

DeepSeek

AI 生成高质量的文案需要具备语言理解与生成能力、内容创意与多样性，同时需要洞察目标受众的需求。

6.2.10 拆分长句型文案

DeepSeek 能够识别句子中结构复杂或过长的部分，将其拆分成更便于阅读的短句，提升文案的可读性和流畅性。相关案例如下。

拆分长句型文案

提示词

请将下面的长句进行拆分，要求：保持原意，语句通顺，语意连贯。
借助 AI 智能分析精准把握用户兴趣巧妙融合创意元素打造引人入胜的小红书标题文案。

DeepSeek

借助 AI 智能分析，精准把握用户兴趣。巧妙融合创意元素，打造引人入胜的小红书标题文案。

6.2.11　添加修辞手法

添加修辞手法是常见的文案润色方法之一。修辞手法的种类繁多，用户可以指定具体的种类让 DeepSeek 进行添加。相关案例如下。

添加修辞手法

提示词

请为以下文案添加比喻的修辞手法。

文案：夏日的杨梅，颜色是鲜艳如火的，杨梅是解暑佳品，味道是酸甜可口的。

DeepSeek

改后文案：

夏日的杨梅犹如缀满枝头的红宝石，每一颗都是自然淬炼的火焰结晶。这盛夏的恩物仿佛山间清泉凝成的冰晶，轻轻一咬便在舌尖绽开沁凉的花瓣，酸甜的汁液恰似初恋时的心跳，是青梅与蜜糖在味蕾上跳起的圆舞曲。

（运用四重比喻解析）

1. 颜色层面：将杨梅比作“红宝石”和“火焰结晶”，既保留原意的火红特质，又赋予珠宝的璀璨质感与岩浆的流动美感。

2. 解暑层面：用“山间清泉凝成的冰晶”构建通感意象，通过触觉联想强化清凉体验。

3. 口感层面：“沁凉的花瓣”将温度感知转化为视觉形象，突出果肉爆汁的层次感。

4. 味道层面：通过“初恋心跳”的情感投射与“圆舞曲”的动态比喻，把抽象的酸甜转化为具象生命律动。

本 章 小 结

本章主要介绍了 AI 文本创作与处理。首先介绍了 AI 文本高效生成技术，包括营销文案、自媒体内容、文学作品、电商文案和公文文稿自动生成；然后介绍了 AI 文本快速处理的多样化功能，包括语法拼写检查、案例真实性核实、重复内容排查、情感表达优化、文案精简、过渡语添加、段落主题句提炼、结构层次调整、短句合并与长句拆分及修辞手法的运用，揭示了 AI 技术在文本优化与校对中的智能化优势。通过本章的学习，读者应能掌握 AI 在文本创作与处理领域的创新应用方法。

课 后 习 题

课后习题

鉴于本章知识的重要性，为了帮助更好地掌握所学知识，将通过课后习题帮助读者进行简单的知识回顾和补充。

任务：请利用 DeepSeek 写一篇自媒体文案。相关案例如下。

提示词

假设你是一个经验丰富的播客运营者，正在运营一个旅行故事分享的播客，请以高效规划旅行行程的 5 个技巧为主题来撰写一期播客内容记

DeepSeek

【播客标题】《旅行规划大师课：5 个技巧让你告别手忙脚乱》

开场白

（轻快的背景音乐渐入）

主播："嘿，旅行探险家们！欢迎回到《在路上》——那个让你足不出户也能闻见世界味道的角落。今天我们要聊的，是每个旅行者都踩过的坑：明明做了计划，结果到了目的地才发现时间不够用、景点排错顺序，最后只能对着地图叹气... 别慌！这期节目就是你的'行程急救包'，5 个独家技巧教你像职业旅行策划师一样高效规划路线。先讲个真实故事：我朋友小 A 去年在京都，因为没算好寺庙开放时间，愣是在三十三间堂门口看着夕阳吃闭门羹……（笑）准备好了吗？戴上耳机，我们出发！"

技巧一：目标导向法——给旅行一个"灵魂拷问"

（背景音效：翻笔记本声）

……

第 7 章

AI 图片创作与处理

在数字技术飞速发展的今天，AI 正以惊人的速度重塑视觉创作的边界。从艺术创作到图像处理，人工智能正在颠覆传统视觉表达的规则，为人类想象力插上翅膀。本章将主要介绍利用 AI 将文本信息或图片素材生成精美的图片内容；并介绍一系列图片处理技术，通过图片变清晰、AI 去水印、智能抠图、AI 扩图等，让每张图片都能达到专业级水准。

本章重点

- 掌握 AI 图片生成的艺术
- 掌握 AI 图片处理大师

素质目标

- 强化读者在人工智能实践中的动手操作能力，提升技术应用的熟练度
- 提升读者在人工智能技术迭代过程中的适应能力，能够快速学习新技术、新方法

7.1 AI 图片生成的艺术

本节将以即梦 AI 为例，介绍使用文本信息和图片素材生成 AI 图片的操作方法，帮助用户快速熟悉即梦 AI，高效创作出精美的图片，满足日常生活和工作的需要。无论是艺术家、设计师，还是普通用户，AI 图片生成都为其打开了一个全新的视觉世界。

7.1.1 文本信息生成图片

文本信息生成图片

【效果展示】即梦 AI 手机版的“文生图”功能可以瞬间将文字创意转化为精美的图片。该功能独树一帜，通过智能解析文字内容，自动生成相关的图片效果，让抽象思维跃然屏上，效果如图 7-1 所示。

图 7-1 在即梦 AI 手机版中使用文字生成的图片效果

下面介绍用即梦 AI 手机版的“文生图”功能生成图片的操作方法。

Step 01 打开即梦 AI，进入“灵感”界面，点击“想象”按钮，如图 7-2 所示，进行界面的切换。

Step 02 进入“想象”界面，点击 DeepSeek-R1 按钮，如图 7-3 所示。

Step 03 进入 DeepSeek-R1 对话界面，在界面下方的输入框中，❶输入相应的提示词；❷点击按钮，如图 7-4 所示，发送提示词。

Step 04 执行操作后，即可生成相应的文本，点击“生图片”按钮，如图 7-5 所示。

Step 05 执行操作后，回到“想象”界面，❶输入框中会自动填充刚刚生成的文本；❷点击按钮，如图 7-6 所示。

图 7-2　点击“想象”按钮

图 7-3　点击 DeepSeek-R1 按钮

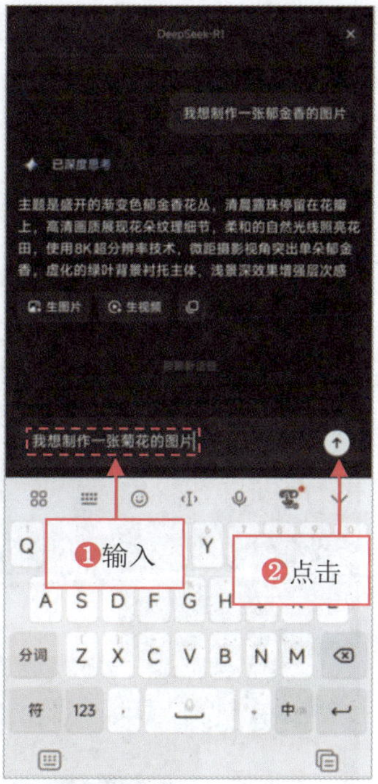

图 7-4　点击相应按钮

Step 06　弹出相应面板，选择图片比例为 9：16，如图 7-7 所示，调整图片尺寸。

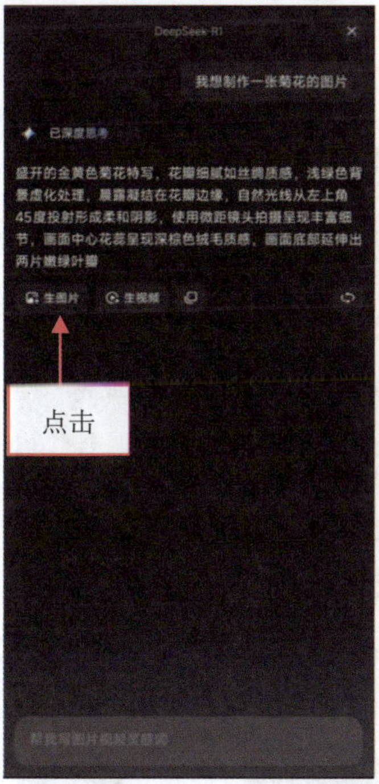

图 7-5　点击“生图片”按钮

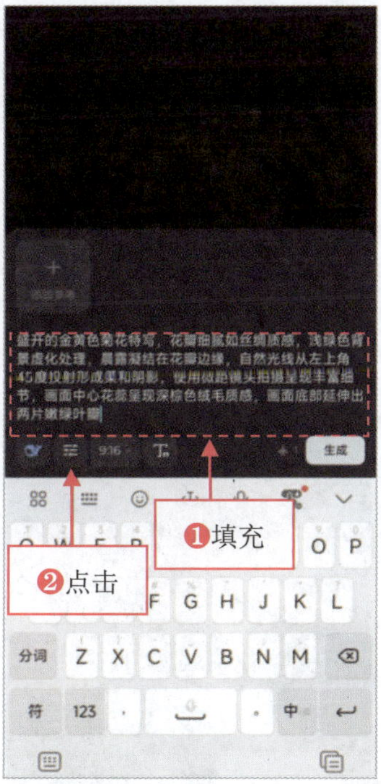

图 7-6　点击相应按钮

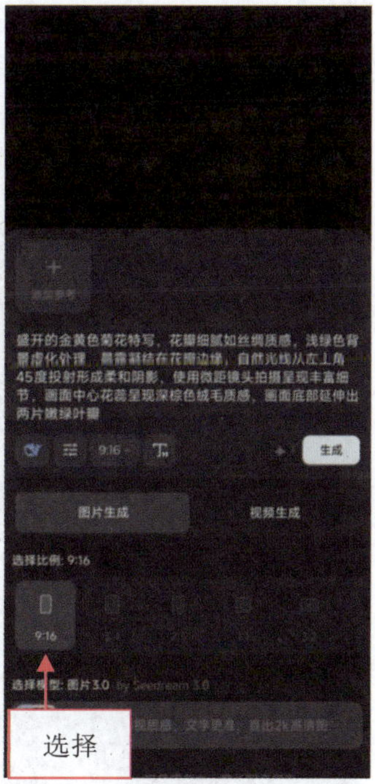

图 7-7　选择图片比例为 9：16

Step 07　下滑界面，❶选择图片模型为“图片 2.0 Pro”；❷点击“生成”按钮，如图 7-8 所示。

Step 08　稍等片刻，❶即梦 AI 会生成 4 张菊花图片；❷选择第 1 张图片，如图 7-9 所示。

Step 09 执行操作后，即可放大图片，点击图片右上角的“超清”按钮，如图 7-10 所示。

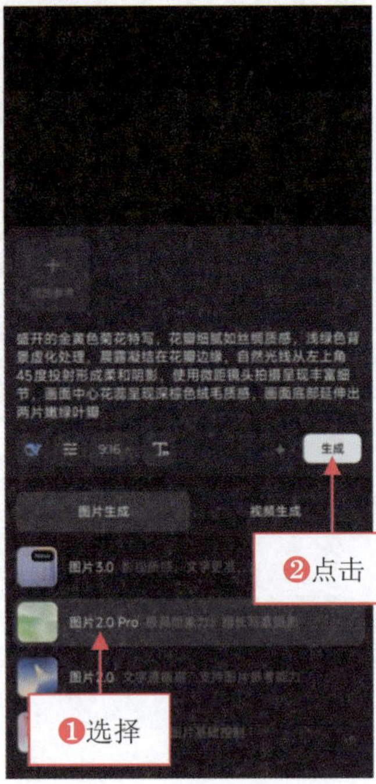

图 7-8　点击“生成”按钮

图 7-9　选择第 1 张图片

图 7-10　点击“超清”按钮

Step 10 稍等片刻，即可生成 1 张超清画质的图片，点击刚才生成的超清图，如图 7-11 所示。

Step 11 执行操作后，即可放大图片，点击图片左下角的下载按钮，如图 7-12 所示。

Step 12 执行操作后，弹出相应面板，选择“保存到本地”选项，如图 7-13 所示，即可保存图片。

图 7-11　点击超清图

图 7-12　点击下载按钮

图 7-13　选择“保存到本地”选项

7.1.2　图片素材生成图片

图片素材生成图片

【效果展示】即梦 AI 手机版的“图生图”功能允许用户上传一张参考图，即梦 AI 会根据图片的风格、色彩和内容重新进行创作，满足用户多样化的创作需求，效果如图 7-14 所示。

图 7-14　在即梦 AI 手机版中使用图片素材生成的图片效果

下面介绍用即梦 AI 手机版的“文生图片”功能生成图片的操作方法。

Step 01 在即梦 AI 的“想象”界面，点击界面下方的输入框，如图 7-15 所示。

Step 02 在弹出的面板中，点击“添加参考”按钮，如图 7-16 所示。

图 7-15　点击界面下方的输入框

图 7-16　点击“添加参考”按钮

Step 03 执行操作后，进入相应界面，在“系统相册”选项卡的下方，选择需要添加的图片素材，如图 7-17 所示。

Step 04 执行操作后，即可成功添加参考图，点击输入框下方的 DeepSeek-R1 按钮，如图 7-18 所示。

图 7-17　选择需要添加的图片素材

图 7-18　点击 DeepSeek-R1 按钮

Step 05 进入 DeepSeek-R1 对话界面，在界面下方的输入框中，❶输入相应的提示词；❷点击按钮，如图 7-19 所示，发送提示词。

Step 06 执行操作后，即可生成相应的文本，点击“生图片”按钮，如图 7-20 所示。

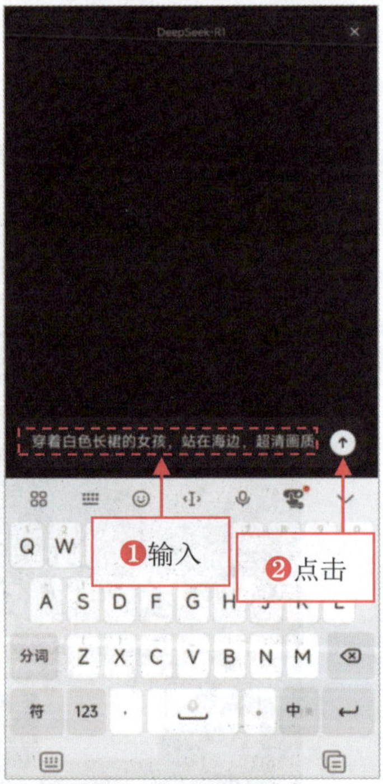

图 7-19　点击相应按钮

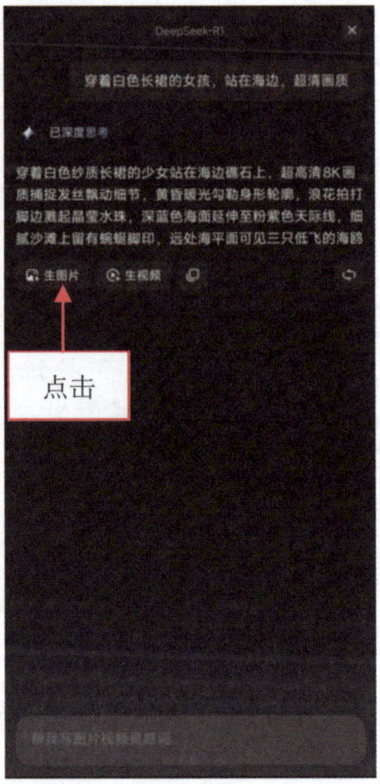

图 7-20　点击“生图片”按钮

Step 07 执行操作后，回到“想象”界面，❶输入框中会自动填充刚刚生成的文本；❷点击按钮，如图 7-21 所示。

Step 08 弹出相应面板，选择图片比例为 3∶4，如图 7-22 所示，调整图片尺寸。

Step 09 下滑界面，❶选择图片模型为“图片 2.0 Pro”；❷点击“生成”按钮，如图 7-23 所示。

图 7-21　点击“相应”按钮

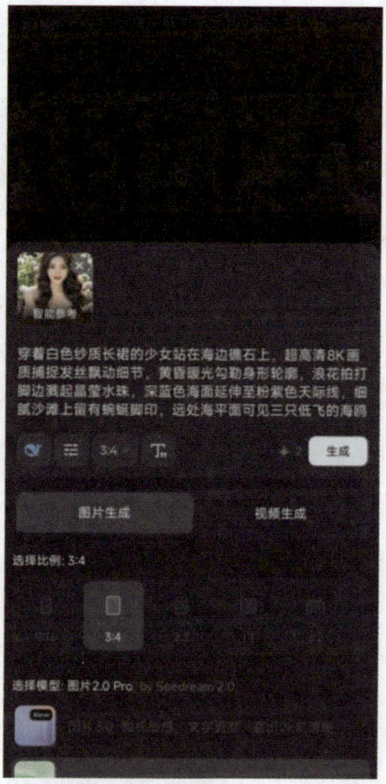

图 7-22　选择图片比例为 3∶4

图 7-23　点击“生成”按钮

Step 10 稍等片刻，❶即梦 AI 会生成 4 张相应的图片；❷选择第 4 张图片，如图 7-24 所示。

Step 11 执行操作后，即可放大图片，点击图片右上角的“超清”按钮，如图 7-25 所示。

图 7-24　选择第 4 张图片

图 7-25　点击“超清”按钮

Step 12 稍等片刻，即可生成 1 张超清画质的图片，点击刚才生成的超清图，如图 7-26 所示。

Step 13 执行操作后，即可放大图片，点击图片左下角的下载按钮，如图 7-27 所示。

Step 14 执行操作后，弹出相应面板，选择“保存到本地”选项，如图 7-28 所示，即可保存图片。

图 7-26　点击刚才生成的超清图

图 7-27　点击“下载”按钮

图 7-28　选择“保存到本地”选项

7.2　AI 图片处理大师

在数字时代，图像处理技术正经历一场革命。AI 图片处理大师以算法为画笔，将传统工具的局限性彻底颠覆，成为视觉修复与创意重塑的全新引擎。本节将以百度 AI 图片助手为例，聚焦 AI 在图片处理领域的 4 大突破：如何通过深度学习让低分辨率图像重获新生；怎样精准剥离顽固水印而不留痕迹；智能抠图如何实现像素级主体分离； AI 扩图技术如何突破画布限制，构建超越原始框架的视觉叙事。

7.2.1　图片变清晰

图片变清晰

【效果对比】百度 AI 图片助手的图片变清晰功能主要通过深度学习技术实现，能够对模糊的图片进行智能优化，提升图片的清晰度和画质。素材与效果对比如图 7-29 所示。

下面介绍在百度 AI 图片助手中运用“变清晰”功能提升图片画质的具体操作方法。

Step 01 打开相应浏览器，如 360 浏览器，输入百度的官方网址，打开官方网站，登录账号后，单击页面左上角的“图片”按钮，如图 7-30 所示。

图 7-29　素材与效果对比

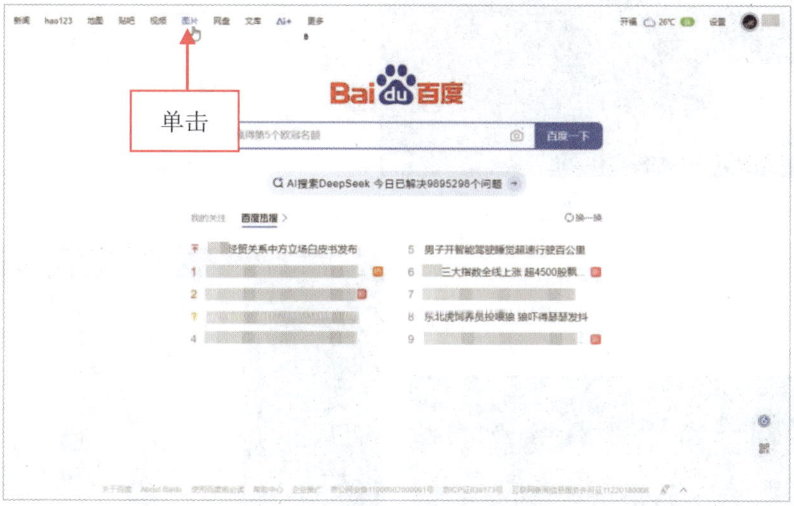

图 7-30　单击“图片”按钮

Step 02 执行操作后，进入相应页面，单击“图片编辑”按钮，如图 7-31 所示。

Step 03 执行操作后，进入“百度 AI 图片助手”页面，单击“上传图片”按钮，如图 7-32 所示。

Step 04 弹出“打开”对话框，❶选择需要上传图片素材；❷单击“打开”按钮，如图 7-33 所示。

Step 05 执行操作后，即可成功上传图片，单击页面右侧的“变清晰”按钮，如图 7-34 所示。

Step 06 稍等片刻，百度 AI 图片助手会自动提升图片的画质，单击页面右下角的“下载”按钮，如图 7-35 所示，将图片下载保存至本地文件夹。

图 7-31　单击“图片编辑”按钮

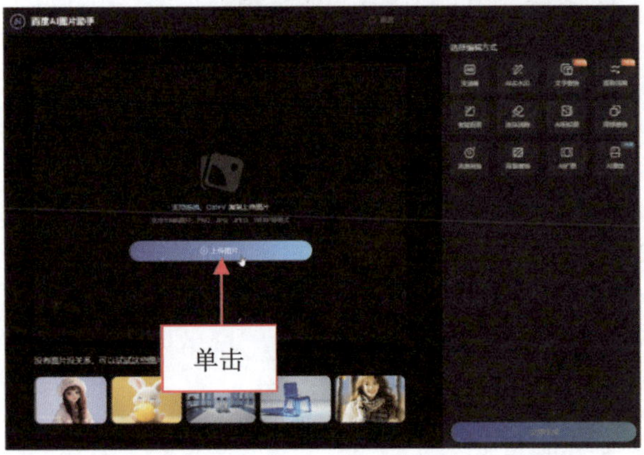

图 7-32　单击“上传图片”按钮

图 7-33　单击“打开”按钮

图 7-34　单击“变清晰”按钮

图 7-35　单击“下载”按钮

7.2.2　AI 去水印

AI 去水印

【效果对比】百度 AI 图片助手的“AI 去水印”功能可以帮助用户快速去除图片上的水印，使图片更加干净清爽。用户只需上传图片，AI 会自动识别并去除水印，操作简单快捷，极大地提升了用户的效率。素材与效果对比如图 7-36 所示。

图 7-36　素材与效果对比

下面介绍在百度 AI 图片助手中运用“AI 去水印”功能去除水印的具体操作方法。

Step 01　在“百度 AI 图片助手”页面，单击“上传图片”按钮，如图 7-37 所示。

Step 02　弹出“打开”对话框，❶选择需要上传图片素材；❷单击“打开”按钮，如图 7-38 所示。

图 7-37　单击“上传图片”按钮

图 7-38　单击“打开”按钮

Step 03 执行操作后，即可成功上传刚刚选择的图片素材，单击页面右侧的“AI 去水印”按钮，如图 7-39 所示。

Step 04 稍等片刻，百度 AI 图片助手会自动去除图片中的水印，如图 7-40 所示。

图 7-39 单击“AI 去水印”按钮

图 7-40 自动去除图片中的水印

Step 05 如果图片还有一些元素需要去除，可以单击页面右侧的“涂抹消除”按钮，如图 7-41 所示。用户也可以根据元素或水印的大小，自动调整画笔的大小。

Step 06 将需要去除的元素，手动进行涂抹，如图 7-42 所示。

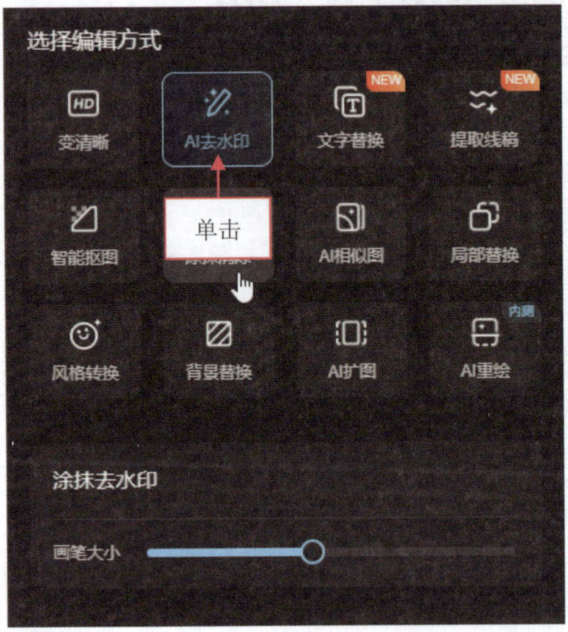

图 7-41 单击“涂抹消除”按钮

图 7-42 手动进行涂抹

Step 07 涂抹完成后，单击页面右下角的“立即生成”按钮，如图 7-43 所示。

Step 08 稍等片刻，AI 即可自动将刚刚手动涂抹的元素消除，如图 7-44 所示。

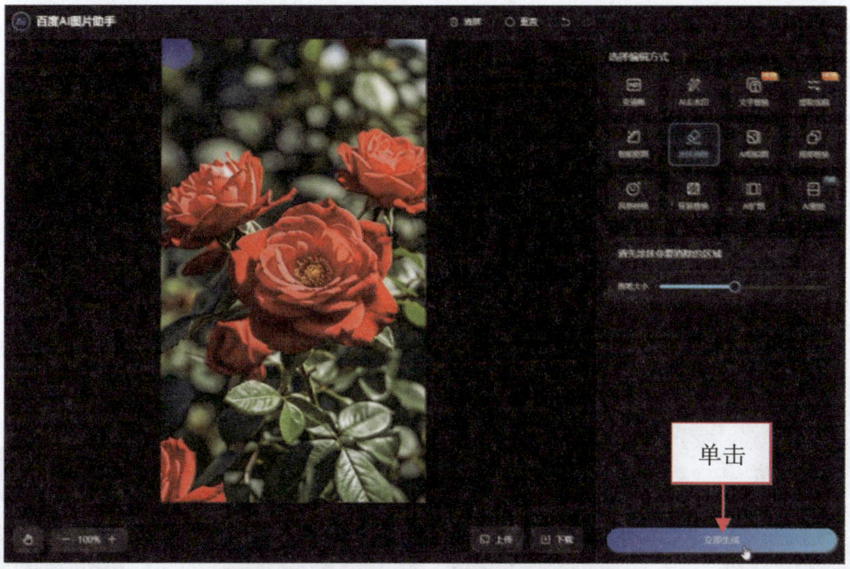

图 7-43　单击“立即生成”按钮

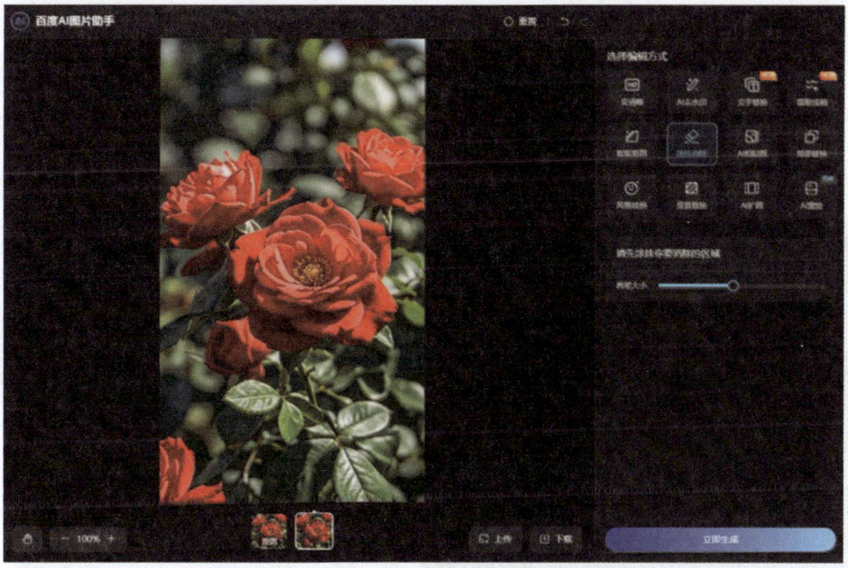

图 7-44　自动将刚刚手动涂抹的元素消除

7.2.3　智能抠图

智能抠图

百度 AI 图片助手的智能抠图功能凭借其高精度和便捷性，为用户提供了快速、高效的图片处理体验。它能够通过先进的算法自动识别图片中的主体和背景，并实现无缝分割，确保抠图后的图像边缘清晰自然。

【效果对比】无论是人物、物体还是复杂场景，都能精准分割主体和背景，尤其是对头发、毛发等细节部分的处理，表现尤为出色。用户只需上传图片，系统会自动完成抠图，几秒钟内即可获得结果，无须复杂的操作或专业技能。此外，该功能还支持手动调整，用户可以根据需要对抠图效果进行微调，以达到更理想的结果。素材与效果对比如图 7-45 所示。

图 7-45　素材与效果对比

下面介绍在百度 AI 图片助手中运用“智能抠图”功能的具体操作方法。

Step 01　在“百度 AI 图片助手”页面，单击“上传图片”按钮，如图 7-46 所示。

Step 02　弹出“打开”对话框，❶选择需要上传图片素材；❷单击“打开”按钮，如图 7-47 所示。

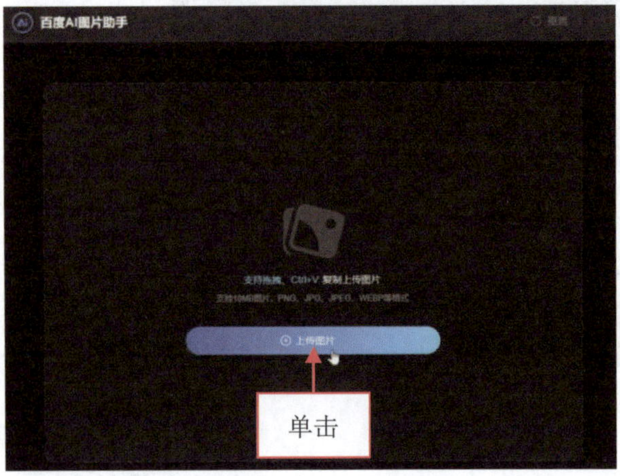

图 7-46　单击“上传图片”按钮

图 7-47　单击“打开”按钮

Step 03　执行操作后，即可成功上传刚刚选择的图片素材，单击页面右侧的“智能抠图”按钮，如图 7-48 所示。

Step 04　稍等片刻，百度 AI 图片助手会自动将图片素材中的主体抠出来，如图 7-49 所示。如果对于百度 AI 图片助手抠出来的效果不满意，可以通过智能选区或手动涂抹继续进行修改。

图 7-48　单击“智能抠图”按钮

图 7-49　自动将图片素材中的主体抠出来

7.2.4　AI 扩图

AI 扩图

【效果对比】百度 AI 图片助手的“AI 扩图”功能允许用户根据自身的需求选择扩图比例，如 3∶4、16∶9 等，而且还可以保持清晰度的前提下方法图片，使图片尺寸变大且不失真。另外，百度 AI 图片助手会自动分析图片内容，填充扩展部分的细节，使扩展后的图片看起来更自然、更协调。素材与效果对比如图 7-50 所示。

图 7-50　素材与效果对比

下面介绍在百度 AI 图片助手中运用“AI 扩图”功能的具体操作方法。

Step 01　在“百度 AI 图片助手”页面，单击“上传图片”按钮，如图 7-51 所示。

Step 02　弹出“打开”对话框，❶选择需要上传图片素材；❷单击“打开”按钮，如图 7-52 所示。

Step 03　执行操作后，即可成功上传刚刚选择的图片素材，❶单击页面右侧的“AI 扩图”按钮；在弹出的“请选择拓展比例”列表框中，❷选择 4∶3 选项，如图 7-53 所示。

Step 04 单击“立即生成”按钮，稍等片刻，百度 AI 图片助手会自动将图片按照所选的比例进行扩图，如图 7-54 所示。百度 AI 图片助手会生成 4 张效果图，用户可以选择满意的图片进行下载保存。

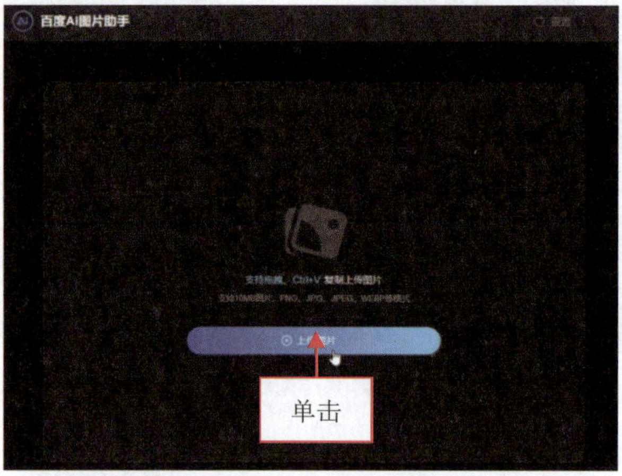

图 7-51　单击“上传图片”按钮

图 7-52　单击“打开”按钮

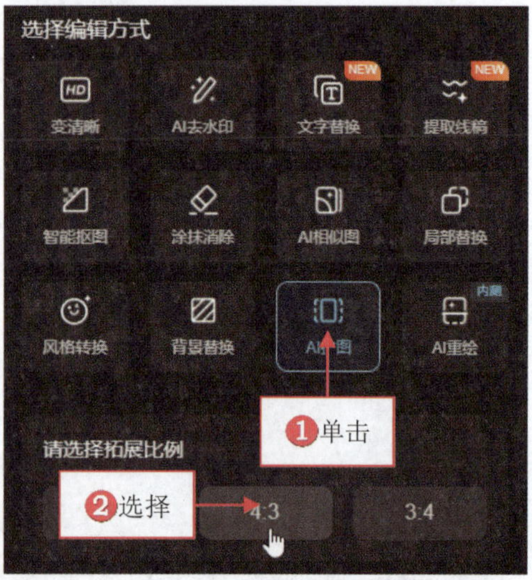

图 7-53　选择 4：3 选项

图 7-54　自动进行扩图

本 章 小 结

本章主要讲述了 AI 图片创作于处理。首先介绍了 AI 图片生成的艺术，通过文本信息生成图片和基于图片素材生成图片的创新方式，展示了 AI 如何突破传统艺术创作的边界，为艺术家和普通用户提供了全新的视觉表达工具；然后介绍了图片变清晰、AI 去水印、智能抠图和 AI 扩图等图片处理技术的应用，展示了 AI 在提升图片质量、优化视觉效果和拓展创作空间方面的强大能力。通过本章的学习，读者应掌握利用 AI 将文本信息或图片素材生成精美的图片内容。

课后习题

课后习题

鉴于本章知识的重要性，为了帮助更好地掌握所学知识，将通过课后习题帮助读者进行简单的知识回顾和补充。

任务：使用百度 AI 图片助手的“AI 扩图”功能进行扩图。素材与效果对比如图 7-55 所示。

图 7-55　素材与效果对比

下面介绍在百度 AI 图片助手中运用“AI 扩图”功能的具体操作方法。

Step 01 在“百度 AI 图片助手”页面中上传 1 张图片素材，❶单击页面右侧的“AI 扩图”按钮；在弹出的“请选择拓展比例”列表框中，❷选择 3：4 选项，如图 7-56 所示。

Step 02 单击“立即生成”按钮，稍等片刻，百度 AI 图片助手会自动将图片按照所选的比例进行扩图，如图 7-57 所示。

图 7-56　选择 3：4 选项

图 7-57　自动进行扩图

第 8 章
AI 音频创作与处理

8

在数字技术的浪潮中，人工智能正在重新定义音频创作与处理的边界。本章将主要介绍 AI 如何为音频创作注入全新活力，开启一场前所未有的音频盛宴。无论是音乐制作还是音频剪辑，AI 技术正以惊人的速度改变着传统流程。

本章重点

- AI 音频生成新体验
- AI 音频处理专业级

素质目标

- 锻炼读者的展示能力和舞台表现力，增强自信心
- 鼓励读者在人工智能领域积极参与学术交流和活动，拓宽视野，提升竞争力

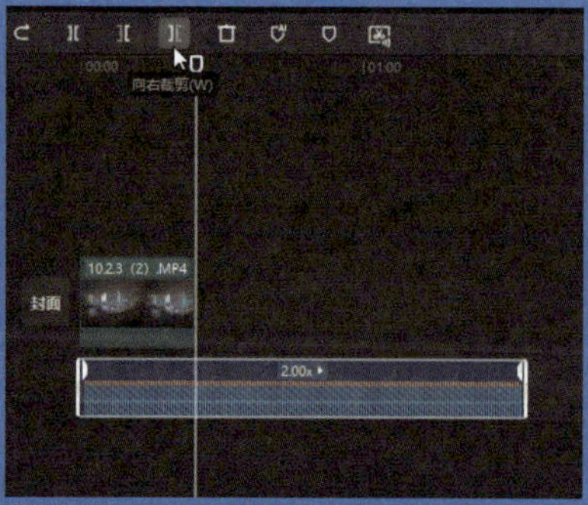
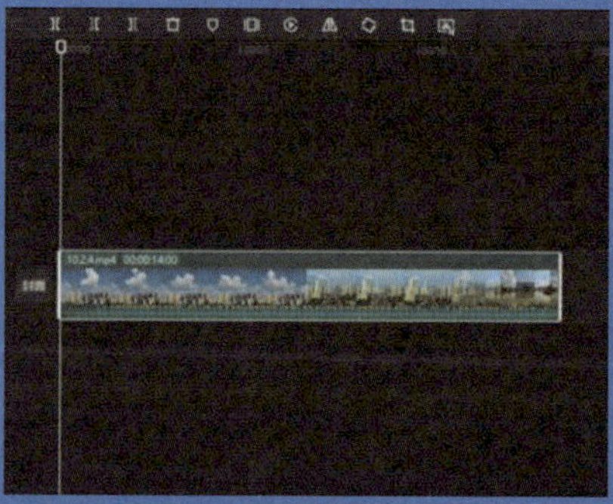
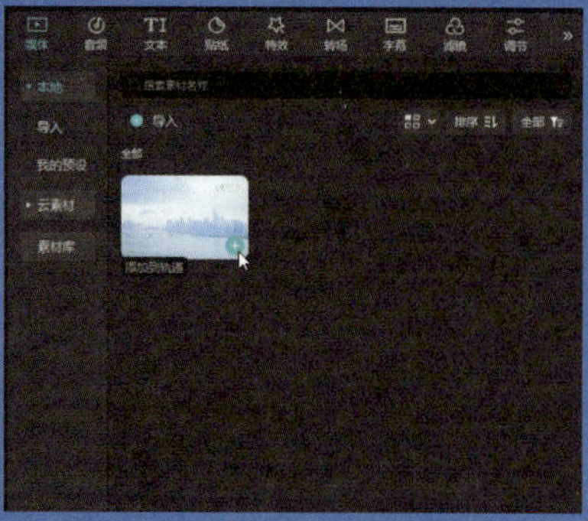
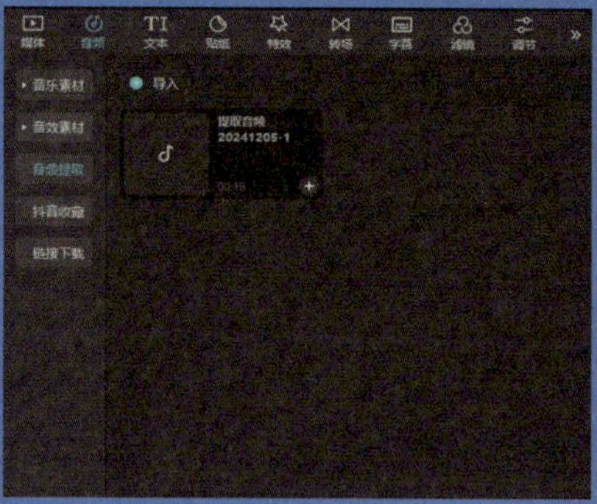

8.1　AI 音频生成新体验

用户可以简单描述自己想要的歌曲内容，就能让 AI 生成歌曲；也可以输入歌词，让 AI 直接生成音乐。本节以海绵音乐手机版为例，介绍使用灵感和歌词来生成动听音乐的操作方法。

8.1.1　使用灵感生成音乐

使用灵感生成音乐

在海绵音乐手机版中，灵感指的是用户关于音乐的任何想法。它可以是一句短语，也可以是几句话，只要能将用户的想法表述清楚即可。总的来说，灵感的作用与提问指令的作用相似，用户向 AI 提交灵感，即可让其根据灵感进行歌词和音乐的创作。使用灵感生成的音乐视频效果如图 8-1 所示。

图 8-1　使用灵感生成的音乐视频

下面介绍在海绵音乐中使用灵感生成音乐的操作方法。

Step 01 打开海绵音乐手机版，进入“音乐”界面，点击界面底部的按钮，如图 8-2 所示。

Step 02 进入音乐生成界面，在“灵感创作”选项卡的文本框中输入灵感，如图 8-3 所示。

Step 03 点击底部的“生成音乐”按钮，即可让 AI 根据输入的灵感进行生成，并显示生成进度，如图 8-4 所示。

> **▶ 专家指点**
>
> 如果用户暂时没有灵感，可以在界面下方的“试试这些灵感”板块中选择相应的选项，将系统推荐的灵感填入文本框中；也可以点击“换一批”按钮，让系统重新推荐一些灵感。

Step 04 生成结束后，会进入“中秋月圆人更圆”界面，显示 AI 根据灵感生成的 3 首音乐，用户可以依次选择每首音乐进行试听，试听结束后，❶选择喜欢的一首音乐，如第 1 首；❷点击下方的“下一步”按钮，如图 8-5 所示。

图 8-2　点击相应按钮

图 8-3　输入灵感

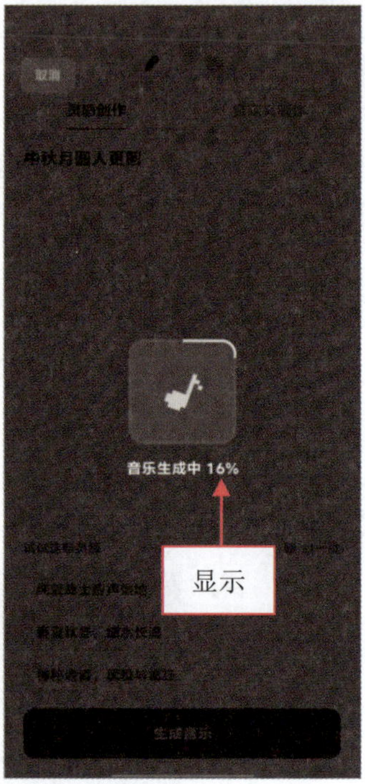

图 8-4　显示生成进度

Step 05　进入“选择作品模板”界面，点击底部“公开可见”右侧的〉按钮，如图 8-6 所示。

Step 06　在弹出的面板中，选中“仅自己可见”复选框，如图 8-7 所示，即可修改音乐作品的显示状态。

图 8-5　点击“下一步”按钮

图 8-6　点击相应按钮

图 8-7　选中“仅自己可见”复选框

Step 07　点击“添加到作品”按钮，如图 8-8 所示。

Step 08　稍等片刻，即可将生成的音乐保存到账号的作品列表中，点击界面右上角的“完成”按钮，如图 8-9 所示，即可退出该界面，完成音乐作品的生成和保存。

图 8-8　点击“添加到作品”按钮

图 8-9　点击“完成”按钮

8.1.2　使用歌词生成音乐

使用歌词生成音乐

用户使用特定主题的歌词进行生成音乐，可以借助 AI 提问工具，先通过提问来获得满意的歌词，再在海绵音乐手机版中进行音乐的生成。使用歌词生成的音乐视频效果如图 8-10 所示。

图 8-10　使用歌词生成的音乐视频

下面介绍在海绵音乐中使用歌词生成音乐的操作方法。

Step 01　用户在通义手机版中输入并发送提示词，即可获得通义生成的歌词内容，相关提示词和回复内容如下。

提问

写一首往事如烟、思念故人的歌词，按主歌、副歌的结构来写，时长不超过 50 秒。

通义

（主歌）

往事如烟，情字难写。

故人离去，天涯各一边。

一缕青丝，绕指尖。

谁的思念，又被风吹乱。

（副歌）

往事如烟，情字难写。

灯火阑珊，谁在盼君归？

……

Step02 复制在通义手机版中生成的歌词，打开海绵音乐手机版，在音乐生成界面中，切换至“自定义创作”选项卡，如图 8-11 所示。

Step03 在文本框中输入准备好的歌词内容，如图 8-12 所示。

图 8-11 切换至“自定义创作”选项卡

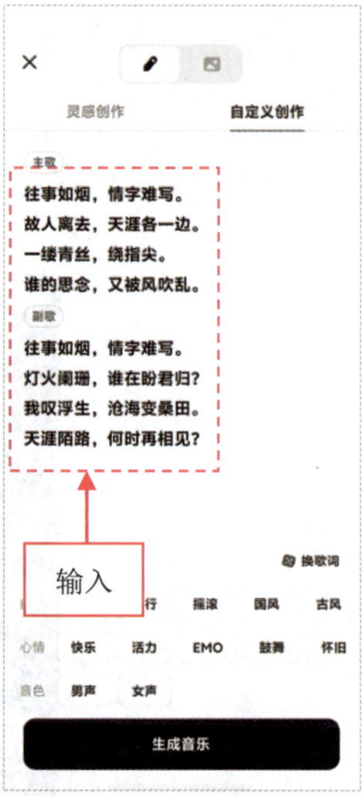

图 8-12 输入歌词内容

> ▶ 专家指点
>
> 用户在输入歌词内容时，最好保留“主歌”和“副歌”的标识文字，以避免 AI 在生成时出现分段错误的情况。不过，这些标识文字最好用括号括起来，以免 AI 误解，将它们也当作歌词内容进行生成。

Step 04 在“曲风”选项区中，选择“国风”选项，如图 8-13 所示，即可设置作品的乐曲风格。

Step 05 用与上同样的方法，设置“心情”为“伤感”、“音色”为“女声”，如图 8-14 所示，即可完成音乐生成参数的设置。

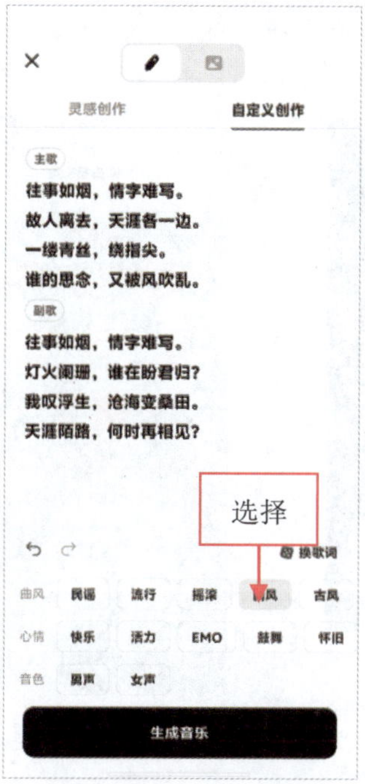

图 8-13　选择“国风”选项

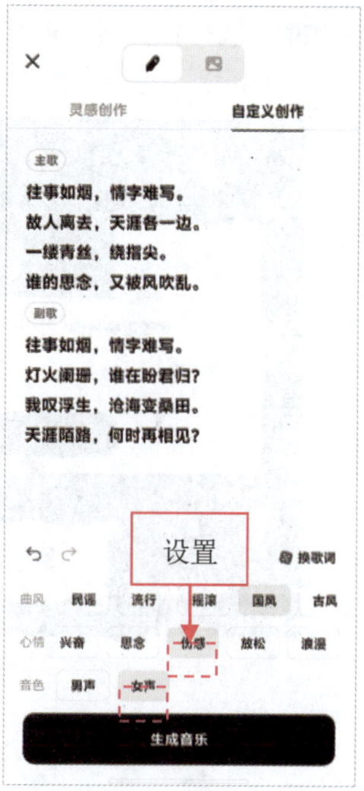

图 8-14　设置音乐的生成参数

Step 06 点击“生成音乐”按钮，即可让 AI 根据歌词内容和生成参数创作出 3 首音乐，并进入“写一首伤感的国风歌曲”界面，用户可以点击第 3 首音乐封面右侧的“生成更多”按钮，如图 8-15 所示。

Step 07 稍等片刻，AI 会重新生成 3 首音乐，此时界面中一共有 6 首音乐，用户可以一一进行试听，❶选择喜欢的音乐，如第 5 首；❷点击音乐封面右侧的 ✎ 按钮，如图 8-16 所示。

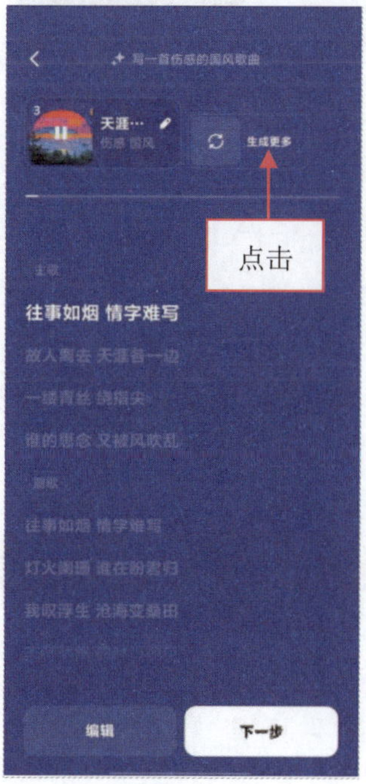

图 8-15　点击“生成更多”按钮

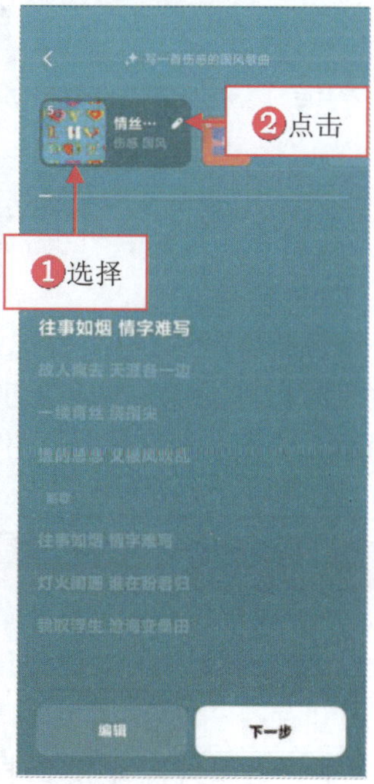

图 8-16　点击相应按钮

Step 08 弹出“修改歌曲名称”面板，❶修改音乐的名称；❷点击“完成”按钮，如图 8-17 所示，即可对歌曲进行重命名。

Step 09 在界面下方点击“下一步”按钮，进入“选择作品模版”界面，❶设置作品的显示状态为“仅自己可见”；❷点击“添加到作品”按钮，如图 8-18 所示。

Step 10 执行操作后，即可保存音乐作品，点击“完成”按钮，如图 8-19 所示，完成音乐的生成和编辑。

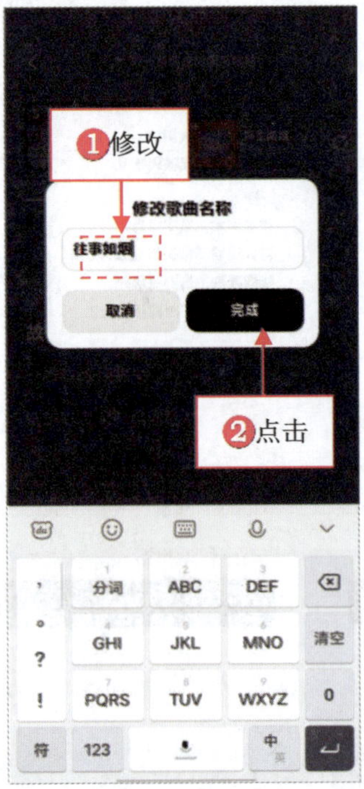

图 8-17 点击“完成”按钮

图 8-18 点击“添加到作品”按钮

图 8-19 点击“完成”按钮

8.2 AI 音频处理专业级

剪映为用户提供了丰富的剪辑功能和素材。本节将介绍利用剪映处理音乐视频和智能分离人声的相关技巧，包括剪切、删除、变速、变调、降噪、淡入淡出、提取音乐、拆分音乐、仅保留背景声音、仅保留人声等，并通过具体操作方法的讲解，帮助用户快速学会运用剪辑剪辑音乐视频。

> ▶ 专家指点
>
> 剪映是抖音官方推出的一款智能视频剪辑工具，将人工智能技术与视频编辑功能深度融合，旨在帮助用户轻松创作出高质量的短视频。

8.2.1 错误片段精准剪切

在剪映工作界面中，剪切音频是指将片段从音频文件中剪切出来，被剪切的音频片段可以粘贴至其他的音频文件中进行应用。下面介绍剪切音乐片段的操作方法。

错误片段精准剪切

Step 01 打开剪映，在首页单击“开始创作”按钮，进入“媒体”功能区，单击“本地”选项卡中的“导入”按钮，如图 8-20 所示。

Step 02 弹出“请选择媒体资源”对话框，❶选择需要导入的音频素材；❷单击“打开”按钮，如图 8-21 所示。

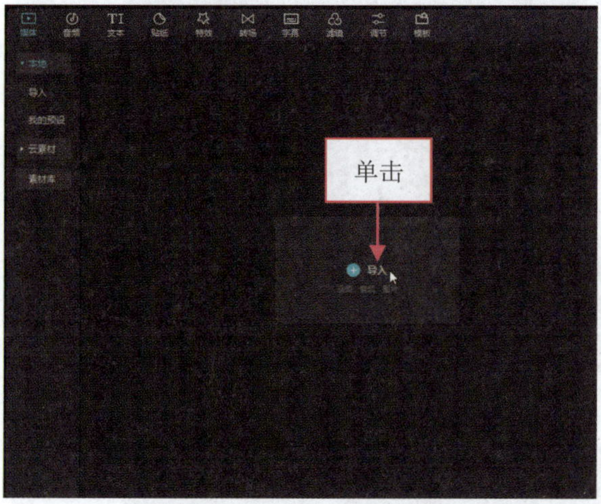

图 8-20 单击“导入”按钮

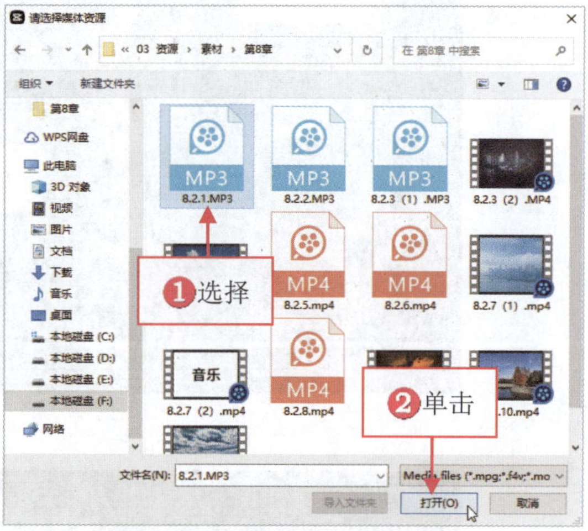

图 8-21 单击“打开”按钮

Step 03 执行操作后，即可导入一段音频素材，单击音频素材右下角的“添加到轨道”按钮，❶在音频轨道中添加一段音乐素材；❷在“播放器”面板中，可以试听音乐，如图 8-22 所示。

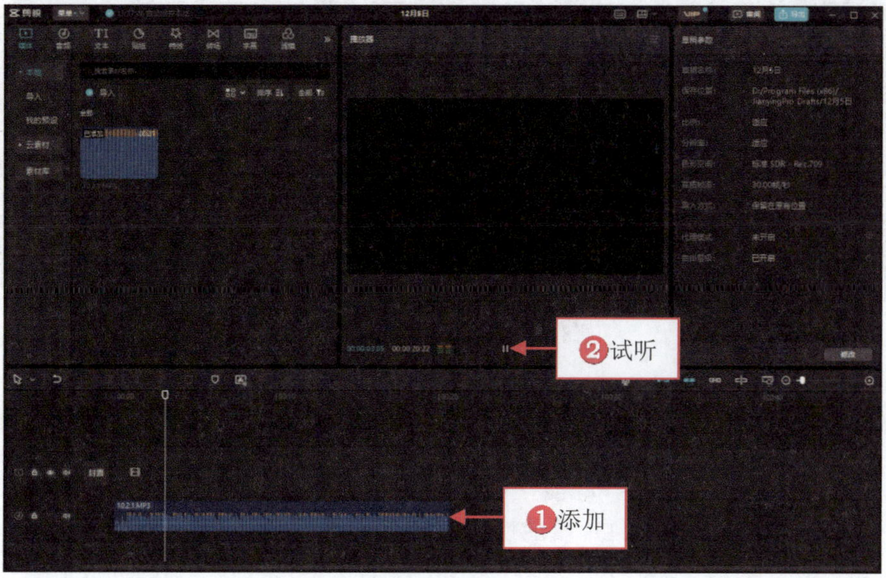

图 8-22 试听音乐

Step 04 选择音频，❶拖曳时间线至 00:00:16:00 的位置；❷单击“分割”按钮，即可分割音频，如图 8-23 所示。

Step 05 ❶选择需要裁减的音频片段；单击鼠标右键，❷在弹出的列表框中选择“剪切”选项，如图 8-24 所示，即可剪切选择的音频片段。

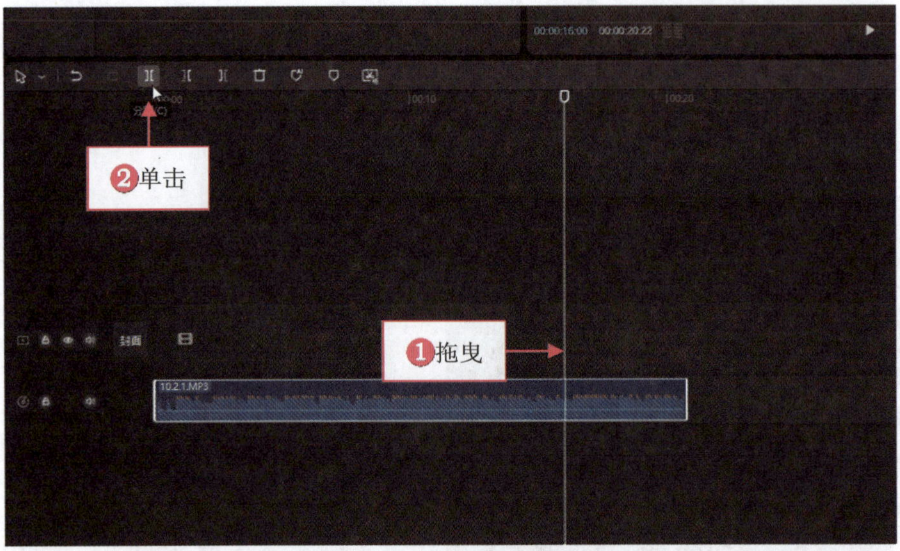

图 8-23　单击“分割”按钮

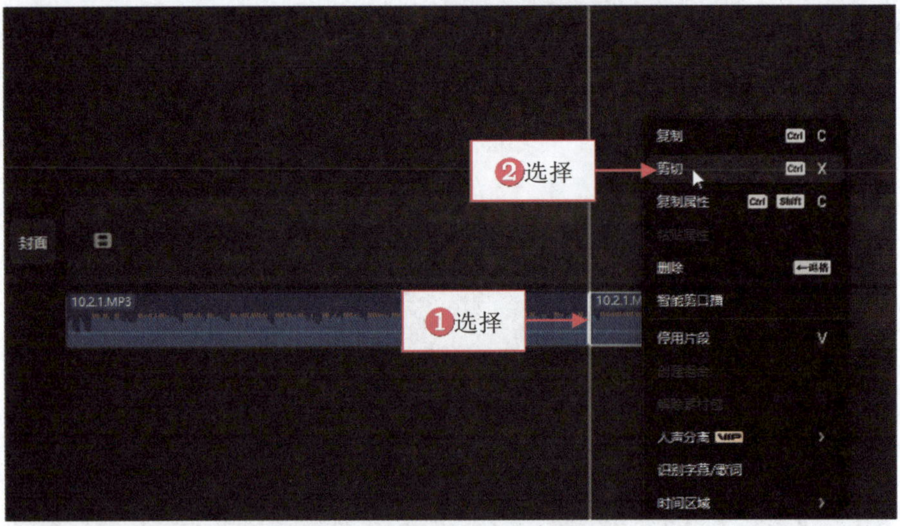

图 8-24　剪切选择的音频片段

8.2.2　无用片段轻松删除

在剪映工作界面中，对于不喜欢的、不需要的音乐片段可以进行删除操作。下面介绍删除不需要的音频片段的操作方法。

无用片段轻松删除

Step 01　打开剪映，❶在音频轨道中添加一段音乐素材；❷在“播放器”面板中，可以试听音乐，如图 8-25 所示。

Step 02　选择音频，❶拖曳时间线至 00:00:51:00 的位置；❷单击“分割”按钮，如图 8-26 所示，分割音频。

Step 03　❶选中不需要的音频片段；❷单击“删除”按钮，如图 8-27 所示，即可删除不需要的音频片段。

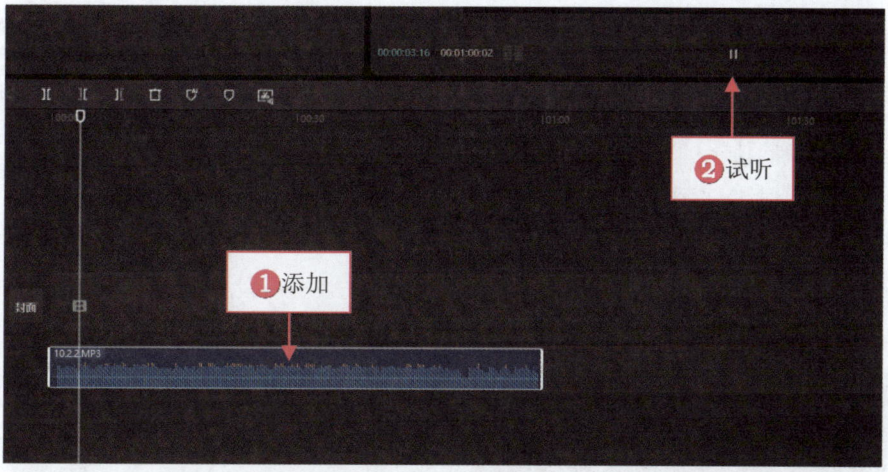

图 8-25　试听音乐

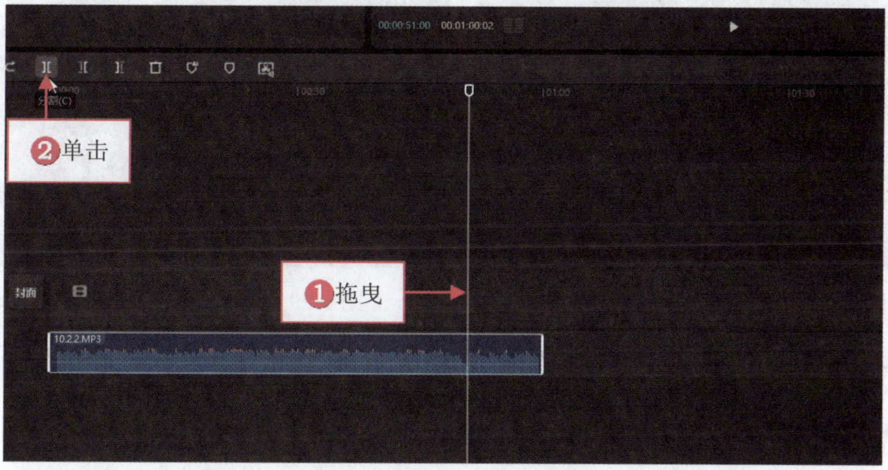

图 8-26　单击“分割”按钮

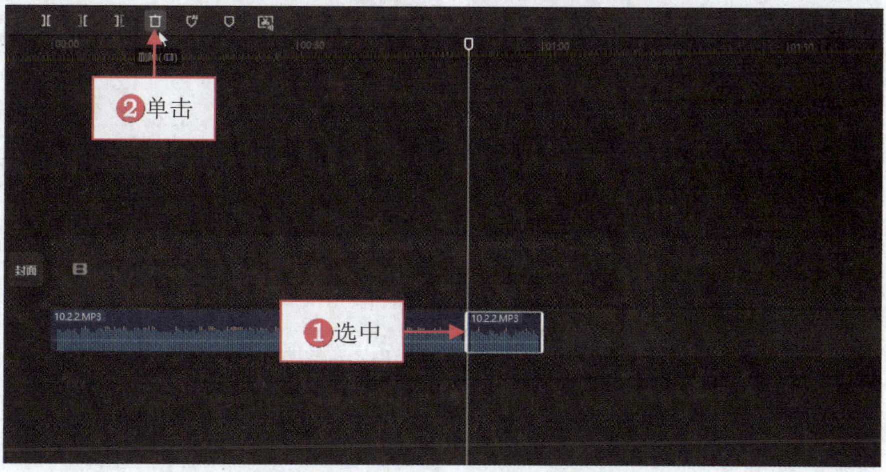

图 8-27　删除不需要的音频片段

8.2.3 变速渲染增添氛围

剪映可以对音频轨道中的音乐素材进行快速或慢速处理，这对于短视频制作、广告配乐等领域具有很高的实用价值。例如，当视频内容需要渲染出比较紧张、有压迫的氛围感时，可以加快背景音乐的节奏速度，使音乐节奏与视频更匹配。下面介绍在剪映中音频变速处理的操作方法。

变速渲染增添氛围

Step 01 打开剪映，在轨道中分别添加一段需要处理的视频和一段背景音乐，如图 8-28 所示。

Step 02 在“播放器”面板中，可以查看视频并试听音乐，效果如图 8-29 所示。

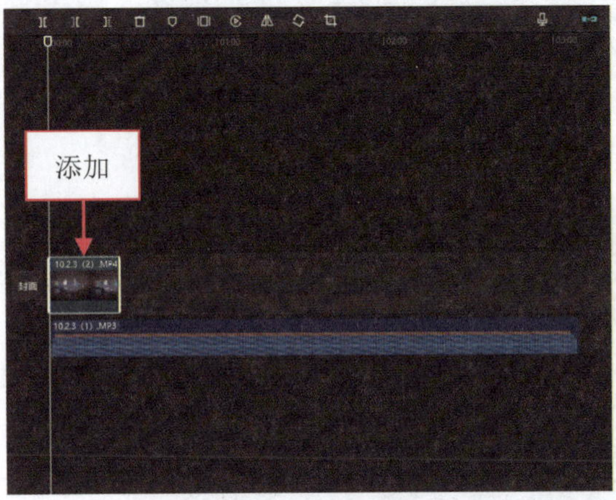

图 8-28 添加视频和背景音乐

图 8-29 查看视频并试听背景音乐

Step 03 选择背景音乐，在“变速”操作区中，设置“倍数”参数为 2.0x，将音乐速度变快，如图 8-30 所示，在“播放器”面板中可以进行试听。

Step 04 ❶将时间线拖曳至视频的结束位置；❷单击“向右裁剪”按钮，如图 8-31 所示，将时间线右侧多余的音频裁剪删除，完成音频变速操作。

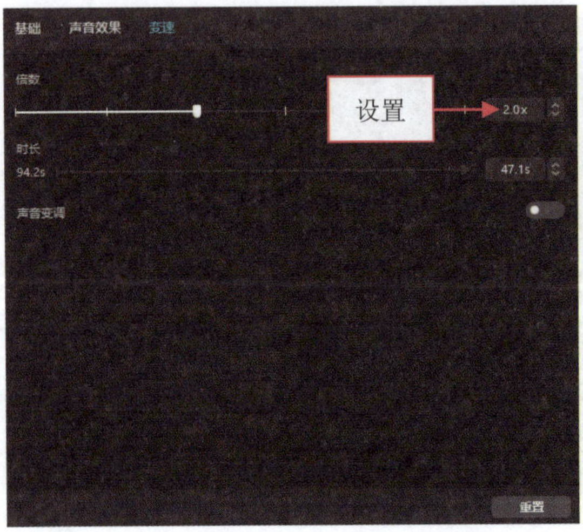

图 8-30 设置“倍数”参数

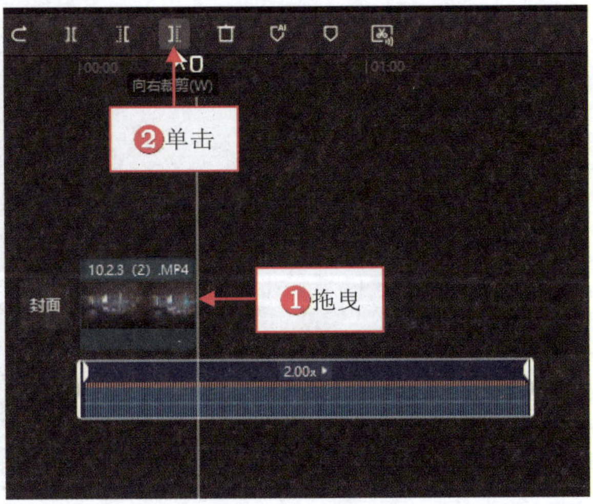

图 8-31 单击“向右裁剪”按钮

8.2.4 变调创作多样风格

变调创作多样风格

音乐变调可以让创作变得更加多样化，剪映在对音乐进行变速时，可以保持音调不变，也可以让音乐音调随音乐速度发生变化，使其适应不同的场景和氛围。下面介绍在剪映中音乐变调处理的操作方法。

Step 01 打开剪映，在视频轨道中添加一段视频，如图 8-32 所示。

Step 02 在“播放器”面板中，可以查看视频并试听背景音乐，如图 8-33 所示。

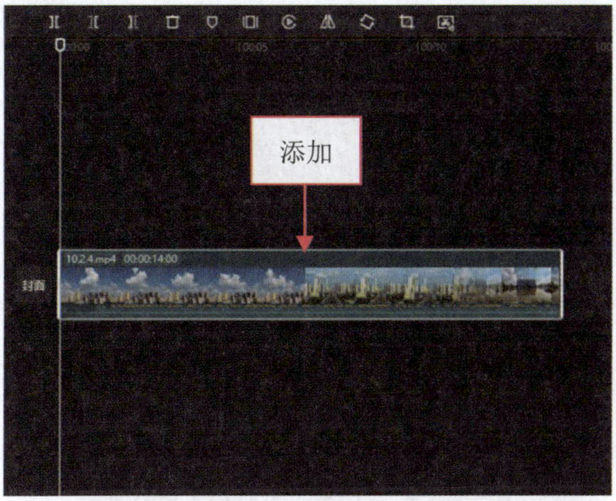

图 8-32 添加一段视频

图 8-33 查看视频并试听背景音乐

Step 03 选择视频，在“变速”操作区中，设置“倍数”参数为 0.8x，将视频的播放速度变慢，增加视频时长，如图 8-34 所示。此时播放视频，可以听到视频中的音乐节奏变慢了，但音调没有变化。

Step 04 在“变速”操作区中，启动“声音变调”开关，如图 8-35 所示，即可对背景音乐进行变调处理，将声音变得更加低沉一些。

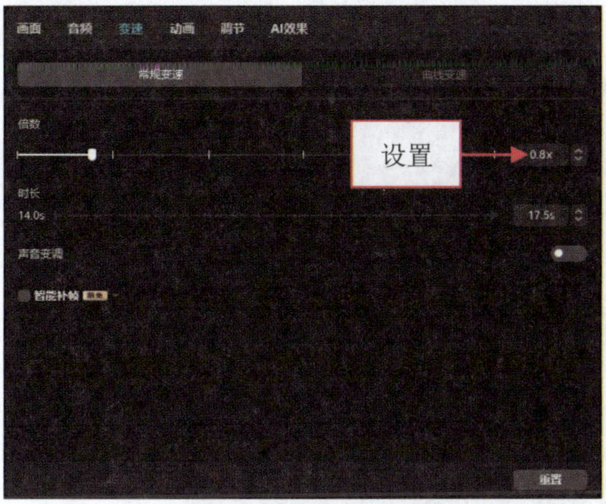

图 8-34 设置“倍数”参数

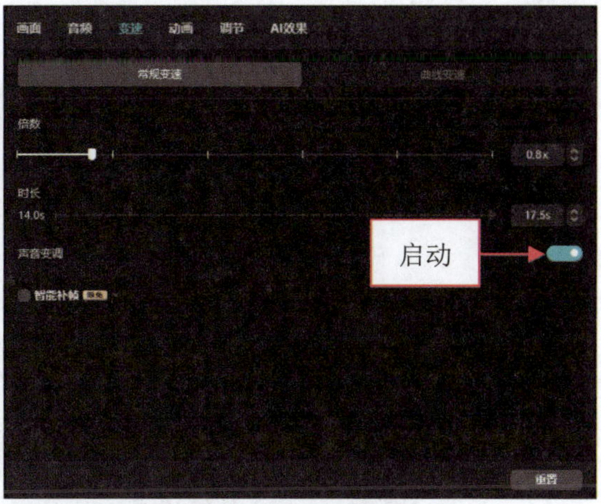

图 8-35 启动“声音变调”开关

8.2.5 降噪处理提升音质

降噪处理提升音质

在剪映中对视频中的音频进行处理时，用户可以使用 AI 技术有效降低背景噪音，提升音频的清晰度。下面介绍在剪映中音乐降噪处理的操作方法。

Step 01 打开剪映，在视频轨道中添加一段视频，在“播放器”面板中，可以查看视频并试听背景音乐，如图 8-36 所示。可以明显听到背景音频中含有细微的白噪音，需要利用剪映中的 AI 技术对音频进行降噪处理。

图 8-36 查看视频并试听背景音乐

Step 02 选择视频，在“音频”操作区中，选中“音频降噪”复选框，如图 8-37 所示。稍等片刻，即可自动进行降噪处理。

图 8-37 选中“音频降噪”复选框

8.2.6　淡入淡出自然过渡

淡入淡出自然过渡

在剪映中对视频中的背景音乐进行处理时，可以实现背景音乐淡入淡出效果，这种过渡方式自然流畅，适用于影片配乐、广播节目、广告视频等场景，使背景音乐过渡更加专业。下面介绍在剪映中音乐淡入淡出处理的操作方法。

Step 01　打开剪映，在视频轨道中添加一段视频，在“播放器”面板中，可以查看视频并试听背景音乐，如图 8-38 所示。可以明显听到背景音乐开始和结束都稍微有点突兀，不够自然。

图 8-38　查看视频并试听背景音乐

Step 02　选择视频，在“音频”操作区中，设置“淡入时长”和“淡出时长”参数均为 1.5 s，如图 8-39 所示，使视频中的音频淡入淡出，不显突兀。

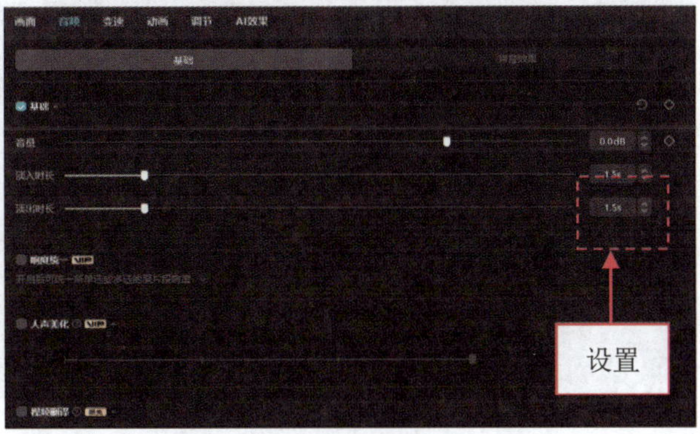

图 8-39　设置相应参数

8.2.7　视频音乐快速提取

视频音乐快速提取

当用户在一个视频中听到好听的背景音乐时，可以将视频保存下来，然后通过剪映的“音频提取”功能将视频中的背景音乐提取出来，并应用到自己制作的视频上。下面介绍使用剪映从视频中提取音乐的操作方法。

Step 01　打开剪映，在首页单击“开始创作”按钮，如图 8-40 所示。

Step 02　进入剪辑界面，在“媒体”功能区中导入一段视频素材，单击视频素材右下角的“添加到轨道”按钮＋，如图 8-41 所示。

Step 03　执行操作后，即可将视频添加到视频轨道中，如图 8-42 所示。

Step 04　在“音频”功能区中，单击“音频提取”选项卡中的“导入”按钮，如图 8-43 所示。

Step 05　弹出“请选择媒体资源”对话框，在其中选择一个音乐视频素材，如图 8-44 所示。

Step 06 单击“打开”按钮，即可将视频中的音频提取出来，如图 8-45 所示。

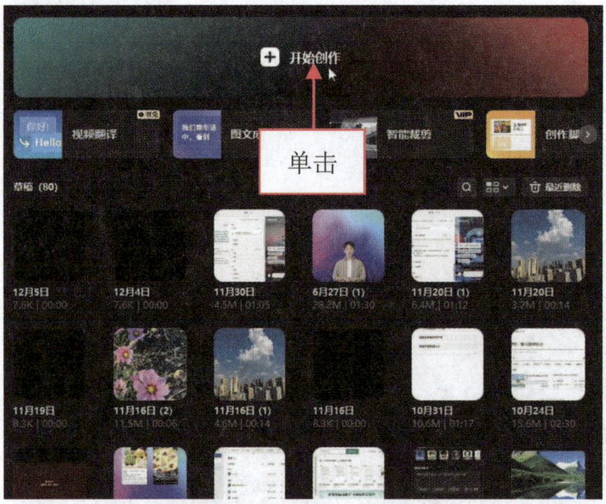

图 8-40 单击“开始创作”按钮

图 8-41 单击“添加到轨道”按钮

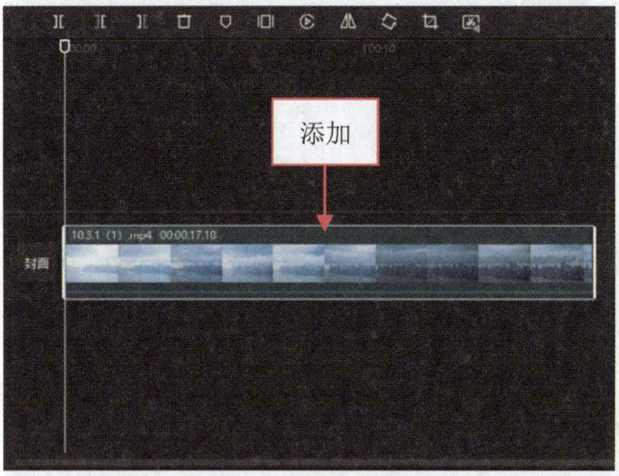

图 8-42 将视频添加到视频轨道中

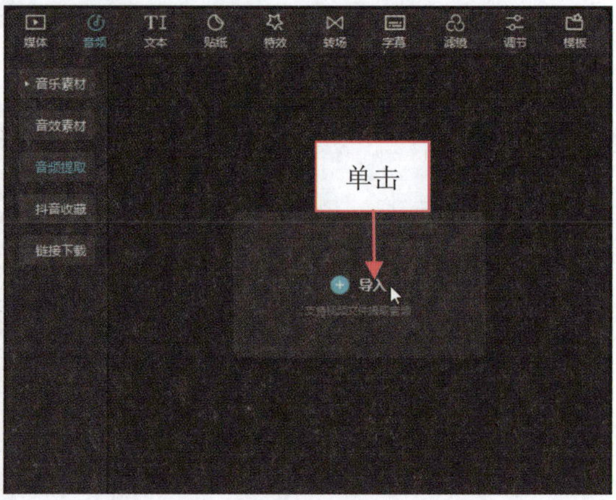

图 8-43 单击“导入”按钮

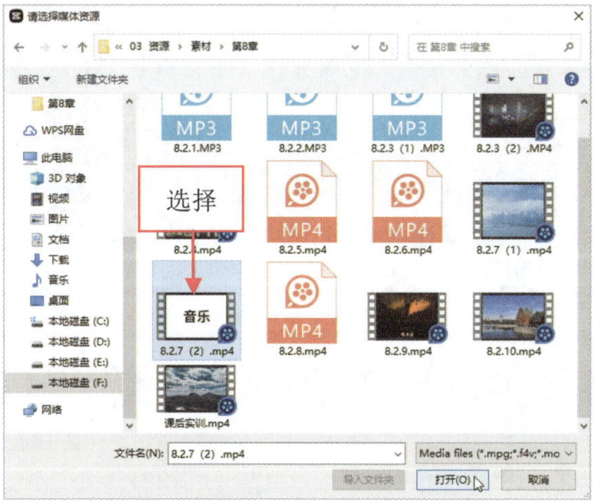

图 8-44 选择一个音乐视频素材

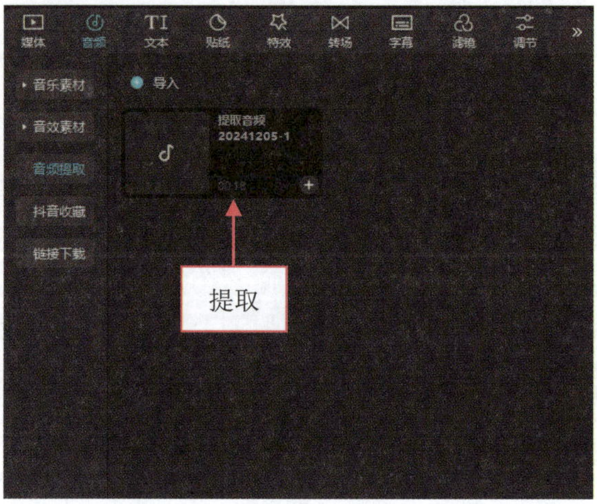

图 8-45 将视频中的音频提取出来

Step 07 将提取的音频拖曳至音频轨道上，作为视频的背景音乐，如图 8-46 所示。

Step 08　单击界面右上角的"导出"按钮，如图 8-47 所示，合成导出为一个完整的视频。

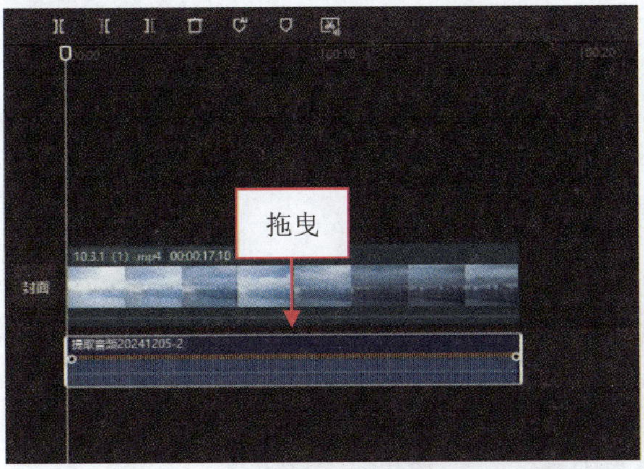

图 8-46　将音频拖曳至音频轨道上

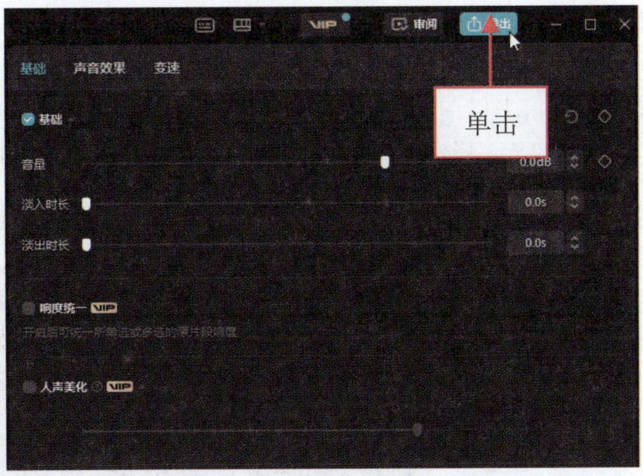

图 8-47　单击"导出"按钮

8.2.8　视频音乐精准拆分

视频音乐精准拆分

在剪辑视频的过程中，当需要删除或保留视频中的背景音乐、单独剪辑视频或音乐时，可以通过剪映的"分离音频"功能将视频中的背景音乐分离出来。下面介绍具体的操作方法。

Step 01　打开剪映，❶在视频轨道上添加一段视频素材；单击鼠标右键，❷在弹出的快捷菜单中选择"分离音频"选项，如图 8-48 所示。

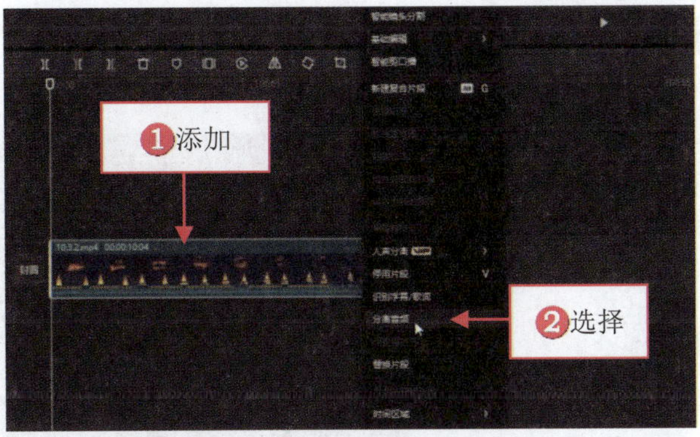

图 8-48　选择"分离音频"选项

Step 02　执行上述操作后，即可将视频中的音频分离至音频轨道中，如图 8-49 所示。选择分离的音频，按【Delete】键可以将其删除。

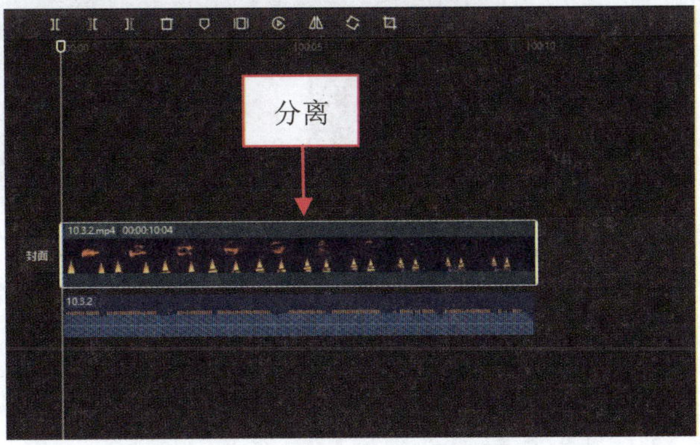

图 8-49　将视频中的音频分离

8.2.9　背景声音分离

背景声音分离

在进行视频剪辑时，有时需要去掉人声，只保留背景音乐。通过剪映的 AI 功能，用户可以轻松地将人声部分剔除，只保留背景音乐，让视频更加和谐。下面介绍在剪映中仅保留视频背景音乐的操作方法。

Step 01　打开剪映，在视频轨道上添加一段视频素材，如图 8-50 所示。

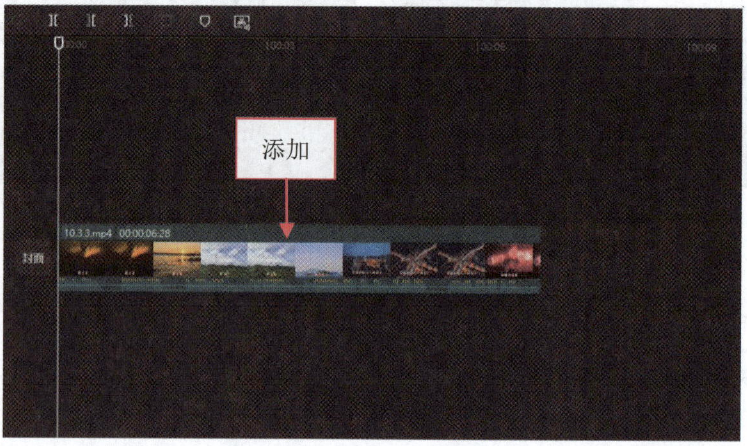

图 8-50　添加一段视频素材

Step 02　在“音频”操作区中，①选中“人声分离”复选框；②在下方的列表框中选择“仅保留背景声”选项，如图 8-51 所示。执行操作后，即可仅保留视频中的背景音乐。

图 8-51　选择“仅保留背景声”选项

8.2.10　人声分离

人声分离

在进行视频剪辑时，如果视频中的音频同时有人声和背景声，通过剪映的 AI 功能可以轻松地将音频中的背景声剔除，仅保留人声，从而让视频中的人声更加“干净”，具体操作如下。

Step 01 打开剪映，在视频轨道上添加一段视频素材，如图 8-52 所示。

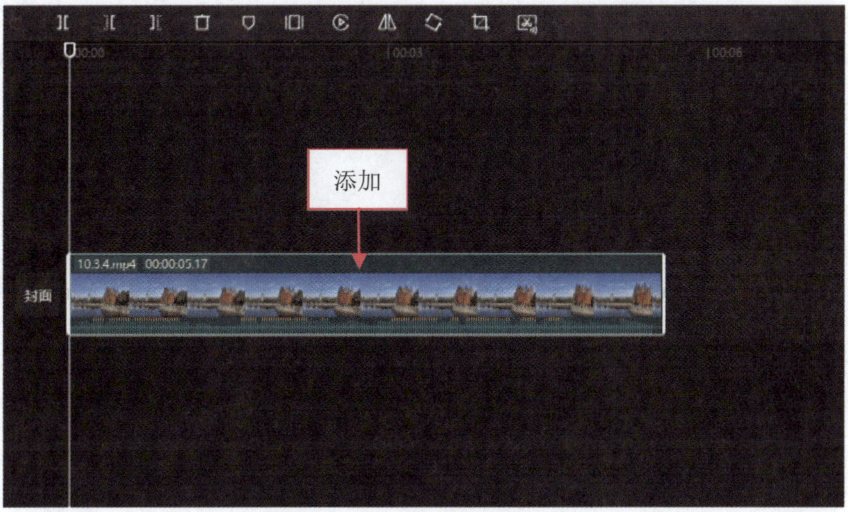

图 8-52　添加一段视频素材

Step 02 在“音频”操作区中，选中“人声分离”复选框，下方为系统默认设置的“仅保留人声”选项，如图 8-53 所示。执行操作后，即可仅保留视频中的人声。

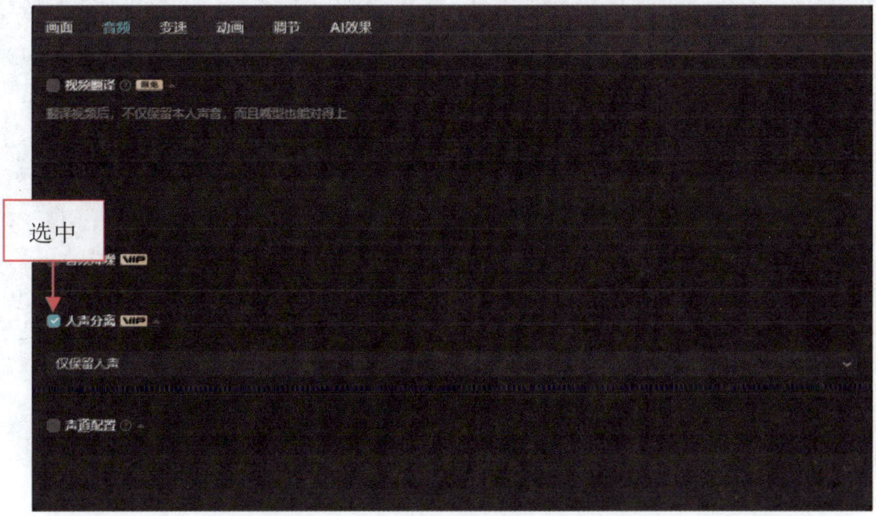

图 8-53　选中“人声分离”复选框

本 章 小 结

本章主要讲述了 AI 音频创作与处理。首先介绍了 AI 音频生成的新体验，包括使用灵感生成音乐和使用歌词生成音乐的创新方法，灵感生成音乐强调用户可以通过简单的想法触发 AI 生成完整的音乐作品，而歌词生成音乐则展示了如何将文字转化为旋律，为用户提供了更直观的创作路径；最后介绍了 AI 音频处理的专业级功能，从错误片段的精准剪切到无用片段的轻松删除，AI 技术在音频编辑中展现了极高的效率和精确性。变速渲染和变调创作则为音频增添了多样化的风格和氛围，而降噪处理和淡入淡出功能则进一步提升了音频的音质和自然过渡效果。此外，视频音乐的快速提取和精准拆分功能，以及背景声音和人声的分离技术，为用户提供了强大的工具支持，帮助他们在音频处理中实现更高质量的输出。通过本章的学习，读者应掌握使用 AI 进行音频创作与处理的方法。

课 后 习 题

课后习题

鉴于本章知识的重要性，为了帮助更好地掌握所学知识，将通过课后习题帮助读者进行简单的知识回顾和补充。

任务：请运用剪映的剪辑功能拆分视频中的音频

Step 01 打开剪映，❶在视频轨道上添加一段视频素材；单击鼠标右键，❷在弹出的快捷菜单中选择“分离音频”选项，如图 8-54 所示。

Step 02 执行上述操作后，即可将视频中的音频分离至音频轨道中，如图 8-55 所示。选择分离的音频，按【Delete】键可以将其删除。

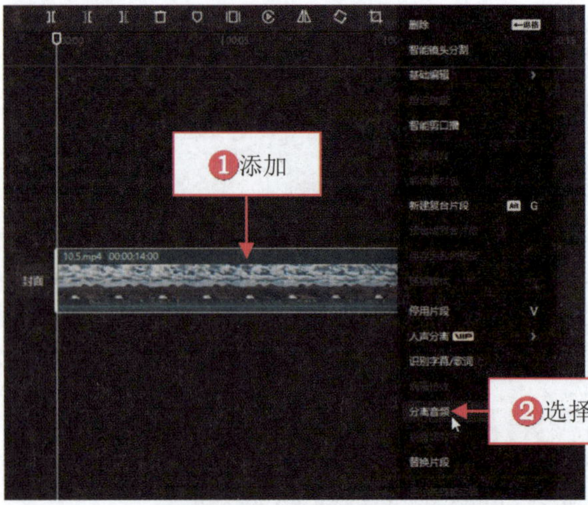

图 8-54　选择“分离音频”选项

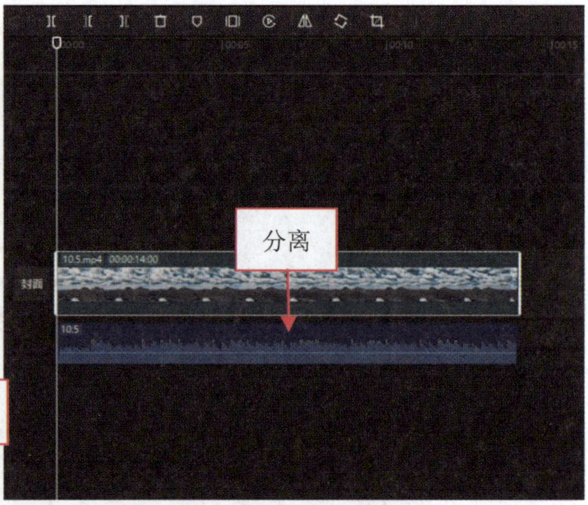

图 8-55　将视频中的音频分离

第 9 章 AI 视频创作与处理

在数字创意的浪潮中，AI 视频创作与处理技术正以前所未有的姿态重塑视觉艺术的边界。本章将主要介绍利用 AI 将文本信息或图片素材生成令人惊叹的视频内容；并介绍一系列视频处理技术，通过智能裁剪、画质增强、画面稳定、背景替换、动感添加及色彩优化等，让每一帧画面都经过匠心雕琢，达到专业级水准。

本章重点

- 掌握 AI 视频生成的多维度探索
- 掌握 AI 视频处理技术革新

素质目标

- 培养读者敏锐捕捉行业需求，将技术与实际需求结合的能力
- 提升读者的表达能力，使其能够清晰阐述观点、分享见解

9.1　AI 视频生成的多维度探索

借助可灵 AI，用户可以点燃自己的 AI 想象力，快速制作出高质量的视频。本节将介绍利用可灵 AI 快速创作出高质量的 AI 短视频内容。

9.1.1　文本信息生成视频

文本信息生成视频

【效果展示】可灵 AI 手机版提供了“文生视频”功能，用户只需在 AI 视频界面的“文生视频”选项卡中输入文本，并设置相关信息，即可快速生成所需的短视频，效果如图 9-1 所示。

图 9-1　在可灵 AI 手机版中使用文字生成的短视频效果

下面介绍用可灵 AI 手机版的“文生视频”功能生成视频的操作方法。

Step 01 打开可灵 AI App，进入其“首页”界面，点击“文生视频”按钮，如图 9-2 所示，进行界面的切换。

Step 02 进入“文生视频”界面，点击界面上方对应模型的按钮，如点击“可灵 1.6”按钮，如图 9-3 所示，进行视频模型的设置。

Step 03 弹出“模型选择”面板，在该面板中选择对应模型的选项，如选择“可灵 1.0”选项，如图 9-4 所示。

Step 04 执行操作后，❶如果“文生视频”界面中显示“可灵 1.0”按钮，就说明视频模型设置成功了；❷点击“创意描述”板块中的输入框，如图 9-5 所示，进行提示词的输入。

图 9-2 点击“文生视频”按钮

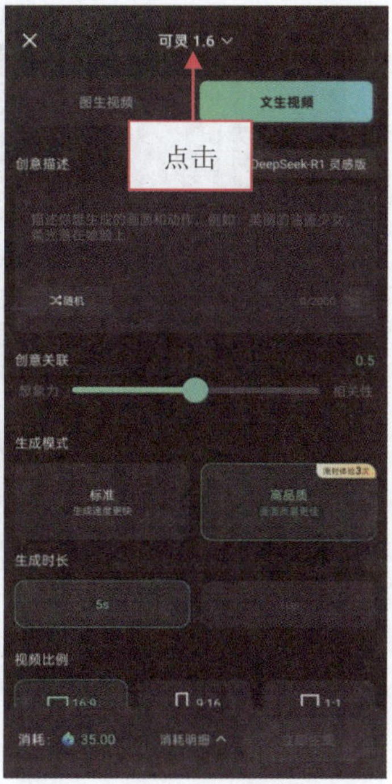

图 9-3 点击“可灵 1.6”按钮

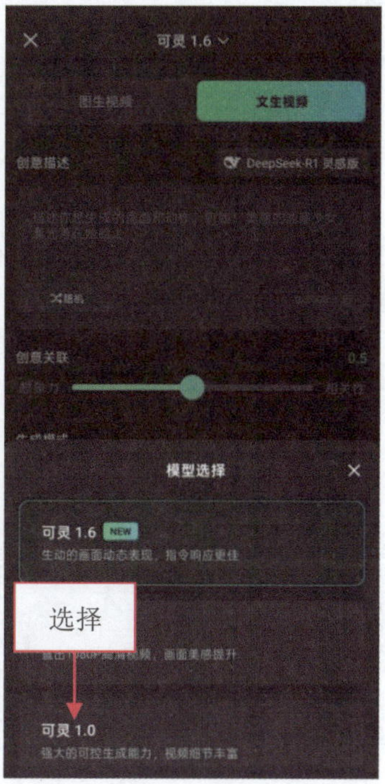

图 9-4 选择“可灵 1.0”选项

Step05 在输入框中输入提示词，如图 9-6 所示，对视频的画面内容进行描述。

Step06 滑动界面，设置创意关联、生成模式、生成时长、视频比例和生成数量等信息，如图 9-7 所示，即可完成视频生成信息的设置。

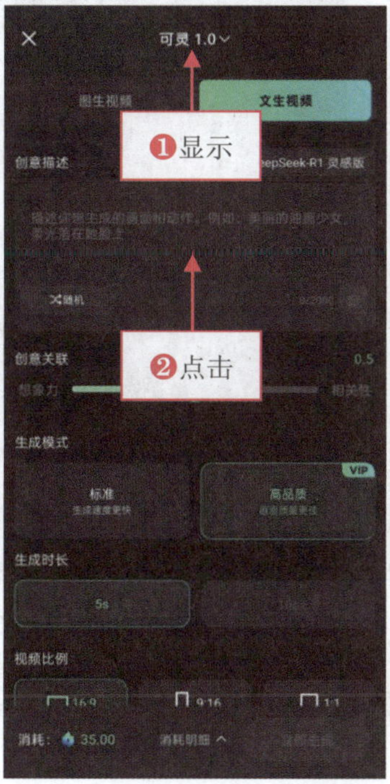

图 9-5 点击“创意描述”板块中的输入框

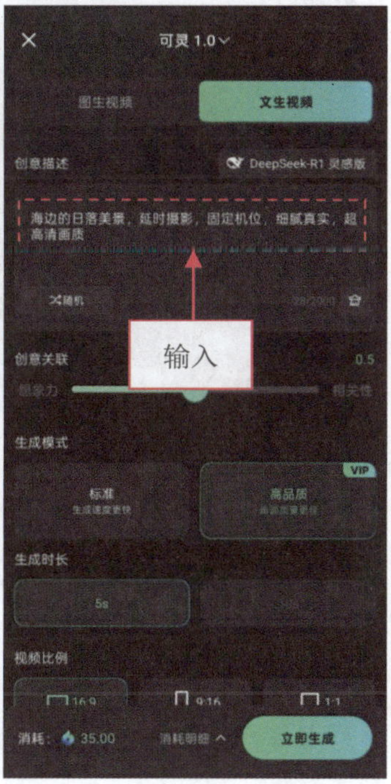

图 9-6 在输入框中输入提示词

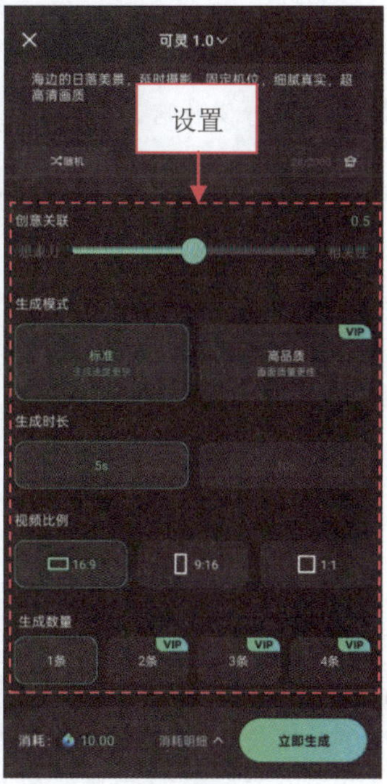

图 9-7 设置视频生成信息

Step 07 完成视频生成信息的设置之后，点击“立即生成”按钮，如图 9-8 所示，即可进行视频内容的生成。

Step 08 执行操作后，跳转至“视频生成”界面，该界面中会显示视频的生成情况，如图 9-9 所示。

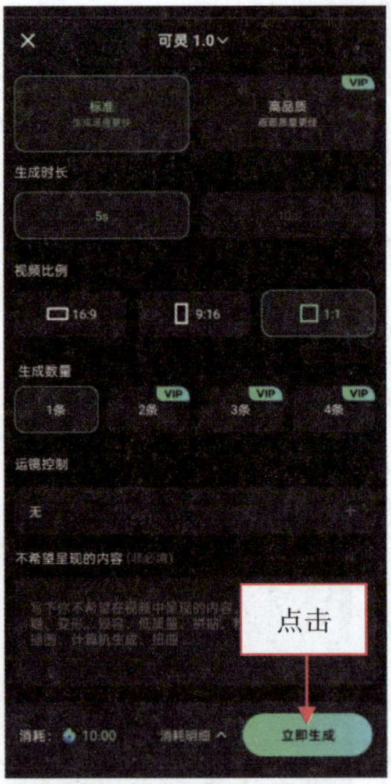

图 9-8　点击“立即生成”按钮

图 9-9　显示视频的生成情况

Step 09 如果“视频生成”界面中显示具体的视频画面，就说明视频生成成功了。点击视频画面，如图 9-10 所示。

Step 10 执行操作后，即可进入视频展示界面，查看视频的具体效果，如图 9-11 所示。

图 9-10　点击视频画面

图 9-11　查看视频的具体效果

▶ 专家指点

借助可灵 AI 生成短视频时，可能需要等待一定的时间。如果用户觉得等待的时间太长了，可以开通会员，获得视频的优先生成权限。

Step 11 点击视频展示界面右上方的按钮，如图 9-12 所示，进行视频的下载。

Step 12 弹出视频下载的相关面板，在该面板中选择对应的视频下载选项，如选择“有水印下载”选项，如图 9-13 所示，即可将视频下载至手机中。

图 9-12　点击按钮

图 9-13　选择“有水印下载”选项

9.1.2　图片素材生成视频

图片素材生成视频

【效果展示】除了使用文字信息之外，用户还可以在可灵 AI 中使用图片生成短视频。打开可灵 AI App 之后，用户可以进入“图生视频”界面，使用图片素材生成相关的短视频，效果如图 9-14 所示。

图 9-14　在可灵 AI 手机版中使用图片生成的短视频效果

下面介绍用可灵 AI 手机版的“图生视频”功能生成视频的操作方法。

Step 01 打开可灵 AI App，进入其“首页”界面，点击“图生视频”按钮，如图 9-15 所示，进行界面的切换。

Step 02 进入“图生视频”界面，点击界面上方对应模型的按钮，如点击“可灵 1.6”按钮，如图 9-16 所示，进行视频模型的设置。

Step 03 弹出“模型选择”面板，在该面板中选择对应模型的选项，如选择“可灵 1.5”选项，如图 9-17 所示。

图 9-15　点击“图生视频”按钮

图 9-16　点击“可灵 1.6”按钮

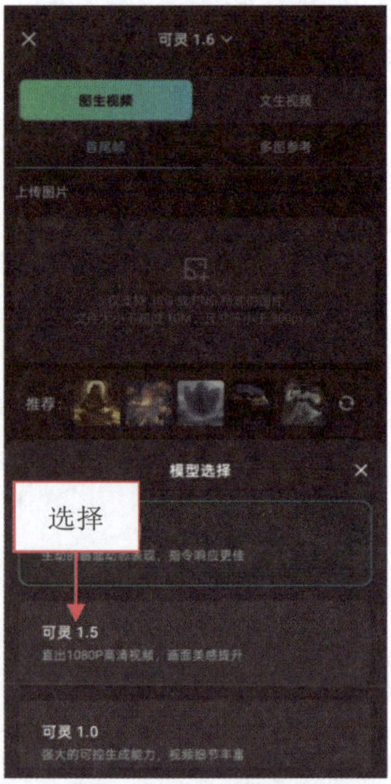

图 9-17　选择“可灵 1.5”选项

Step 04 执行操作后，❶如果“图生视频”界面中显示“可灵 1.5”按钮，就说明视频模型设置成功了；❷点击“上传图片”板块中的图片上传区域，如图 9-18 所示，进行图片素材的上传。

Step 05 在弹出的面板中，选择对应图片素材上传方式的选项，如选择“相册选择”选项，如图 9-19 所示。

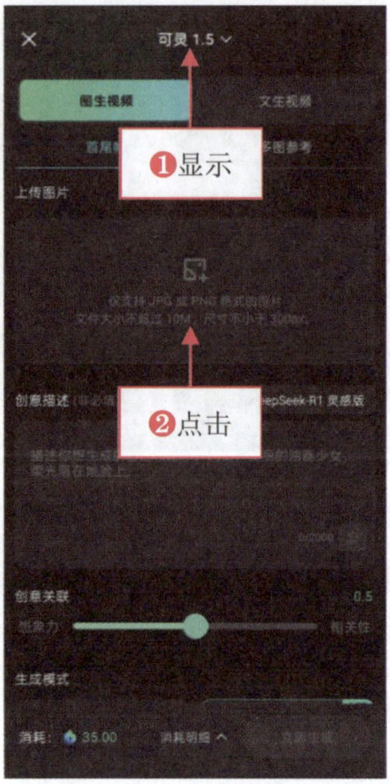

图 9-18　点击图片上传区域

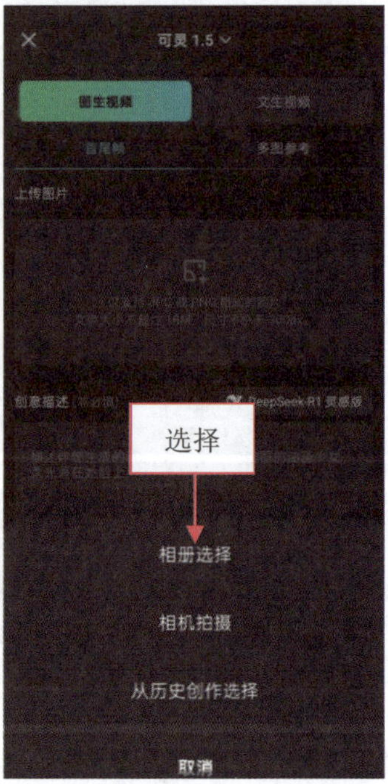

图 9-19　选择“相册选择”选项

Step 06 弹出“选择图片”对话框，在该对话框中选择对应的图片素材，如图 9-20 所示。

Step 07 执行操作后，返回“图生视频”界面，如果“上传图片”板块中显示刚刚选择的图片，就说明图片素材上传成功了，如图 9-21 所示。

图 9-20　选择对应的图片素材

图 9-21　图片素材上传成功

Step 08 点击“创意描述”板块中的输入框，在输入框中输入提示词，如图 9-22 所示，描述视频的画面内容。

Step 09 滑动界面，设置创意关联、生成模式、生成时长、视频比例和生成数量等信息，如图 9-23 所示，即可完成视频生成信息的设置。

图 9-22　在输入框中输入提示词

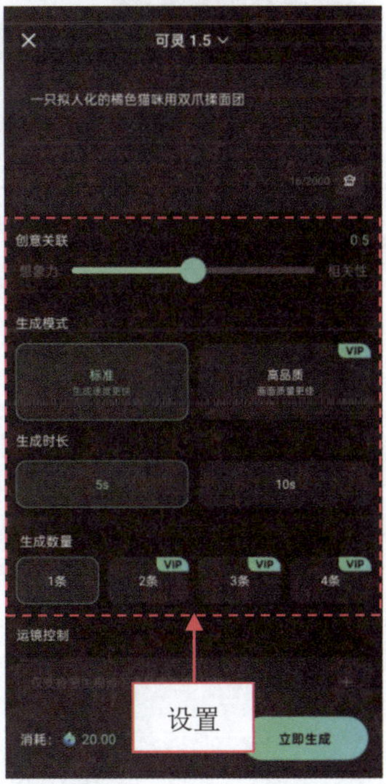

图 9-23　设置视频的生成信息

Step 10 完成图片素材的上传和视频生成信息的设置之后，点击“立即生成”按钮，如图 9-24 所示，即可进行视频内容的生成。

Step 11 执行操作后，只需等待短视频生成即可。如果短视频生成的时间比较长，用户不必一直停留在“视频生成”界面，可以等短视频生成后，进入“我的”界面，查看具体的视频内容。返回“首页”界面，点击“我的”按钮，如图 9-25 所示，进行界面的切换。

Step 12 进入“我的”界面“我的创作”|“全部”选项卡，点击对应短视频封面，如图 9-26 所示。

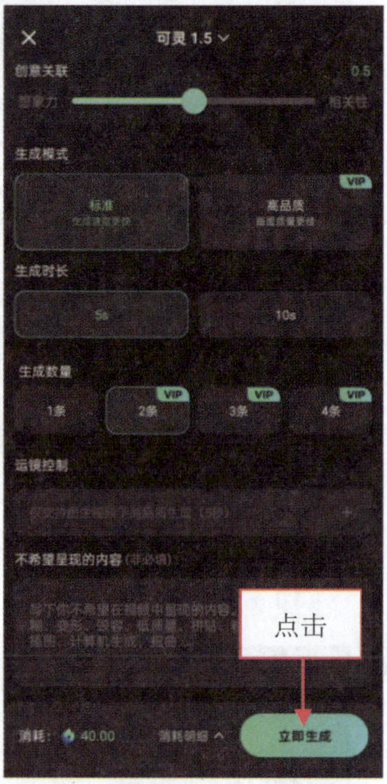

图 9-24 点击“立即生成”按钮

图 9-25 点击“我的”按钮

图 9-26 点击对应的短视频封面

Step 13 执行操作后，进入短视频的展示界面，即可查看短视频的具体效果。❶点击界面右上方的···按钮；在弹出的列表框中，❷选择“下载”选项，如图 9-27 所示，进行视频的下载。

Step 14 在弹出的面板中，选择对应的短视频下载选择，如选择“有水印下载”选项，如图 9-28 所示，即可将短视频效果下载至手机相册中。

图 9-27 选择“下载”选项

图 9-28 选择“有水印下载”选项

9.2　AI 视频处理技术革新

横版视频可以一键变竖屏，模糊的视频也可以一键变高清。借助 AI，用户不仅可以大大提升视频素材的处理速度，还可以让视频效果更加美观。本节将以剪映 App 为例，介绍运用 AI 处理和美化视频素材的功能，如“智能裁剪”“超清画质”“智能防抖”“智能抠像”等。

9.2.1　智能裁剪视频尺寸

智能裁剪视频尺寸

【效果对比】在剪映 App 中，用户可以运用“智能裁剪”功能将横版的视频转换为竖版的视频，这样视频就更适合在手机中观看，还能裁去多余的画面，素材与效果对比如图 9-29 所示。

图 9-29　素材与效果对比

下面介绍在剪映 App 中运用“智能裁剪”功能调整视频比例的具体操作方法。

Step 01　打开剪映 App，进入“剪辑”界面，点击“开始创作”按钮，如图 9-30 所示。

Step 02　进入“照片视频”界面，❶在“视频”选项卡中选择视频素材；❷选中“高清”复选框；❸点击“添加”按钮，如图 9-31 所示，进入视频编辑界面，并将素材导入视频轨道。

Step 03　❶选择素材；❷在下方的工具栏中点击“智能裁剪”按钮，如图 9-32 所示。

> **▶ 专家指点**
>
> 需要注意的是，目前“智能裁剪”功能为会员功能，用户需要购买会员资格才能使用。另外，像“超清画质”“智能调色”等功能都需要会员资格才能使用。

图 9-30　点击“开始创作”按钮

图 9-31　点击“添加”按钮

图 9-32　点击“智能裁剪”按钮

Step 04 弹出“智能裁剪”面板，选择 3:4 选项，如图 9-33 所示，即可开始裁剪画面，裁剪完成后，点击按钮，确认裁剪。

Step 05 由于裁剪后的视频比例与原比例不同，因此素材画面的周围出现了黑边，在工具栏中点击“比例”按钮，❶在弹出的“比例”面板中选择 3:4 选项；❷点击按钮，如图 9-34 所示，即可更改视频画布尺寸，去除黑边，完成素材的处理。

图 9-33　选择 3：4 选项

图 9-34　点击相应按钮

9.2.2　智能提升视频画质

智能提升视频画质

【效果对比】如果视频画面不够清晰，用户可以使用剪映中的“超清画质”功能，对视频进行修复，让画面变得更加清晰，素材与效果对比如图 9-35 所示。

图 9-35　素材与效果对比

下面介绍在剪映 App 中运用“超清画质”功能让视频变清晰的具体操作方法。

Step 01　将素材添加到视频轨道中，选择素材，在下方工具栏中点击“调节”按钮，如图 9-36 所示，进入“调节”选项卡。

Step 02　❶切换至“画质提升”选项卡；❷选择“超清画质”选项；❸设置画质为“高清”，如图 9-37 所示，对素材的画质进行提升，提升完成后，点击✓按钮。

图 9-36　点击“调节”按钮

图 9-37　设置画质为“高清”

9.2.3　智能稳定视频画面

智能稳定视频画面

【效果对比】在拍摄视频的过程中，难免会出现画面抖动的情况。此时，用户可以运用“防抖”功能，一键让画面稳定，素材与效果对比如图 9-38 所示。

下面介绍在剪映 App 中运用“防抖”功能让视频画面变稳定的具体操作方法。

图 9-38　素材与效果对比

Step 01　将素材添加到视频轨道中，❶选择素材；❷在下方工具栏中点击“防抖”按钮，如图 9-39 所示，弹出“防抖”面板。

Step 02　设置防抖程度为“推荐”，如图 9-40 所示，对画面进行稳定处理，处理完成后，点击✓按钮，即可确认。

图 9-39　点击“防抖”按钮

图 9-40　设置防抖程度为“推荐”

9.2.4　智能更换视频背景

智能更换视频背景

【效果展示】使用“智能抠像”功能把人物抠出来，这样就可以给人物更换视频背景，让人物处于不同的场景中，效果展示如图 9-41 所示。

图 9-41　效果展示

下面介绍在剪映 App 中运用“智能抠像”功能为人物更换背景的具体操作方法。

Step 01 依次导入两段素材，❶选择人像素材；❷在下方工具栏中点击“切画中画”按钮，如图 9-42 所示，将其切换到画中画轨道中。

Step 02 ❶调整人像素材的位置，将其时长调整与背景素材一致；❷在下方工具栏中点击“抠像”按钮，如图 9-43 所示。

图 9-42　点击“切画中画”按钮

图 9-43　点击“抠像”按钮

Step 03 进入抠像工具栏，点击“智能抠像”按钮，如图 9-44 所示，弹出“智能抠像”面板，将人物抠出来，点击✓按钮，即可完成人物背景的更换。

Step 04 为了让人物与背景更和谐，用户可以为人物设置动画效果，在下方工具栏中点击“动画”按钮，❶在“入场动画”选项卡中选择“渐显”动画；❷设置动画时长为 1.5s，如图 9-45 所示，让人物慢慢显示出来。

Step 05 ❶切换至“出场”选项卡；❷选择“渐隐”动画，如图 9-46 所示，让人物慢慢消失，即可完成视频的制作。

图 9-44　点击“智能抠像”按钮

图 9-45　设置动画时长

图 9-46　选择“渐隐”动画

9.2.5　智能增加视频动感

智能增加视频动感

【效果展示】用户可以对一些有运镜的视频素材进行变速处理，让运镜效果忽快忽慢，从而增加视频的动感。而在进行变速处理时，可以用“智能补帧”功能让慢速的画面变得更流畅，效果如图 9-47 所示。

图 9-47　效果展示

下面介绍在剪映 App 中运用“智能补帧”功能增加画面流畅度的具体操作方法。

Step 01　将素材添加到视频轨道中，选择素材，在下方的工具栏中点击“音频分离”按钮，如图 9-48 所示，先将视频的背景音乐分离出来。

Step 02　❶选择视频素材；❷在下方的工具栏中依次点击“变速”按钮和“曲线变速”按钮，如图 9-49 所示。

Step 03　弹出“曲线变速”面板，选择“蒙太奇”选项，为素材添加蒙太奇变速效果，点击“蒙太奇”选项上的“点击编辑”按钮，如图 9-50 所示。

图 9-48　点击“音频分离”按钮

图 9-49　点击“曲线变速”按钮

图 9-50　点击“点击编辑”按钮

Step 04　弹出“蒙太奇”编辑面板，1将第 3 个变速点拖曳至第 1 条线的位置上，增加第 3 个变速点的速度；2选中“智能补帧”复选框，如图 9-51 所示，点击✓按钮，即可开始进行补帧。

Step 05　补帧结束后，调整背景音乐的时长，如图 9-52 所示，使其与视频时长保持一致，即可完成视频的制作。

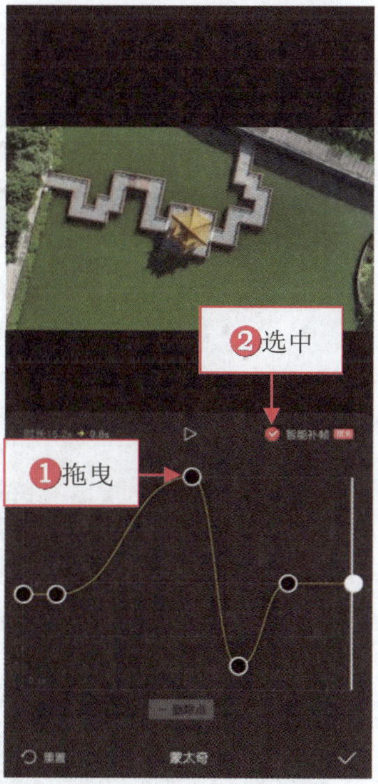

图 9-51　选中“智能补帧”复选框

图 9-52　调整音乐的时长

9.2.6 智能改善视频色彩

智能改善视频色彩

【效果对比】如果视频画面过曝或者欠曝，色彩也不够鲜艳，就可以使用“智能调色”功能，为画面进行自动调色。用户还可以通过调整相应的调节参数，让视频画面更靓丽些，素材与效果对比如图 9-53 所示。

图 9-53　素材与效果对比

Step 01 将素材导入至视频轨道中，❶选择视频素材；❷在下方的工具栏中点击“调节”按钮，如图 9-54 所示。

Step 02 进入“调节”选项卡，选择“智能调色”选项，即可进行快速调色，优化视频画面，如图 9-55 所示。

Step 03 ❶选择“饱和度”选项；❷设置其参数为 20，使画面中的色彩更浓郁，优化调色效果，如图 9-56 所示。

图 9-54　点击“调节”按钮

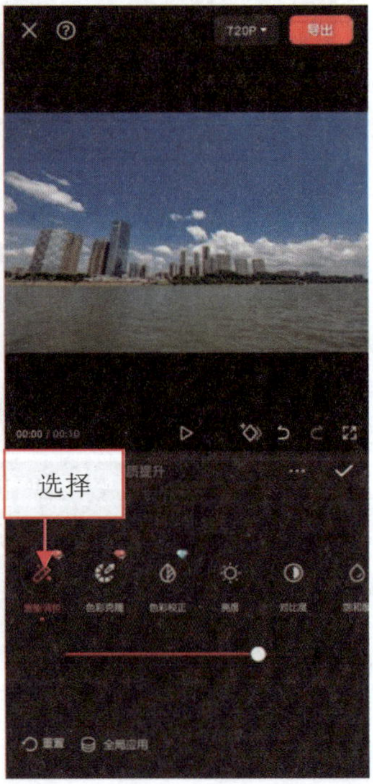

图 9-55　选择“智能调色”选项

图 9-56　设置“饱和度”参数为 20

本章小结

本章主要讲述了 AI 视频创作与处理。首先介绍了 AI 视频生成的多维度探索，包括通过文本信息生成视频及利用图片素材生成视频的技术方法；然后介绍了 AI 视频处理技术的革新，包括智能裁剪视频尺寸、智能提升视频画质、智能稳定视频画面、智能更换视频背景、智能增加视频动感及智能改善视频色彩等多项创新技术。通过本章的学习，读者应掌握运用 AI 进行视频创作与处理的方法。

课后习题

课后习题

鉴于本章知识的重要性，为了帮助更好地掌握所学知识，将通过课后习题帮助读者进行简单的知识回顾和补充。

任务：使用图片素材，在可灵 AI 手机版中生成一条相关的视频，效果如图 9-57 所示。

图 9-57　使用图片素材生成的相关短视频效果

下面介绍使用图片素材在可灵 AI 手机版中生成短视频的具体操作步骤。

Step 01 进入“图生视频”界面，点击“上传图片”板块中的图片上传区域，如图 9-58 所示，进行图片素材的上传。

Step 02 在弹出的面板中，选择对应图片素材上传方式的选项，如选择“相册选择”选项，如图 9-59 所示。

Step 03 弹出“选择图片”对话框，在该对话框中选择对应的图片素材，如图 9-60 所示。

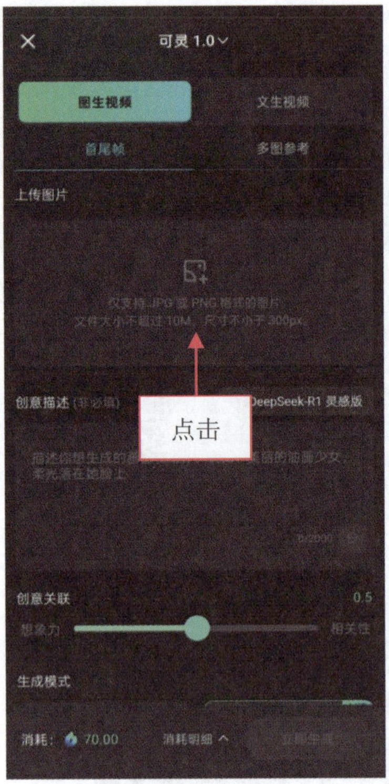

图 9-58　点击图片上传区域

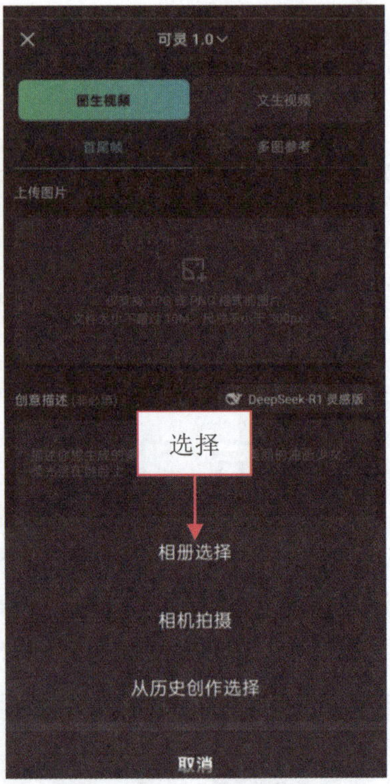

图 9-59　选择“相册选择”选项

图 9-60　选择对应的图片素材

Step 04 执行操作后，返回“图生视频”界面，如果“上传图片”板块中显示刚刚选择的图片，就说明图片素材上传成功了，如图 9-61 所示。

Step 05 滑动界面，❶设置创意关联、生成模式、生成时长、视频比例和生成数量等信息；❷点击“立即生成”按钮，如图 9-62 所示，开始进行视频的生成。

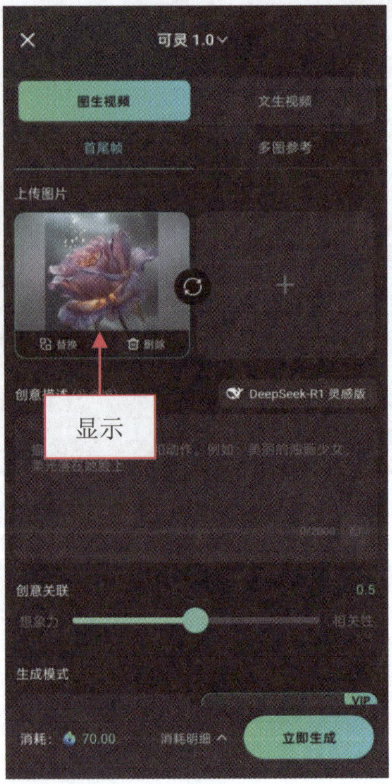

图 9-61　图片素材上传成功

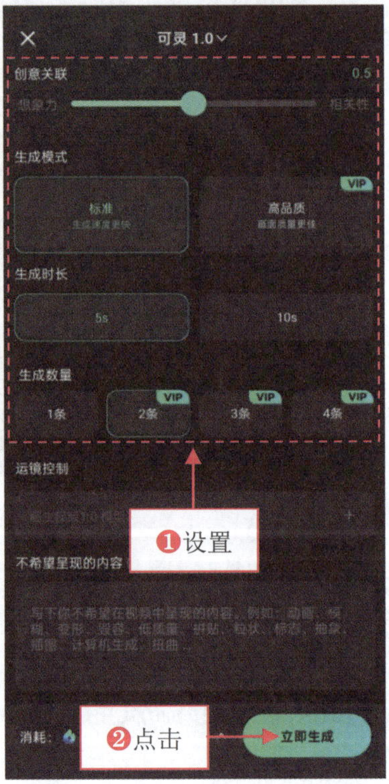

图 9-62　点击“立即生成”按钮

Step 06 短视频生成后，进入“我的”界面“我的创作”|“全部”选项卡，点击对应的短视频封面，如图 9-63 所示。

Step 07 执行操作后，进入短视频的展示界面，即可查看短视频的具体效果，如图 9-64 所示。

图 9-63　点击对应的短视频封面

图 9-64　查看短视频的具体效果

> ▶ **专家指点**
>
> 如果用户觉得 5 s 的视频太短了，可以点击“延长 5 s”按钮，在原视频的基础上对视频进行延长，生成 10 s 的视频。

第 10 章
AI 赋能高效办公

10

在数字化浪潮席卷职场的今天，人工智能已不再局限于科幻畅想，而是化身为办公场景中的实用工具，悄然重塑着现代职场的运行逻辑。本章将主要介绍 AI 如何深度嵌入日常办公流程，从文档创作到数据处理，从流程优化到决策支持，全方位展现智能技术如何释放人力潜能。

本章重点

- 掌握 AI 工作文档生成助手
- 掌握 AI 提升工作效率全攻略

素质目标

- 培养读者将人工智能技术用于改善社会、服务大众，增强责任感和使命感。
- 培养读者在面对人工智能技术难题时，坚持不懈、勇于尝试多种方法解决问题的毅力

10.1　AI 工作文档生成助手

无论是文档撰写、数据分析，还是演示文稿的制作，AI 工具都展现出强大的潜力，成为提升效率的得力助手。本节将聚焦于 AI 工作文档生成助手，探索如何借助人工智能技术快速生成各类办公文档，从而释放更多时间和精力专注于核心业务。

10.1.1　用 AI 生成 Wrod 文档

用 AI 生成 Wrod 文档

AI 可以帮助用户快速生成一个 Wrod 文档，用户只需输入对于所需文档的相关描述或指定主题，即可得到 AI 生成的回复。

以百度文库为例，作为百度公司推出的一站式 AI 内容获取和创作平台，其功能经过不断完善，已经发展成为中国领先的在线文档和知识服务平台。百度文库中的文本种类繁多，涵盖各行各业的知识和案例，用户可以使用 AI 模板功能一键生成个性化的 Wrod 文档，并在此基础上根据自己的要求进行编辑，为用户提供了极大的便利和支持，具体操作步骤如下。

Step 01 打开百度文库首页，❶在左上角位置单击“新建文档”按钮；❷在弹出的列表框中选择“选择模板创建”|“演讲稿”选项，如图 10-1 所示。

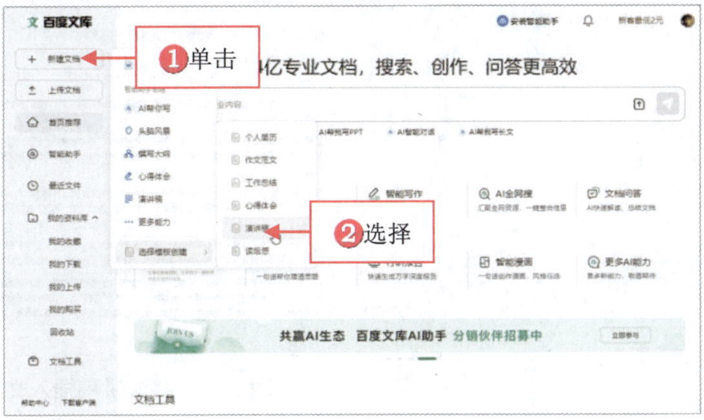

图 10-1　选择“演讲稿”选项

Step 02 进入“演讲稿”页面，在其中通过输入相关提示词可以自动生成演讲稿的内容，在文本框的下方显示了相关示例，如图 10-2 所示，用户可以参考示例编写演讲稿的提示词。

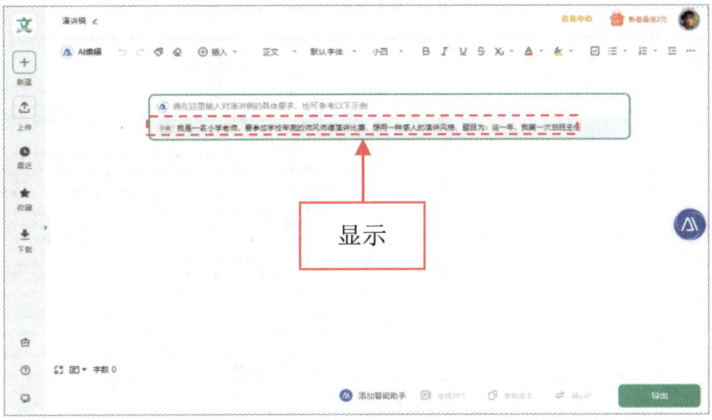

图 10-2　显示了相关示例

Step 03 在文本框中输入相应提示词，如图 10-3 所示，指导 AI 生成特定的演讲稿。

图 10-3　输入相应提示词

Step 04　按【Enter】键确认，即可通过 AI 自动生成一篇符合要求的演讲稿，单击“插入”按钮，将演讲稿插入文档中，如图 10-4 所示。

图 10-4　将演讲稿插入文档中

Step 05　单击下方的“导出”按钮，如图 10-5 所示，即可以 Word 文档的形式导出演讲稿。除此之外，用户还可以以 PDF 的形成导出文档。

图 10-5　单击下方的“导出”按钮

10.1.2　用 AI 生成 Excel 表格

用 AI 生成 Excel 表格

AI 可以帮助用户生成 Excel 表格，提升数据处理效率。通过智能算法，AI 能快速整理复杂数据、自动生成公式、绘制可视化图表，并实现模板化批量输出。例如，导入原始数据后，AI 可自动识别结构、填充缺失值、优化格式布局，甚至生成动态透视表。

以腾讯文档为例，其是腾讯公司推出的一款基于多人实时在线编辑技术的文档协作与文件共享平台，集成了日常办公所需的多种工具，如在线文档、在线表格、在线幻灯片、在线 PDF、收集表、智能文档、智能表格、思维导图、流程图等，满足用户在不同场景下的办公需求。

腾讯文档 AI 创建表格格是一个简单且直观的过程，凭借先进的人工智能技术，让用户能够瞬间生成结构化的表格，从而轻松地对数据进行组织、清晰展示及深入分析。这一功能不仅提升了工作效率，还确保了数据的准确性和规范性，为用户带来极大的便捷。下面介绍使用腾讯文档生成员工信息表的方法。

Step 01　进入腾讯文档首页，❶单击上方的“新建”按钮；❷在弹出的面板中单击“表格”按钮，如图 10-6 所示。

图 10-6　单击“表格”按钮

Step 02　弹出“新建表格”对话框，单击“AI 生成表格”缩略图，如图 10-7 所示。

图 10-7　单击“AI 生成表格”缩略图

Step03 在页面右侧弹出“AI 文档助手”面板，在下方输入相应提示词“员工信息表”，指导 AI 生成特定的表格内容，如图 10-8 所示。

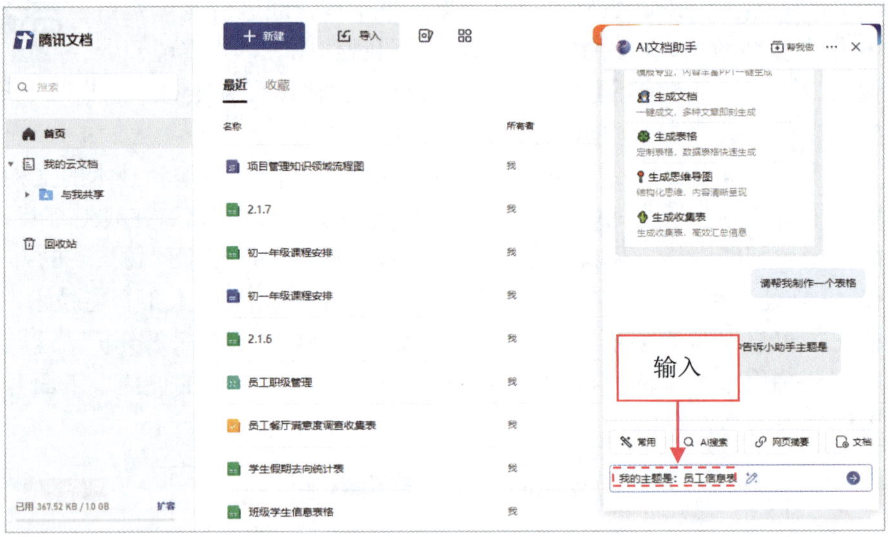

图 10-8　输入相应提示词

Step04 单击右侧的发送按钮，稍等片刻，AI 即可生成相应的表格内容，单击“生成表格”按钮，如图 10-9 所示。

Step05 执行操作后，AI 即可生成 Excel 表格，单击 Excel 表格，如图 10-10 所示。

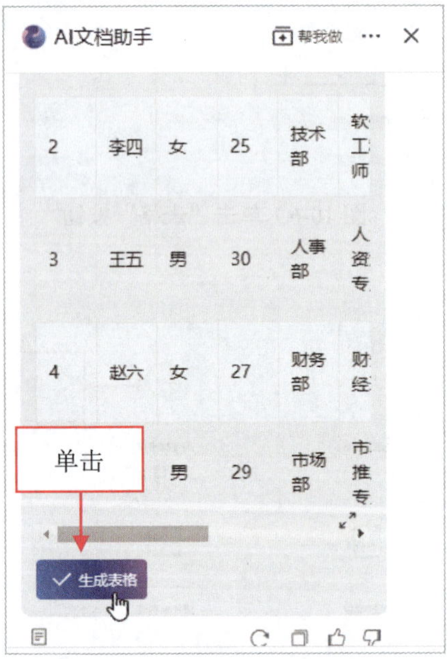

图 10-9　单击“生成表格”按钮

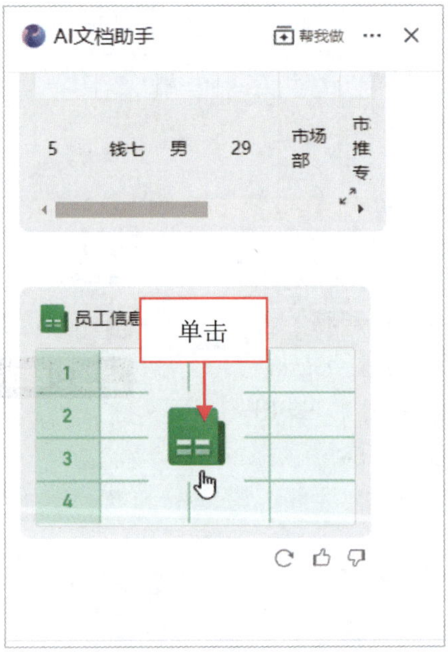

图 10-10　单击 Excel 按钮

Step06 执行操作后，即可打开 Excel 表格，查看创建的表格内容，如图 10-11 所示，用户可根据需要修改表格中的内容，如姓名、性别、年龄及联系电话等，使表格内容更加符合要求。

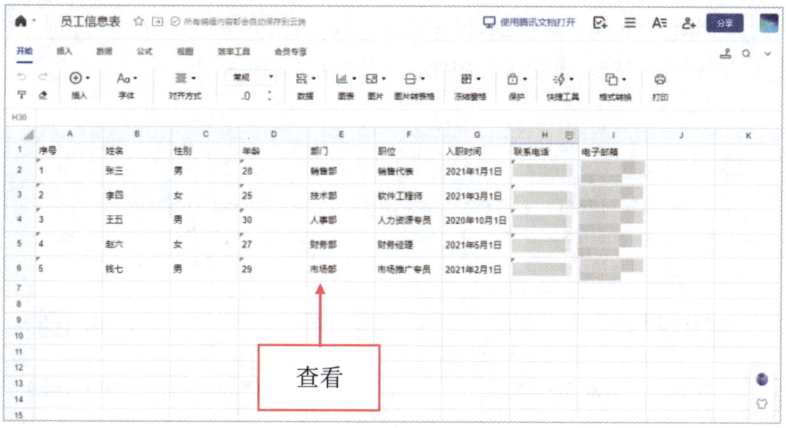

图 10-11　查看创建的表格内容

10.1.3　用 AI 生成 PPT 幻灯片

用 AI 生成 PPT 幻灯片

AI 可以帮助用户生成 PPT 幻灯片，通过自然语言指令或内容上传，智能分析文本逻辑、提取关键信息，并匹配适配的模板、配色与布局方案。无论是商务汇报、学术演讲还是创意展示，AI 均可在秒级时间内完成从框架搭建到视觉优化的全流程设计，无须专业设计经验即可输出结构清晰、视觉协调的演示文稿。

以讯飞智文为例，其是科大讯飞推出的一款基于星火认知大模型的人工智能文档创作平台，为用户提供了高效、便捷的 PPT 创作和编辑体验。

用户若想使用讯飞智文制作 PPT，只需输入一句话，AI 系统便能一键生成相应的 PPT 文档。讯飞智能包括“主题创建”“文本创建”和“文档创建”这 3 个主要功能。下面以《旅游宣传》PPT 的制作为例，介绍在讯飞智文中根据主题创建 PPT 的操作技巧。

Step 01 在讯飞智文的“开始”页面中，❶单击左上角的加号按钮+；❷在弹出的列表框中选择 AI PPT 选项，如图 10-12 所示，通过该选项可以创作 PPT 演示文稿。

Step 02 执行操作后，进入“请选择创建方式”页面，单击“主题创建”按钮，如图 10-13 所示，该功能可以直接指定演示文稿的主题，让 AI 生成符合要求的 PPT。

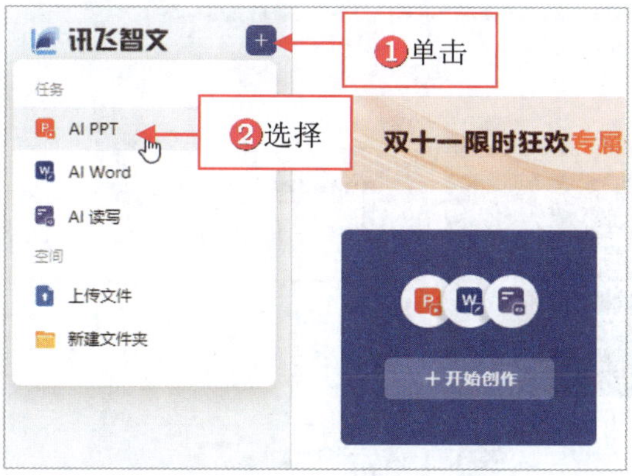

图 10-12　选择 AI PPT 选项

图 10-13　单击“主题创建”按钮

Step 03 进入“主题创建”页面，在文本框中输入《旅游宣传》的主题，例如“杭州景点集合”，指导 AI 生成特定的《旅游宣传》PPT，如图 10-14 所示。

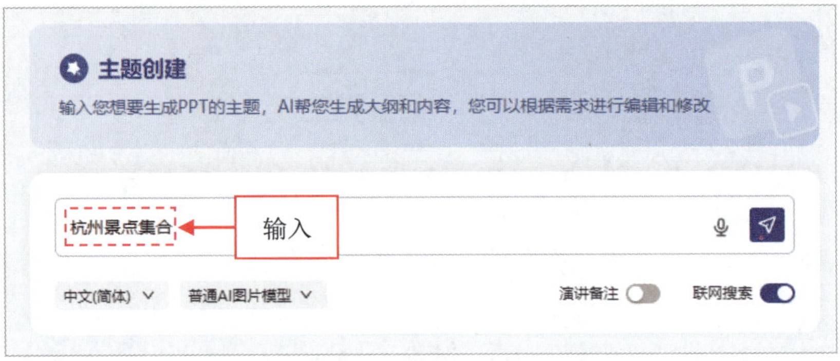

图 10-14　输入《旅游宣传》PPT 的主题

Step 04 单击右侧的按钮，稍等片刻，AI 即可生成一份《旅游宣传》的 PPT 大纲，如果用户对大纲内容满意，则在页面下方单击“下一步”按钮，如图 10-15 所示。

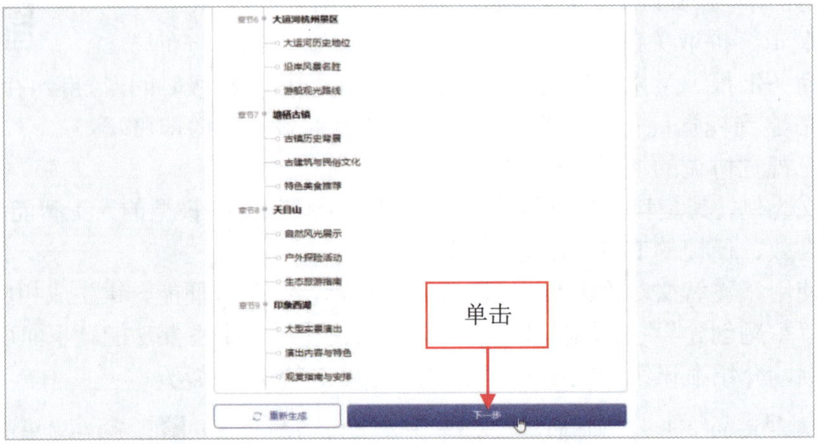

图 10-15　单击“下一步”按钮

Step 05 进入选择模板页面，在其中选择一个自己喜欢的主题模板，如图 10-16 所示。

图 10-16　选择一个自己喜欢的主题模板

Step 06　单击右上角的"开始生成"按钮，稍等片刻，即可生成一份完整的《旅游宣传》PPT，如图 10-17 所示，用户可以在左侧单击相应的幻灯片，查看 PPT 的内容。

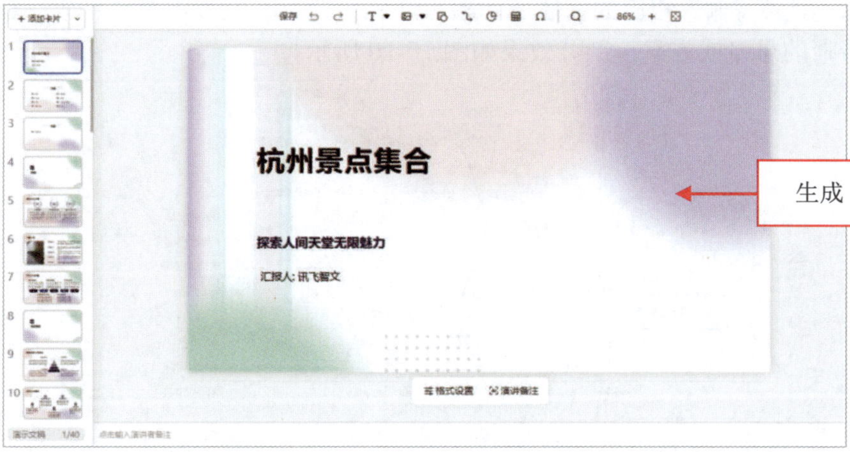

图 10-17　生成一份完整的《旅游宣传》PPT

Step 07　单击页面右上角的"下载"按钮，弹出"PPT 购买"对话框，单击下方的"立即下载"按钮，如图 10-18 所示。

Step 08　弹出"下载到本地"对话框，选择"PPT 文件"选项，如图 10-19 所示，单击"确定"按钮，即可下载《旅游宣传》PPT。

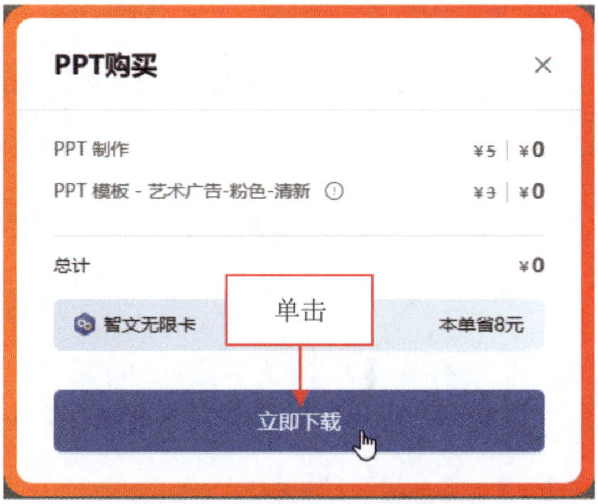

图 10-18　单击"立即下载"按钮

图 10-19　选择"PPT 文件"选项

10.1.4　用 AI 生成思维导图

用 AI 生成思维导图

通过先进的自然语言处理技术，AI 能够快速理解用户输入的主题，并自动生成逻辑清晰、层次分明的思维导图。无论是学术研究、项目规划，还是日常学习，AI 生成的思维导图都能帮助用户快速梳理思路，抓住重点。

以 Boardmix 为例，其是一款基于云端的协作白板，集成了多种工具和功能，如思维导图、流程图、绘图、文档编辑等，旨在帮助团队进行远程协作和创意思维。

Boardmix 通过其 AI 助手，提供了一键生成思维导图的功能。用户无须手动绘制或构建复杂的思维导图结构，只需输入相应的需求或问题，AI 助手即可在几秒内自动生成完整的思维导图，为用户提供清晰的思路或方案，部分效果如图 10-20 所示。

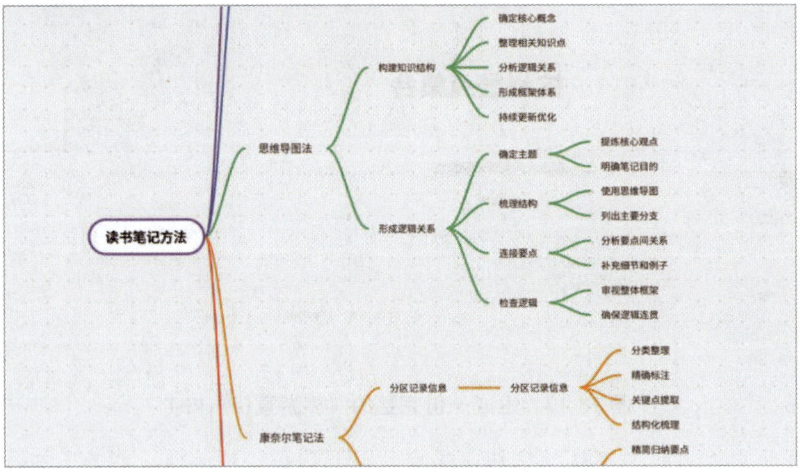

图 10-20　部分效果欣赏

下面介绍使用 Boardmix 的 AI 功能一键生成读书笔记方法思维导图的操作方法。

Step 01　打开相应浏览器，输入 Boardmix 的官方网址，打开官方网站，登录账号后，单击搜索栏下方的“思维和灵感梳理”按钮，如图 10-21 所示。

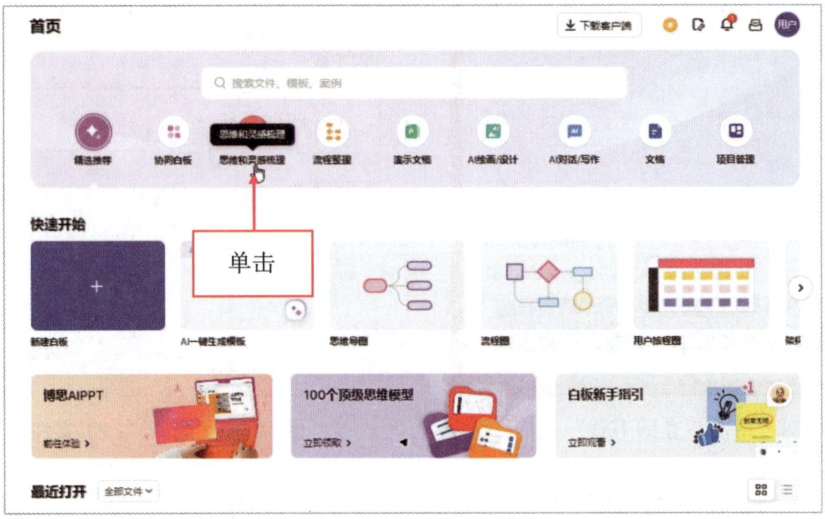

图 10-21　单击“思维和灵感梳理”按钮

Step 02　切换至“思维和灵感梳理”选项卡后，单击“快速开始”选项区中的“AI 一键生成思维导图”缩略图，如图 10-22 所示。

Step 03　弹出“生成思维导图”面板，❶在输入框中输入相应提示词；❷单击“提问”按钮 >，如图 10-23 所示。

Step 04　执行操作后，AI 即可快速生成一个读书笔记方法的思维导图框架，如图 10-24 所示。

图 10-22　单击“AI 一键生成思维导图”缩略图

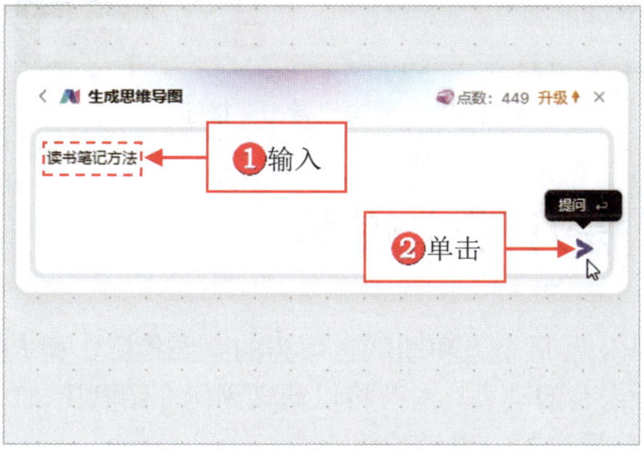

图 10-23　单击“提问”按钮

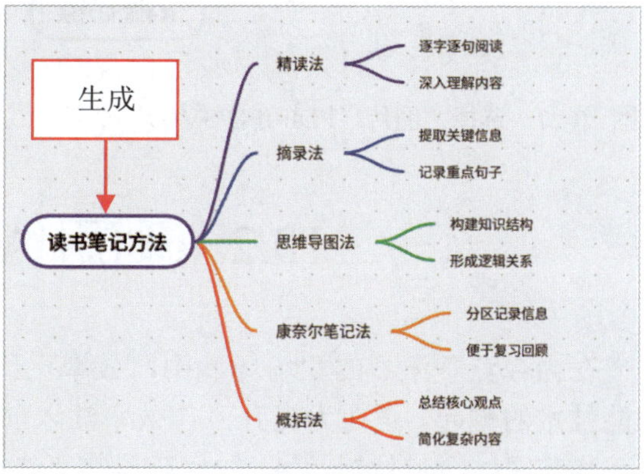

图 10-24　生成相应思维导图框架

Step 05　继续向 AI 提问，在输入框中输入相应提示词，如图 10-25 所示，让 AI 将读书笔记方法思维导图的内容细化。

Step 06　单击“提问”按钮▶，AI 即可生成更加详细的思维导图，如图 10-26 所示。

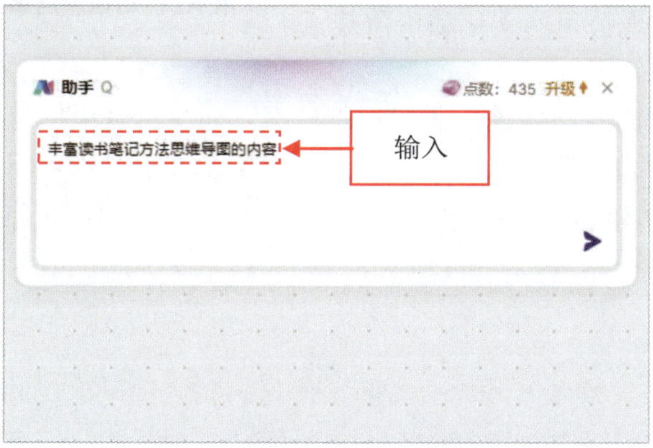

图 10-25　输入相应提示词

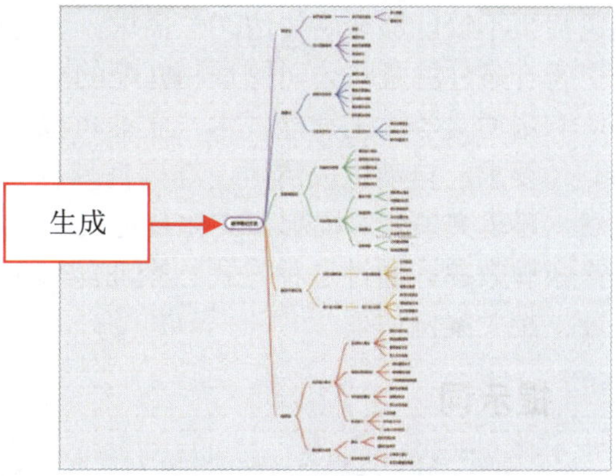

图 10-26　生成更详细的思维导图

Step 07 思维导图制作完成后，若用户需要将思维导图下载保存，❶可以单击页面左上角的下载按钮；❷在弹出的列表框中选择“图片（PNG/JPG/SVG）”选项，如图 10-27 所示。

Step 08 弹出“导出为图片”对话框，❶设置“导出格式”为 PNG；❷根据自身需求设置导出思维导图的相关信息；❸单击下方的“导出”按钮，如图 10-28 所示，即可将思维导图导出为 PNG 图片。

图 10-27　选择“图片（PDF/JPG/SVG）”选项

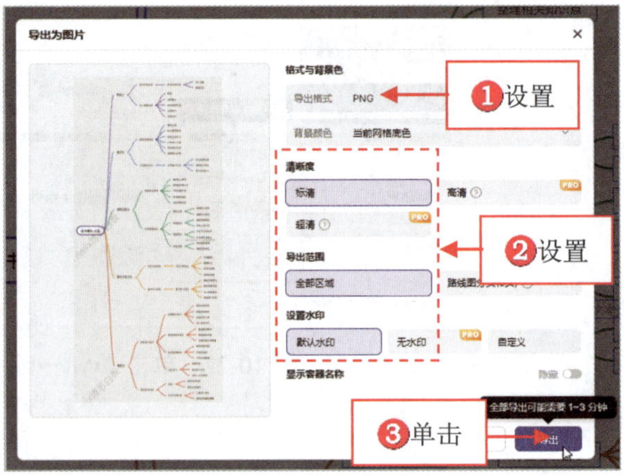

图 10-28　单击“导出”按钮

10.2　利用 AI 提升工作效率

在当今竞争激烈的职场环境中，效率已经成为衡量个人和团队竞争力的重要指标。而人工智能技术的崛起，正在为提升工作效率注入前所未有的动力。本节将以通义为例介绍利用 AI 提升工作效率，全方位展示 AI 如何在日常工作中化繁为简、事半功倍。

10.2.1　用 AI 撰写招聘启事

用 AI 撰写招聘启事

招聘启事是企业在寻找合适人才时发布的一种官方通告，详细列出了职位的要求、职责范围、应聘条件及申请流程等关键信息。一个好的招聘启事不仅能够准确传达岗位需求，还能体现公司的文化和价值观，吸引符合条件并且与公司愿景相匹配的求职者。

利用通义等人工智能技术，企业可以更加高效地创建专业的招聘启事。通义可以根据职位的具体要求，自动生成清晰、准确且具有吸引力的招聘文案。无论是强调技能要求、描述职位职责，还是突出公司福利和文化特色，通义都能提供有力的支持，帮助人力资源部门节省时间，提高招聘效率。通过这种方式，企业能够更快地吸引到合适的候选人，促进人才与岗位的良好匹配。相关案例如下。

提示词

S 公司是一家在金融科技领域领先的创新企业，主营业务包括金融科技的研发与应用，如智能投顾、区块链解决方案、大数据分析等，现需招聘一名具有前瞻思维、敏锐市场洞察力的产品经理，请结合产品经理的技能，帮 S 公司写一份招聘启事，字数控制在 500 字以内。

通义

S 公司金融科技产品经理招聘启事

S 公司，作为金融科技领域的先锋企业，致力于通过智能投顾、区块链解决方案及大数据分析等技术革新金融服务行业。随着业务的持续扩展，现诚邀具有前瞻思维和敏锐市场洞察力的产品经理加入我们的团队。

职位要求：

1. 教育背景：本科及以上学历，计算机科学、金融工程或相关领域优先。

2. 工作经验：拥有至少 3 年产品管理经验，有金融科技行业工作经验者更佳。

技能要求：

1. 具备扎实的产品规划、设计能力，能够从用户需求出发，制定有效的产品策略。

2. 熟练使用 Axure、Sketch 等原型设计工具，能够快速将想法转化为可视化方案。

3. 拥有良好的数据分析能力，能运用数据驱动决策，优化产品性能与用户体验。

4. 对区块链、大数据、人工智能等前沿技术有所了解，能够结合这些技术探索创新性的金融产品。

……

10.2.2　用 AI 撰写面试问题

用 AI 撰写面试问题

人力资源（human resources，HR）面试是人力资源部门在招聘过程中对求职者进行评估的重要环节，旨在评估候选人的技能、经验和个性是否符合职位要求及公司文化。通过一系列的问题和互动，HR 面试官能够了解应聘者的背景、职业目标及解决问题的能力，从而筛选出最适合岗位的人选。

通义可以根据不同的职位要求生成有针对性的面试问题，帮助企业和求职者提前准备面试环节。无论是行为面试问题的设计，还是情景模拟的构建，通义都能够提供定制化的解决方案，确保面试过程更加全面和有效，同时也有助于提升面试的标准化程度和公平性。相关案例如下。

提示词

现在你是一名[通信]公司的面试官，你将面试[软件开发工程师]岗位的候选人，请从[专业知识技能、通用能力、经验、个人特质]4 个角度出发，准备一个面试问题列表。

通义

当然，作为通信公司的面试官面试软件开发工程师岗位的候选人时，我们可以从专业知识技能、通用能力、经验和个人特质这四个角度出发准备问题。以下是一个详细的面试问题列表：

一、专业知识技能

1. 编程语言与框架

（1）请描述一下你最熟悉的编程语言，并说明为什么选择它进行项目开发。

（2）在你的最近一个项目中使用了哪些框架或库？它们如何帮助解决特定的问题？

2. 系统设计

（1）能否举例说明你参与过的一个复杂系统的架构设计过程？

（2）如何确保系统的可扩展性和稳定性？

3. 算法与数据结构

描述一次你在优化代码性能时应用算法或数据结构的经历。

……

10.2.3 用 AI 整理会议纪要

用 AI 整理会议纪要

在现代企业运营中，高效的会议管理是提升团队协作和决策效率的关键，使用通义可以显著简化会议纪要的整理工作。通义能够根据会议内容生成结构清晰、重点突出的会议纪要，确保会议的所有参与者都能快速掌握会议的核心内容和行动要点。

通过通义这种智能助理，企业不仅能够提高会议后续执行的效率，还能确保信息传递的准确性和及时性，从而提升整体的工作效能。相关案例如下。

提示词

我将给你提供一段会议纪要，帮我整理成更规范的形式，包括会议的基本信息、目的和议题、内容摘要、决议和行动事项、附件和参考信息。

以下是会议纪要的内容：

（略，详细内容见提示词文档）

通义

会议纪要

一、基本信息

1. 会议主题：产品培训会议

2. 会议时间：2026 年 6 月 24 日，14:00－16:00

3. 参与者：李经理、销售部门、产品研发部门

二、目的和议题

1. 目的：通过详细介绍新产品的功能特点、使用场景及其优势，提升团队对新品的理解，以便更好地进行市场推广。

2. 议题:

（1）新品的功能特点、使用场景、优势对比及常见问题解决方案的介绍;

（2）研讨新品推广计划与方案。

三、内容摘要

会议中，主要围绕新品进行了深入的学习和讨论。首先，由产品研发部门详细介绍了新品的各项功能特点、适用的使用场景，并与市场上现有产品进行了优势对比分析……

10.2.4　用 AI 制定工作计划

用 AI 制定工作计划

在人与人的沟通过程中，通常需要使用一些方法来让沟通变得更顺畅，让交流变得更和谐，与通义的沟通也一样。用户可以通过使用合适的方法，来让通义更好地理解对话的目的，从而生成需要的工作计划内容。在与通义对话的过程中，用户可以在提示词中提供足够的上下文信息，以便通义能够理解用户的意图并生成准确的工作计划。相关案例如下。

提示词

请为一名[资深软件测试工程师]编写一个[第三季度]工作计划，要求实现[完成测试用例管理后台及至少 3 个通用的重要业务自动测试脚本]的目标。注意你的计划需要包括以下要点：

【工作目标】明确你要达成的目标，把目标分解成具体的、可衡量的指标。

【工作任务】列出完成目标所需的任务，为每项任务设定截止日期，并规划好时间。

【所需资源】确定你需要哪些资源来协助你完成你的工作任务。

【风险预测】预测可能出现的困难和挑战，提前想好应对策略。

【跟进与评估】制定可跟踪进度的目标，设置定期检查机制。

通义

资深软件测试工程师第三季度工作计划

【工作目标】

1. 完成测试用例管理后台的开发与部署

（1）目标分解：设计并实现一个支持测试用例管理、版本控制和权限分配的功能完备的后台系统。

（2）可衡量指标：系统上线并通过内部验收，至少支持 500 个测试用例的管理和查询。

2. 完成至少 3 个通用的重要业务自动测试脚本开发

（1）目标分解：针对核心业务模块（如用户登录、订单支付、数据导出）分别开发自动化测试脚本。

（2）可衡量指标：每个脚本覆盖率达到 80%以上，并在测试环境中运行稳定无误。

【工作任务及时间规划】

第一阶段：需求分析与规划（7 月 1 日 -7 月 15 日）

任务 1：需求调研与确认

1. 与产品经理、开发团队沟通，明确测试用例管理后台的功能需求。

……

10.2.5 用 AI 制定营销活动

用 AI 制定营销活动

在当今竞争激烈的市场环境中，策划有效的营销活动对于吸引客户、提升品牌知名度至关重要，使用通义可以帮助营销人员更加高效地制定出创新且有针对性的营销策略。

通义能够根据市场趋势、目标受众特征及品牌定位，生成详细的活动策划方案，从活动主题、宣传渠道到执行细节，提供全方位的建议。通过通义这种智能助理，企业不仅能够加速策划过程，还能确保营销活动更加贴合市场需求，从而提高活动的成功率和影响力。相关案例如下。

提示词

你是一名活动策划专家，请为[科技公司]设计一份[空气净化设备]产品的发布会活动策划案，策划案需要包含背景、目标、可行性分析、行动计划、风险与应对措施。

通义

空气净化设备产品发布会活动策划案

背景

随着环境污染问题的日益严重，公众对空气质量的关注度持续上升。[科技公司]致力于研发和生产高效能的空气净化设备，旨在为用户提供更加健康、舒适的室内环境。此次发布会旨在正式推出最新款空气净化器，展示其创新技术与卓越性能。

目标

1. 提升品牌知名度，增强市场影响力。
2. 通过专业的演示和讲解，让目标客户群体深入了解产品的独特卖点和技术优势。
3. 建立与媒体的良好关系，获取正面报道，扩大产品曝光率。
4. 激发潜在客户的购买欲望，促进销售增长。

可行性分析

1. 市场需求：当前市场上对于空气净化设备的需求呈上升趋势，尤其是高端产品领域。

……

10.2.6 用 AI 撰写产品推广文案

用 AI 撰写产品推广文案

产品推广文案通常是指用于概括产品亮点、展示产品优势的文本，旨在通过文字打动用户，提高产品的购买力。在通义的帮助下，用户可以迅速获得推广文案，从而增加产品的影响力和销售量。相关案例如下。

提示词

请根据以下产品信息，为[笔记本电脑]生成一篇产品推广文案。

产品信息：便于携带、功能全面、性能强大、物美价廉。

通义

在快节奏的现代生活中，拥有一款能够随时随地满足您需求的笔记本电脑变得尤为重要。今天，我们向您推荐一款集便于携带、功能全面、性能强大于一身，同时又物美价廉的笔记本电脑，它将是您的理想之选。

首先，这款笔记本电脑的设计充分考虑到了便携性。轻薄的机身设计让您无论是上下班通勤、商务出差还是外出旅行，都能轻松将它放入背包，毫无负担地携带。无论身处何地，只需打开笔记本电脑，即可迅速进入工作或娱乐状态。

其次，功能全面是这款笔记本电脑的一大亮点。从日常办公软件到专业图形处理，从流畅播放高清视频到畅享各类游戏，它都能够完美胜任。多种接口配置也让您在连接外部设备时更加得心应手，极大地提高了工作效率和使用便利性。

再者，强大的性能确保了无论您是在进行多任务处理还是运行资源密集型应用程序，这款笔记本电脑都能提供稳定而高效的体验。先进的处理器技术和优化的散热系统保证了长时间使用的稳定性，让您的每一次操作都顺滑无比。

最后但同样重要的是，这款笔记本电脑以其超高的性价比脱颖而出。相比市场上其他同类产品，它提供了更为实惠的价格，使得每一位用户都能够以更少的投入获得一台高品质的笔记本电脑。

因此，如果您正在寻找一款便于携带、功能全面、性能强大且价格合理的笔记本电脑，那么不要犹豫，这就是最适合您的选择！让我们一起拥抱高效便捷的数字生活吧！

10.2.7　用 AI 进行投资决策

用 AI 进行投资决策

通义可以通过对历史数据的分析发现投资决策中的规律和趋势，为未来的投资决策提供依据，还可以对金融市场数据进行复杂的模式识别和特征提取，从而实现对股票价格、交易量等指标的预测。另外，通义还可以将非结构化的文本信息（如新闻、公告等）转化为结构化的数据，为投资者提供更加全面的决策支持。使用通义进行投资决策的相关案例如下。

提示词

请结合当前市场环境、政策导向、行业趋势等因素，预测未来两年内零售行业的整体发展情况及连锁品牌零食公司的市场表现。

通义

未来两年内，零售行业整体发展将受到多种因素的影响，包括技术进步、消费者行为变化、政策支持及市场竞争等。以下是对零售行业尤其是连锁品牌零食公司市场表现的一些预测：

1. 数字化转型加速：随着消费者越来越依赖线上渠道进行购物，零售企业将继续加大对数字化工具的投资，以提升用户体验和服务质量。对于连锁品牌零食公司而言，这意味着需要更加注重线上平台的建设和优化，如社交媒体营销、直播销售等。

2. 全渠道整合：为了提供无缝的购物体验，零售商将进一步整合线上线下资源，实现库存共享、会员体系互通等功能。零食连锁品牌可以通过这种方式提高顾客满意度和忠诚度。

3. 个性化服务与产品定制：面对日益增长的个性化需求，零食品牌可能会推出更多定制化的产品和服务来吸引消费者。例如，基于大数据分析为特定消费群体设计独特口味或包装的零食。

4. 跨境电商潜力：随着国际贸易环境的改善和技术的发展，跨境电商有望成为零食品牌拓展海外市场的重要途径。这不仅能够帮助品牌扩大市场份额，还能引入国外流行的零食种类满足国内消费者的多样化需求。

……

10.2.8 用 AI 进行市场分析

用 AI 进行市场分析

通义在市场分析方面能发挥多种关键作用。通义能够高效地收集、整理和解析大数据集，识别数据中的模式和趋势，从而提供更深入的洞察，为制定营销战略提供坚实基础。

通义还可以识别用户的兴趣、偏好和购买习惯等关键特征，帮助企业更精准地了解目标客户的需求和行为，为产品和营销活动的设计提供有力支持。

另外，基于大数据和先进的机器学习算法，通义能够生成市场趋势预测，帮助企业及时调整策略和资源分配，抓住商机。相关案例如下。

提示词

分析 2022—2025 年电子商务行业服装类别的销售数据，预测 2026 年春季服装流行趋势，并识别潜在的高增长细分市场。

通义

根据提供的信息，我们可以基于 2022 年至 2025 年的服装电子商务行业的发展趋势来推测 2026 年春季的流行趋势和潜在高增长细分市场。然而，具体销售数据并未提供，因此以下分析将基于一般行业报告中的趋势和发展动态。

一、2026 年春季服装流行趋势预测

1. 可持续性和环保：随着消费者对环境保护意识的增强，使用可持续材料和环保生产工艺制造的服装预计将继续受到欢迎。

2. 个性化定制：消费者越来越追求独特的个人风格，品牌可能会提供更多定制化选项，如颜色、图案甚至款式的选择。

3. 多功能设计：考虑到现代生活方式的变化，能够适应多种场合穿着的多功能服装（例如可拆卸袖子或双面穿的设计）可能会更加流行。

4. 技术融合：智能穿戴设备与服装的结合，比如具备健康监测功能的衣物，可能成为新的潮流点。

5. 复古风潮：历史上流行的元素经常轮回出现，某些经典款式或图案可能会再次成为时尚焦点。

二、潜在的高增长细分市场

……

10.2.9 用 AI 撰写研究报告

撰写高质量的研究报告往往需要大量的文献查阅、数据整理与分析、反复的文字润色，这一过程既耗时又费力。然而，借助通义强大的文本生成能力，技术开发者可以更高效地进行资料汇总、初步分析乃至草稿撰写等工作，从而将更多精力投入到研究的核心内容上。相关案例如下。

用 AI 撰写研究报告

提示词

请你想象一下自己是 2050 年的航天材料工程师，在回顾过去十年发展历程时，描述火箭材料的主要突破点，包括但不限于轻量化、耐高温及高强度等方面，并探讨这些变化是如何影响航天事业的。

通义

到了 2050 年，作为一名航天材料工程师回顾过去十年的发展历程，我们可以看到火箭材料领域取得了显著的突破。以下是几个关键点：

1. 轻量化

（1）先进复合材料的应用：在过去十年里，碳纳米管和石墨烯等先进复合材料得到了广泛应用。这些材料不仅拥有极高的强度重量比，而且可以定制化以满足特定的机械性能需求。

（2）金属泡沫结构：通过在金属中引入微小气泡形成的金属泡沫，可以在不牺牲强度的前提下大幅减轻结构重量。

2. 耐高温

（1）陶瓷基复合材料（CMCs）的进步：CMCs 因其出色的热稳定性和抗烧蚀性，在火箭发动机喷嘴和其他高温部件上得到应用。新材料能够在极端温度下保持结构完整，极大地提高了发动机效率和可靠性。

（2）新型涂层技术：发展了能够承受更高温度的保护性涂层，比如自愈合涂层，这种涂层能在受到损伤后自我修复，延长了热防护系统的使用寿命。

……

10.2.10 用 AI 撰写小红书笔记

小红书是以笔记的形式传递信息、传播观点，是受欢迎的自媒体平台之一。在特定主题的指令（即提示词）下，通义也可以生成小红书笔记，从而让自媒体运营人员能够轻松运营账号和保持更新。相关案例如下。

用 AI 撰写小红书笔记

提示词

假设你是一位拥有百万粉丝的小红书小个子穿搭分享博主，以“小个子女生春节穿搭”为主题，创作一篇小红书爆款笔记。

通义

小红书爆款笔记：小个子女生春节穿搭指南

宝子们，新年快乐！我是你们的老朋友[博主昵称]，今天给大家带来一份特别的礼物——小个子女生春节穿搭指南！让我们一起在新的一年里穿出自信，展现最美的自己。

1. 红色系新年装

红色象征着好运和繁荣，是我们春节期间必不可少的颜色。选择一件合身的小短款红色外套，搭配高腰牛仔裤或者 A 字裙，不仅能拉长腿部线条，还能让你看起来更加活力四射。记得配上一双红色的小皮鞋或者靴子，增加节日气氛哦！

2. 温柔针织连衣裙

对于喜欢简约风格的宝宝来说，一条温柔的针织连衣裙绝对是你的最佳选择。挑选带有细节设计（如蝴蝶结、蕾丝边等）的款式，可以为整体造型增添不少分数。颜色上可以选择米白、浅粉等柔和色调，既保暖又不失甜美。

3. 复古风毛呢套装

复古风潮来袭，怎么能错过经典的毛呢套装？选择适合自己身材比例的短款上衣加上同色系的高腰裤或裙子，既能突出腰线又能显得人更高挑。再配上一顶贝雷帽和小巧的手提包，瞬间变身时尚达人！

……

本 章 小 结

本章主要讲述了 AI 赋能高效办公。首先介绍了 AI 工作文档生成助手的应用，讲述了如何利用 AI 技术快速生成 Word 文档、Excel 表格、PPT 幻灯片及思维导图，展示了 AI 在文档生成领域的高效性和灵活性。然后介绍了利用 AI 提升工作效率，从撰写招聘启事、面试问题到整理会议纪要、制定工作计划和营销活动，再到撰写产品推广文案、投资决策、市场分析、研究报告及小红书笔记，全面解析了 AI 在不同办公场景中的实际应用。通过本章的学习，读者应能掌握如何利用 AI 在办公领域中提高工作效率。

课 后 习 题

课后习题

鉴于本章知识的重要性，为了帮助更好地掌握所学知识，将通过课后习题帮助读者进行简单的知识回顾和补充。

任务：请运用腾讯文档的 AI 模板生成一份 Excel 表格。

Step 01 进入腾讯文档首页，单击上方的“新建”按钮，在弹出的面板中单击“表格”按钮，弹出“新建表格”对话框，❶在左侧的列表框中选择“假期安排”选项，切换至“假期安排”选项卡；❷在右侧找到“学生假期去向统计表”模板并单击“立即使用”按钮，如图 10-29 所示。

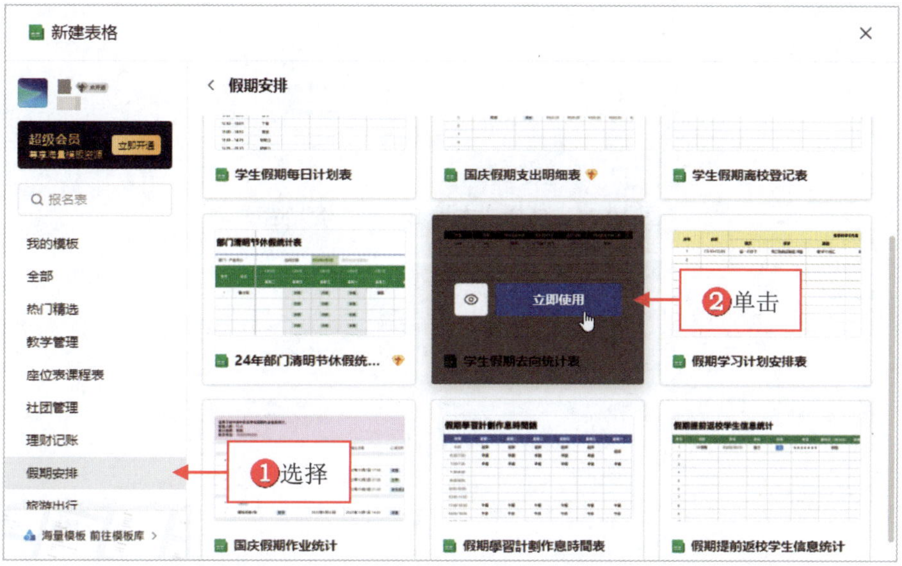

图 10-29　单击“立即使用”按钮

Step 02 执行操作后，即可打开 Excel 表格，查看创建的学生假期去向统计表，如图 10-30 所示，用户可根据需要在表格中输入学生的信息。

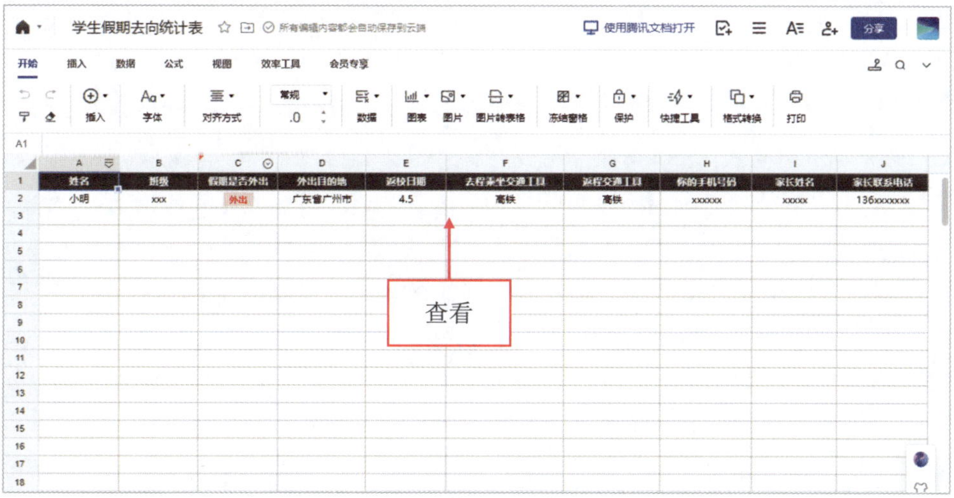

图 10-30　查看创建的学生假期去向统计表

Step 03 ❶在页面上方单击“文档操作”按钮☰；❷在弹出的列表框中选择“导出为”|“本地 Excel 表格”选项，如图 10-31 所示，即可导出 Excel 表格。

图 10-31　选择“本地 Excel 表格”选项